地域气候适应型绿色公共建筑设计研究丛书

丛书主编：崔愷

气候适应型绿色公共建筑集成设计方法

Integrated Design Method for Climate Adaptive Green Public Buildings

东南大学

中国建筑设计研究院有限公司

编著

主　编　韩冬青

副主编　顾震弘

东南大学出版社
SOUTHEAST UNIVERSITY PRESS

南京·2021

内容提要

本书在梳理国内外绿色建筑设计发展历程的基础上，从建筑设计中的地域气候认知入手，分析了气候适应型绿色公共建筑设计的内涵及其面临的突出问题，提出了"空间形态设计是公共建筑实现气候适应的核心环节"的观点；依循公共建筑及其环境的层级结构，并结合建筑设计创作的工作内容及过程特点，从场地总体形态布局、建筑单体空间形态组织、单一空间设计、建筑外围护介质与室内空间分隔四个方面逐级递进地揭示了公共建筑从总体到局部的气候适应性设计的主要内容及其策略方法；从设计探索与性能模拟评估的互动，和建筑工程设计的多专业协作等方面展现了绿色公共建筑集成化设计的过程及协同要素；面向数字技术发展的新趋势，探讨了运算技术在气候适应型建筑空间形态设计中的运用及其前景。

图书在版编目（CIP）数据

气候适应型绿色公共建筑集成设计方法/东南大学，中国建筑设计研究院有限公司编著；韩冬青主编. —南京：东南大学出版社，2021.6
（地域气候适应型绿色公共建筑设计研究丛书/崔愷主编）
ISBN 978-7-5641-9582-3

Ⅰ.①气… Ⅱ.①东… ②中… ③韩… Ⅲ.①气候影响—公共建筑—生态建筑—建筑设计—研究 Ⅳ.①TU242

中国版本图书馆CIP数据核字（2021）第124279号

气候适应型绿色公共建筑集成设计方法
Qihou Shiying Xing Lüse Gonggong Jianzhu Jicheng Sheji Fangfa

编　　著：东南大学
　　　　　中国建筑设计研究院有限公司
主　　编：韩冬青
副 主 编：顾震弘
责任编辑：戴　丽
责任印制：周荣虎

出版发行：东南大学出版社
社　　址：南京市四牌楼2号　　邮编：210096
网　　址：http://www.seupress.com
出 版 人：江建中
印　　刷：上海雅昌艺术印刷有限公司
排　　版：南京布克文化发展有限公司
开　　本：889 mm×1194 mm　1/20　印张：13.5　字数：370千字
版 印 次：2021年6月第1版　2021年6月第1次印刷
书　　号：ISBN 978-7-5641-9582-3
定　　价：150.00元
经　　销：全国各地新华书店
发行热线：025-83790519　83791830

丛书编委会

丛书主编
崔 愷

丛书副主编
（排名不分前后，按照课题顺序）

徐 斌 孙金颖 张 悦 韩冬青 范征宇 常钟隽

付本臣 刘 鹏 张宏儒 倪 阳

工作委员会
王颖、郑正献、徐阳

丛书编写单位
中国建筑设计研究院有限公司

清华大学

东南大学

西安建筑科技大学

中国建筑科学研究院有限公司

哈尔滨工业大学建筑设计研究院

上海市建筑科学研究院有限公司

华南理工大学建筑设计研究院有限公司

《气候适应型绿色公共建筑集成设计方法》

东南大学

中国建筑设计研究院有限公司　编著

主编

韩冬青

副主编

顾震弘

主要参编人员

（按姓氏笔画排序）

石　邢　朱　雷　孙金颖　李　飚　李　力　李鸿渐

吴国栋　赵　希　徐一品　徐　斌　唐　芃　曹　颖

董　嘉　鲍　莉　翟建宇

总序

　　2021 年 4 月 15 日，"江苏·建筑文化大讲堂"第六讲在即将开幕的第十一届江苏省园博园云池梦谷（未来花园）中举办。我站在历经百年开采的巨大矿坑的投料口旁，面对一年多来我和团队精心设计的未来花园，巨大的伞柱在波光下闪闪发亮，坑壁上层层叠叠的绿植花丛中坐着的上百名听众，我以"生态·绿色·可续"为主题，讲了我对生态修复、绿色创新和可持续发展的理解和在园博园设计中的实践。当晚听说在网上竟有超过 300 万听众的点击率，让我难以置信。我想这不仅仅是大家对园博会的兴趣，更多的是全社会对绿色生活的关注，以及对可持续发展未来的关注吧！

　　的确，经过了 2020 年抗疫生活的人们似乎比以往任何时候都更热爱户外，更热爱健康的绿色生活。看看刚刚过去的清明和五一假期各处公园景区中的人山人海，就足以证明人们绿色生活的价值取向。因此城市建筑中的绿色创新不应再是装点地方门面的浮夸口号和完成达标任务的行政责任，而应是实实在在的百姓需求，是建筑转型发展的根本动力。

　　近几年来，随着习总书记对城乡绿色发展的系列指示，国家的建设方针也增加了"绿色"这个关键词，各级政府都在调整各地的发展思路，尊重生态、保护环境、绿色发展已形成了共同的语境。

　　"十四五"时期，我国生态文明建设进入了以绿色转型、减污降碳为重点的战略方向，全面实现生态环境质量改善由量变到质变的关键时期。尤其是 2021 年 4 月 22 日习近平总书记发表题为《共同构建人与自然生命共同体》的重要讲话，代表中国向世界做出了力争2030年前实现碳达峰、2060年前实现碳中和的庄严承诺后，如何贯彻实施技术路径图是一场广泛而深刻的经济社会变革，也是一项十分紧迫的任务。能源、电力、工业、交通和城市建设等各领域都在抓紧细解目标、分担责任、制订计划，这成了当下最重要的国家发展战略，时间紧迫，但形势喜人。

面对国家的任务、百姓的需求，建筑师的确应当担负起绿色设计的责任，无论是新建还是改造，不管是城市还是乡村，设计的目标首先应是绿色、低碳、节能的，创新的方法就是以绿色的理念去创造承载新型绿色生活的空间体验，进而形成建筑的地域特色并探寻历史文化得以传承的内在逻辑。

对于忙碌在设计一线的建筑师们来说，要迅速跟上形势，完成这种转变并非易事。大家习惯了听命于建设方的指令，放弃了理性的分析和思考；习惯了形式的跟风，忽略了技术的学习和研究；习惯了被动的达标合规，缺少了主动的创新和探索。同时还是有许多人认为做绿色建筑应依赖绿色建筑工程师帮助对标算分，依赖业主对绿色建筑设备设施的投入程度，而没有清楚地认清自己的责任。绿色设计如果不从方案构思阶段开始就不可能达到真绿，方案性的铺张浪费用设备和材料是补不回来的。显然，建筑师需要改变，需要学习新的知识，需要重新认识和掌握绿色建筑的设计方法，可这都需要时间，需要额外付出精力。当绿色建筑设计的许多原则还不是"强条"时，压力巨大的建筑师们会放下熟练的套路方法认真研究和学习吗？翻开那一本本绿色生态的理论书籍，看那一套套相关的知识教程，相信建筑师的脑子一下就大了，更不用说要把这些知识转换成可以活学活用的创作方法了。从头学起的确很难，绿色发展的紧迫性也容不得他们学好了再干！他们需要的是一种边干边学的路径，是一种陪伴式的培训方法，是一种可以在设计中自助检索、自主学习、自动引导的模式，随时可以了解原理、掌握方法、选取技术、应用工具，随时可以看到有针对性的参考案例。这样一来，即便无法保证设计的最高水平，但至少方向不会错；即便无法确定到底能节约多少、减排多少，但至少方法是对的、效果是绿的，至少守住了绿色的底线。毫无疑问，这种边干边学的推动模式需要的就是服务于建筑设计全过程的绿色建筑设计导则。

"十三五"国家重点研发计划项目"地域气候适应型绿色公共建筑设

计新方法与示范"（2017YFC0702300）由中国建筑设计研究院有限公司牵头、联合清华大学、东南大学、西安建筑科技大学、中国建筑科学研究院有限公司、哈尔滨工业大学建筑设计研究院、上海市建筑科学研究院有限公司、华南理工大学建筑设计研究院有限公司，以及 17 个课题参与单位，近 220 人的研究团队，历时近四年的时间，系统性地对绿色建筑设计的机理、方法、技术和工具进行了梳理和研究，建立了数据库、搭建了协同平台，完成了四个气候区五个示范项目。本研究丛书就是在这个系统的框架下，结合不同气候区的示范项目编制而成，其中汇集了部分研究成果。之所以说是部分，是因为各课题的研究与各示范项目是同期协同进行的。示范项目的设计无法等待研究成果全部完成才开始设计，因此我们在研究之初便共同讨论了建筑设计中绿色设计的原理和方法，梳理出适应气候的绿色设计策略，提出了"随遇而生·因时而变"的总体思路，使各个示范项目设计有了明确的方向。这套研究丛书就是在气候适应机理、设计新方法、设计技术体系研究的基础上，结合绿色设计工具的开发和协同平台的统筹，整合示范项目的总体策略和研究发展过程中的阶段性成果梳理而成。其特点是实用性强，因为是理论与方法研究结合设计实践；原理和方法明晰，因为导则不是知识和信息的堆积，而是导引，具有开放性。希望本项目成果的全面汇入补充以及未来绿色建筑研究的持续性，都会让绿色建筑设计理论、方法、技术、工具，以及适应不同气候区的各类指引性技术文件得以完善和拓展。最后，是我们已经搭出多主体全专业绿色公共建筑协同技术平台，相信在不久的将来也会编制成为 APP，让大家在电脑上、在手机上，在办公室、家里或在工地上都能时时搜索到绿色建筑设计的方法、技术、参数和导则，帮助建筑师做出正确的选择和判断！

　　当然，您关于本研究丛书的任何批评和建议对我们都是莫大的支持和鼓励，也是使本项目研究成果得以应用、完善和推广的最大动力。绿色设计人人有责，为营造绿色生态的人居环境，让我们共同努力！

崔愷

2021 年 5 月 4 日

目录

5 适应性导向的外围护介质与空间分隔 /157

5.1 外围护介质的气候适应性设计 /158

5.2 室内分隔作为内部环境性能的调节介质 /167

6 绿色公共建筑集成化设计的过程及协同要素 /187

6.1 绿色集成设计过程的演变 /187

6.2 绿色集成设计的过程 /191

前言

　　自 20 世纪六七十年代世界能源危机凸显以来，不同国家和地区的绿色建筑理论研究和实践探索不断发展，涓涓细流逐渐汇涌成多元的绿色潮流与路径。20 世纪末以来，在政府、学界、行业和社会的共同努力下，中国绿色建筑事业已经在理论、技术、法规、标准、产品诸多方面取得一系列成就，并正在深刻影响着建筑设计领域价值观和实践姿态的积极转变与发展。经历了数十年的不断摸索和验证，人与自然、需求与资源、建筑与环境的关系认知被再次注入绿色的内涵。作为专业和社会一种共同且显在的话语，绿色建筑正是要通过这些辩证关系的再次建构，服务于建设资源节约、环境友好的高质量人居环境目标。

　　设计创作是绿色建筑发展的关键环节之一。而绿色建筑设计并非在传统的建筑设计之后，加上节能设备和外墙保温即可简单成就，更不应是一种炫技的表演。针对我国绿色建筑的发展取向，中国工程院崔愷院士提出了绿色建筑"四少四多"的实践主张，即"少拆除，多利用；少人工，多自然；少扩张，多省地；少装饰，多生态"。地域气候是建筑存在的背景和条件，气候适应性则是绿色建筑诸多内涵中一项最基本的特征内涵。气候影响着建筑的存在方式，建筑也改变着气候。随着我国新型城镇化的发展和人民对美好生活的期盼，城镇公共服务设施的供给规模和质量不断提升，公共建筑的规模、类型、品质不断刷新历史纪录。公共建筑的绿色性能对我国城镇环境品质和建筑业的绿色发展正在产生越加不可忽视的影响力。

　　2017 年 8 月，国家重点研发计划"绿色建筑及建筑工业化"重点专项之一——"地域气候适应型绿色公共建筑设计新方法与示范"正式立项。该研究项目由崔愷院士领衔，中国建筑设计研究院有限公司为项目牵头单位，以"理论—方法—技术—工具—平台—示范"为总体架构，本着研究与实践相结合的务实姿态，着力推动以建筑师为主导，以空间形态为核心的地域气候适应型绿色公共建筑设计的方法体系创新。本书是该重点专项中课题二"具有气候适应机制的绿色公共建筑设计新方法"的主要研究成果。本书在梳理国内外绿色建筑设计发展历程的基础上，从建筑设计中的地域气候认知入手，分析了气候适应型绿色公共建筑设计的内涵及其面临的突出问题，提出了"空间形态设计是公共建筑实现气候适应的核心环节"的观点；依循公共建筑及其环境的层级结构，结合建筑设计创作的工作内容及过程特点，从场地总体形态布局、建筑单体空间形态组织、单一空间设计、建筑外围护介质与室内空间分隔四个方面逐级递进地揭示了公共建筑从总体到局部的气候适应性设计的主要内容及其策略方法；从设计探索与性能模拟评估的互动，和建筑工程设计的多专业协作等方面展现了绿色公共建筑集成化设计的过程及协同要素；面向数字技术发展的新趋势，探讨了运算技术在气候适应型建筑空间形态设计中的运用及其前景。

本书以"气候调节—建筑能耗—空间形态"的相互作用机制为基本逻辑，突出强调建筑师在气候适应型绿色公共建筑设计全局中的责任和主导性；强调空间形态组织设计在气候适应性设计中的核心价值及其方法意义；强调气候适应性设计从场地环境的整体格局到各空间要素的多层级贯穿性及其系统方法。针对公共建筑功能类型的多样性，本书首次提出与能耗分级相对应的公共建筑空间性能分类架构，为建筑空间形态的气候适应性设计建立了新的类型学基础；针对地域气候的时节性和公共建筑功能的动态性，提出了因时而变的设计思想和方法；针对当前我国公共建筑设计的专业配合、工具技术、工作进程的现状，提出了以集成与协同为特点的工作机制，初步建立了以运算技术为依托的形态生成设计架构。这些都是本书的特点与新意所在。

本书相关的研究工作自始至终都得到崔愷院士高屋建瓴的指导和帮助。他十分关注建筑师在绿色建筑设计实践中的统领作用，提醒课题的研究要体现绿色设计的真切内涵，要密切结合建筑创作的工作特点，力求实效，避免空谈。本书中关于公共建筑气候适应性设计的一系列类型化图谱研究，正是得益于崔院士的研究构想和启迪。整个项目及课题研究期间，崔院士亲自主持召开了项目组线下线上研讨及工作交流会议 30 余次，课题二的研究和本书的撰写得到项目组所属各课题组各种形式的指教和帮助，彼此的交流和互动有效加强了各课题研究之间的整体性和互动性。中国建筑设计研究院有限公司、哈尔滨工业大学建筑设计研究院有限公司、华南理工大学建筑设计研究院有限公司、上海市建筑科学研究院、深圳建筑科学研究院有限公司、中国建筑西南建筑设计研究院有限公司、中国建筑西北设计研究院有限公司、中南建筑设计院股份有限公司、华东建筑设计研究院有限公司、内蒙古工大建筑设计研究院有限公司、清华大学建筑学院、北京清华同衡规划设计研究院有限公司、东南大学建筑设计研究院有限公司、同济大学建筑设计研究院有限公司、浙江大学建筑设计研究院有限公司、云南省设计院集团有限公司、南京长江都市建筑设计股份有限公司、瑞典怀特建筑师事务所、丹尼尔斯坦森建筑事务所、TEMA 建筑师事务所、A&P 建筑师事务所等设计单位为本书提供了案例资料。因篇幅所限，难以尽数各位前辈、同行和朋友的无私贡献。在此，衷心感谢对本书研究和撰写提供指导、支持和帮助的各位专家学者和朋友！

本书相关的研究和撰写历经 4 年余，课题组由东南大学建筑学院和中国建筑设计研究院有限公司的成员共同组成，韩冬青教授为本课题负责人。自立项以来，课题组根据项目的总体要求和架构，精诚合作，求真务实，方得始终。顾震弘副教授和李力副教授等为本课题组承担了大量的组织协调工作。本书由韩冬青、顾震弘负责统稿。各部分基本分工如下：

第一章执笔：韩冬青、顾震弘、石邢；

第二章执笔：石邢、吴国栋、徐一品、韩冬青；

第三章执笔：鲍莉、韩冬青、朱雷；

第四章执笔：顾震弘、韩冬青、朱雷；

第五章执笔：李力、董嘉；

第六章执笔：翟建宇、赵希、曹颖；

第七章执笔：李飚、李鸿渐、唐芃。

东南大学建筑学院硕士研究生庄惟仁、孙世浩、吕颖洁、陈富强、李元、孙曦梦、孙鹏、徐海琳，中国建筑设计研究院有限公司李思瑶、温玉央、高伟等参与了本书部分研究工作和插图绘制。

东南大学出版社为本书的顺利出版提供了宝贵的合作和支持，在此深表谢意！

因学识和能力之限，本书难免存在诸多问题和不足，期待读者批评指正。

韩冬青

2021 年 4 月 10 日

1 概论

1.1 绿色建筑设计发展概要

相对建筑悠久的历史，绿色建筑还是一个新的概念。在工业革命以前，人类未开始大规模开发化石能源，这时候的建筑没有多少主动设备，也无所谓耗能问题，因此也可以算是一种原始的"绿色建筑"。

工业革命后，人类开始大规模开采利用地下的化石能源，为了提高建筑室内环境的舒适度，各种设备也开始登场。人类社会工业化的过程，也是现代主义建筑发生发展的过程。这期间建筑的发展几乎完全伴随着工业技术的发展进程。勒·柯布西耶（Le Corbusier）提出建筑就是"居住的机器"。二战结束后冷战开始，伴随着美苏军备竞赛，西方国家开始了以阿波罗计划为代表的科技大跃进，人类自信心空前膨胀，通过技术手段调节和控制建成物理环境的做法在建筑领域开始大行其道。1960 年美国建筑师巴克敏斯特·富勒（Richard Buckminster Fuller）提出"曼哈顿穹顶"的设想，用一个巨型玻璃罩将城市罩住，以形成一个内部自给自足的生态系统（图 1-1）。为了对室内环境进行更高效率的人工调控，雷纳·班纳姆（Reyner Banham）提出"可控环境的建筑"，倡导隔离的"气密性建筑"。20 世纪 80 年建造的生物圈二号是这一思想发展的顶峰，人类试图通过建成一个与外界环境完全隔离就可独立运作的建筑内部环境（图 1-2）。这个实验的失败从反面证明按照人类目前的科技水平，完全脱离地球环境而仅依靠人工手段来创造维持室内建筑环境是行不通的。

1963 年，美国学者维克多·奥戈雅（Victor Olgyay）所著的《设计结合气候：建筑地方主义的生物气候研究》首次系统地将设计与气候、地域

图 1-1 曼哈顿上空直径 2 英里的玻璃穹顶构想（1 英里 ≈ 1.61 千米）

图 1-2 生物圈二号

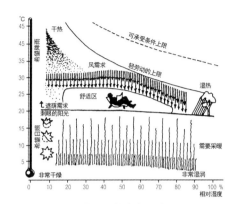

图1-3 奥戈雅的生物气候图解

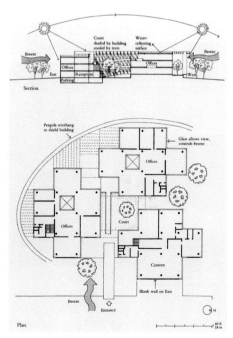

图1-4 ECIL总部大楼

与人体舒适度感受结合起来，提出"生物气候地方主义"设计方法，将满足人体的生物舒适感觉作为设计出发点，注重研究气候、地域和人体生物感觉之间的关系（图1-3）。与此同时，以哈桑·法赛（Hassan Fathy）、查尔斯·柯里亚（Charles Correa）、杰弗里·巴瓦（Geoffrey Bawa）等发展中国家建筑师为代表，探索具有地域气候适应性的现代建筑（图1-4）。这些设计的出现早于环境危机，出发点也各不相同，却不约而同地从地域气候特点出发，向传统民居学习，摒弃技术至上主义，立足于采用低技低消耗的建筑设计手段，实现相对舒适的室内物理环境。

20世纪60年代，随着环境危机和能源危机的出现，环保运动在全球兴起，人类开始对工业革命后的发展模式进行反思。1992年6月，联合国里约热内卢"环境与发展大会"通过《里约环境与发展宣言》和《21世纪议程》，确立了"可持续发展"的思想，即"既能满足当代人的需要，又不对后代人满足其需要的能力构成危害的发展"。此后可持续发展思想在各个领域得到深入探索，在建筑领域首先由暖通工程师带头开启了当代绿色建筑的研究。1990年代末，由国际能源总署（IEA）开展名为"建筑与社区节能"的研究工作，该研究按照不同的研究专题成立了多个课题组，这些课题项目分别由来自世界各国的学术权威牵头组成的被称为Annex的工作组负责，完成了五十余项研究。Annex对具有一定成熟度的技术进行

总结，予以推广应用，其报告大多成为该领域的权威成果，是对相关技术的指导性文献，这些研究成果为随后的建筑性能化模拟奠定了理论基础。2000 年后随着计算机技术的发展完善，建筑性能化模拟软件逐渐在建筑设计领域得到推广。例如美国能源部和劳伦斯·伯克利实验室开发的 EnergyPlus，可对建筑进行全年逐日能耗模拟。这改变了以往建筑性能仅能依赖经验判断的状况，为绿色建筑设计提供了量化依据。

有了性能化模拟软件为基础，各种节能建筑模型开始被建立并推出，这其中比较有代表性的是在德国出现的"被动式住房"（Passive House）。被动式住房标准源于 1980 年代出现于瑞典和丹麦的"低能耗建筑"（Low-energy Building）标准。1988 年瑞典隆德大学教授波·艾达姆森（Bo Adamson）提出了被动房的概念，即在中部欧洲的气候条件下，建筑只依靠被动技术而无须额外的能耗进行采暖就能维持舒适的室内物理气候条件。1991 年，德国建筑物理学家沃尔夫冈·费斯特（Wolfgang Feist）在达姆施塔特（Darmstadt）建成了第一座被动房（图 1–5），由于其节能效果显著开始在德国推广，并进而扩展到整个欧洲。

被动房虽然性能良好，但主要由暖通工程师主导，建筑师的参与度并不强，建造成本居高不下，阻碍了其进一步推广。1980 年代，随着民众的环保意识不断增强，在丹麦"合作居住"（Co-housing）社区的基础之上，一些具有生态环保性质的社区开始在欧洲出现，被称为"生态村"。美籍丹麦人罗伯特·吉尔曼（Robert Gilman）是生态村最早的研究者。他在 1975 年建造了自己的绿色住宅，1990 年，他在丹麦主持成立了"大地之母"（Gaia）基金会，致力于生态村的研究与实践。1996 年，在伊斯坦布尔召开的联合国"人居环境大会"将"可持续居住，保护生态与城市文明"作为最重要的议题，在此议题之下，首批生态村入选当年的"百项最佳实践项目"。这次大会之后，世界各地的生态村蓬勃发展。生态村不仅强调单体绿色建筑，还提出立足于社区的绿色建筑群落概念，在绿色建造、节能建筑、可持续农业和可再生能源等各方面均有要求，作为自下而上可持续发展的代表，生态村更注重因地制宜的合理利用低技术以及居民们可负担。

尽管各类绿色建筑模型被不断推出，但基本都停留在示范建筑案例的层面，相对于大量的建筑规模来说，这些示范项目的数量依然微不足道。

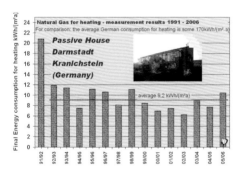

图 1–5　达姆施塔特被动房平均采暖能耗仅为 9.2 kWh/(m² · a)，同期德国住房平均采暖能耗为 170 kWh/(m² · a)

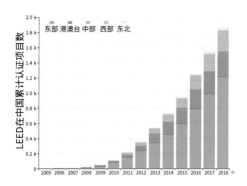

图 1-6　LEED 在中国累计认证项目数量统计

大量建设的民用建筑主要通过另外两种途径来导向绿色：一是商业化手段，二是政府行政法规。

商业化手段的代表是各类绿色建筑评价认证体系，其中最具代表性的是美国的 LEED（Leadership in Energy and Environmental Design）标准，它由美国绿色建筑委员（USGBC）会于 1998 年创建并开始推行，随后从美国逐步推广到全球多个国家，在部分州和国家已经将 LEED 认证作为政府建筑的法定标准。这些绿建评价体系采用打分的方式，评定建筑物的绿色等级，高等级的认证有利于提升建筑在市场上的商业价值，例如有些跨国公司要求租用的办公楼必须获得 LEED 认证。正是在这种基于自愿的商业化推广策略的推动下，各国的绿色建筑评价体系得到了快速发展，例如 LEED 短短十几年就完成了上万座建筑认证，在中国的认证项目也逐年增多（图 1-6）。但这类绿建评价系统也存在一些问题。首先是认证方法的科学性存疑，各种不同领域设计内容的分数占比权重并没有充分的科学依据，全在于认证标准制定机构的主观认定 [1]；其次，认证需要以建筑性能的定量化评价为依据，而现有性能化模拟的准确性存在很大的人为操作空间，不能做到真正的客观真实 [2]；再次，打分系统采取分项目达标计分的模式，这造就了一批"应试型"建筑，某些建筑不管建筑设计本体，只依赖集成技术设备就可以达标获取高分；最后，基于自愿的商业认证模式增加了额外的开发成本，间接挤压了在绿建上的实际投入，而认证本身并不会改变建筑的性能。

另一项手段是不断提高的建筑设计规范标准。20 世纪 90 年代开始各行各业都在通过规范标准约束行业的能耗表现和污染排放水平，例如从 1992 年开始实施的欧 I 汽车排放标准控制住了汽车产业的污染水平。在建筑领域，2002 年欧盟批准《建筑能效指令》（Energy Performance of

---

1　在主流绿色建筑评价体系发展的同时，从环境科学领域的环境影响评价（Environmental Impact Assessment，简称 EIA）也发展出一批针对建筑的环境影响评价工具，如 BEES、BEAT 2002、Eco-Quantum。这类工具将建筑在全寿命周期中的环境影响折算为统一的单位，如生态足迹或二氧化碳排放，这样就可以相对客观科学地比较不同建筑的环境影响。但这一类工具使用过程烦琐，并且严重依赖于成熟的建筑环境影响数据库，最终未能在建筑领域得到广泛推广。

2　在利用软件对建筑进行性能化模拟时，错误边界条件对于结果的影响存在 30%~200% 的误差。林波荣，等 . 绿色建筑性能模拟优化方法 [M]. 北京：中国建筑工业出版社，2016.

Building Directive，简称 EPBD），成为欧洲的首个建筑节能标准。1986 年建设部颁发了我国第一部建筑节能标准《民用建筑节能设计标准（采暖居住建筑部分）》（JGJ 26-86），此后经过 15 年，直到 2001 年才又陆续颁布了一系列类似标准，从居住建筑扩展到公共建筑类型，从严寒地区扩展到所有的气候区，此后这些规范被持续不断修订提高标准。中国于 2006 年颁布和实施了《绿色建筑评价标准》（GB 50378-2006），并在 2014 年和 2019 年进行了修订。由于建筑规范是建筑设计必须遵守的基本准则，对绿色建筑的发展具有极强的指向性，因此这些标准对我国建筑节能设计产生了重要的影响。然而这一方法近年来开始遇到瓶颈，主要原因在于规范是对所有建筑的底线要求，只能把建筑抽象为基本的密闭盒子，而建筑又不同于普通工业产品，一次设计大批量生产，每个建筑单体个体差异极大，使用者的行为对其性能影响也极大，作为规范来说只能控制建筑物最基本的参数，即外围护结构的热工性能指标，这虽然很重要，但仍然无法就此决定建筑最终的实际性能，尤其是当建筑外围护结构的热工性能已经达到相当高水平时，进一步提升的潜力日渐缩小，而使用者的行为对建筑性能的影响权重则日渐增大。决定和引导使用者行为的手段主要是建筑设计，这很难用统一的标准规范去进行规定，因此密闭盒子模型的不足也日渐显现。

"气密性建筑"能大行其道的一个重要原因是其发起于严寒和寒冷地区，只需要解决冬季采暖问题，较少甚至不考虑夏季制冷。但当这种建筑开始向全世界各种气候区推广时，夏季制冷的能耗问题就开始凸显——单独靠增加建筑气密性和外围护结构保温的这一做法并不能适应所有气候条件。基于这一状况，一批当代建筑师开始进行反思，高能耗的"玻璃盒子"做法风光不再。哈佛大学教授基尔·莫（Kiel Moe）批评了现代主义以来片面强调气密性和保温性能的建筑围护结构做法，提出具有主动热力学适应性的建筑外围护结构，气候驱动的外围护结构应成为捕获自然能量、调控内部气候性能的有效装置，而不是一种封闭的外壳，或仅仅作为一种造型的手段。伊纳吉·阿巴罗斯（Iñaki Ábalos）总结并拓展了气候建筑学领域的研究成果，揭示了主动式、被动式与建筑形态三者在不同时代观念下的权重关系（图 1-7）。马来西亚建筑师杨经文是开放式绿色建筑的重

图 1-8 双顶住宅，采用多种遮阳形式创造出适宜的半室外空间，杨经文设计

图 1-9 台达台南工厂，门厅强化楼梯，把电梯设在不显眼的位置，引导员工多走楼梯，林宪德设计

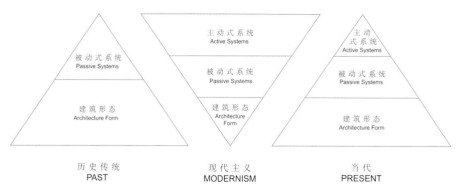

图 1-7 主动式、被动式与建筑形态关系的权重演变

要倡导者和实践者，他提出了建立在生态环境学基础上的生态建筑设计理论，并将其应用于自己的作品（图 1-8）。台湾成功大学教授林宪德是绿色行为模式理论的重要开拓者，他提出通过设计引导使用者的行为来实现节能环保（图 1-9）。这些探索和实践为新时期的绿色建筑探索了新的可能方向。

时至今日，绿色建筑设计逐渐成为业界共识，随着计算机和参数化设计技术的发展，更精细准确的性能模拟和优化逐渐成为可能。在数字技术的加持下，未来的绿色建筑设计必将产生大的变革，新的绿色建筑形态将极大地拓宽和改变建筑学的图景。

1.2 建筑设计中的气候认知

1.2.1 气候的差异性

人类建筑营造的最初目的就是通过对自然气候的利用或抵御，创造相对舒适的室内环境。气候的差异性应对是绿色建筑面临的主要挑战之一。

一般而言，气候是大气物理特征的长期平均状态，通常以短则一个月，长则数百年为考察时段。气候以温度、湿度、太阳辐射、风速、风向等物理参数来衡量。同一地域的气候通常具有相对稳定的规律性。对建筑设计来说，气候的描述不仅是稳定不变的参数平均值，还包括对不断动态变化中的气候参数的描述。气候的差异性即气候的动态性变化，反映在空间和时间两个方面。

从空间维度看，不同地域的气候具有不同程度的差异性。首先，由于纬度差异形成了从热带到寒带，由热及冷的不同气候类型。其次，由于海拔差异而形成盆地、平原、高原的气候类型。其三，地表微环境条件又形成了滨水、山地、沙漠等气候差异，即使处于同一气候带，同一山体的南坡和北坡的气候条件也会有很大差异。例如我国四川省地处西南，但由于地形变化剧烈，中部东部的成都平原属于夏热冬冷气候，西部的横断山脉属于寒冷气候，南部的云贵高原属于温和气候。为了简化对气候的分类，中国《民用建筑设计通则》（GB 50352-2005）将中国划分为了 7 个一级区，20 个二级区。随后的规范对不同气候区的建筑热工性能提出了不同的设计要求。需要注意的是，这种气候区划是为了便于讨论问题，真实的气候空间变化是逐渐过渡，而不是边界两侧截然不同。

从时间维度看，由于日较差和年较差的存在，造成日照、气温、降水在春夏秋冬和昼夜之间的差异。这些差异的程度或大或小，例如新疆的气温日较差可达到 20℃，乃至有"早穿皮袄午穿纱，围着火炉吃西瓜"这样的谚语。差异不大的气候条件意味着相对稳定的物理环境，其建筑设计的气候应对措施也相对稳定。当气候差异很大时，则会对建筑的气候性能设计提出更严峻的挑战。一些在海洋性气候下或许无关紧要的建筑设计问题，在大陆性气候条件下则必须严肃应对。

在不同的外部自然气候条件下，纳阳与纳凉、采光与遮阳、保温与散热、隔声与通风往往使设计面临矛盾与冲突。气候调节的不同取向要求建筑设计必须根据其具体的差异抓住主要矛盾，做出权重适宜的设计决策。

1.2.2 气候的相对性

气候的物理属性是一种客观存在，但不同的人（群）对同一物理气候的反映却存在不同程度的差异。冷与热、干与湿，都是一种相对的比较关系。人对气候的感知产生了气候的相对性。建筑设计是为人服务的，气候的相对性概念对建筑设计适应不同地域条件和不同功能类型具有不可忽视的影响力。

建筑物理专业已经创立了一系列热环境的综合评价指标，例如有效温度（ET）、热应力指数（HSI）、预计平均热感觉指数（PMV）、心理适应性模型等。这些指标都是以普遍意义上的人的感受为参照，由此形成了一系列物理参数构成的舒适环境参考值。对于具体的建筑设计来说，每个建筑往往有特定的服务对象，不同的使用者对于同样的气候条件会有不同的反应。不同地域的人群更习惯于本地区的气候，而对于非本地域气候更为敏感。例如，来自南方炎热地区的人对于热的耐受能力就超过来自北方寒冷地区的人，来自东部沿海潮湿地区的人会对西部内陆的干燥气候反应强烈，而来自北方干燥地区的人则很难忍受南方的潮湿。不同年龄段的人群也会对气候有着不同的感受，成年人的耐受力超过老人和儿童，因此托幼建筑和养老建筑的室内环境要求更高；体力劳动者的耐受力超过脑力劳动者，因此体育场馆的室内适宜温度与一般办公建筑不同；身体健康的人比身体虚弱的人更具气候适应能力，因此医院病房的室内气候环境宜更为稳定。

正是由于气候相对性的存在，建筑的室内环境舒适度不应绝对化，仅仅依赖对于抽象的人适用的参数设置，在具体的建筑设计中，却有可能未必完全恰当。所有的建筑设计都应针对具体的需求，而非抽象的建筑类型。

1.2.3　建筑与气候的辩证关联

建筑是在人与自然的相处过程中为了自身的生存安全而创造的一种人造物。气候有风光阴晴、干湿冷暖；地形有崇山峻岭、丘壑平原；地貌有森林旷野、海湖河川。地球的运动与地形地貌的变化，共同衍生出宏观区域气候和微观局域气候的差异形态。自然气候是人类生存的基础，但又不总是能符合生存的条件，有时甚至是一种威胁。建筑作为承载生活的空间环境，其在利用自然的同时，又必须改造自然，这其中就包含了对自然气候的利用和调节。人类的原始和早期建筑活动就已经表现出在不同的地域条件下适应和改变自然气候的种种智慧。由棚屋穴居到巍峨殿宇，由散户村庄到城镇聚落，建筑营造的历史也是不断认识气候、适应气候、干预气候的历史。自然气候既是先决的，又是可选择可调节的。经由建筑的手段而改变的局部气候就成为人工气候或半人工的气候，其目的都在于趋利而避害，在于适应人的生存和生活。

　　建筑与气候的关系，并不是单一的谁决定谁的关系，而是有着复杂的相互影响。气候是建筑存在的环境前提之一，建筑又改变着气候。这种改变不仅表现在建筑围护结构以内的气候品质，也通过建筑的不同尺度的组合和集聚形态而表现为对地段微气候乃至整个城镇区域的气候干预，受到不断干预后的局域气候又再次成为建筑所在场域的微气候条件；正因为这种影响是相互的，就有必要关注和研究建筑对气候的利用和干预的策略、手段与程度。既有的研究已经表明，在封闭的空间内通过设备做功而创造纯粹的人工气候，不仅于人的健康无益，还会产生大量的能耗，也会因排放而导致热岛效应等城镇局域气候的恶化，从而导致自然气候与建筑能耗的恶性循环。对建筑与气候的辩证认识是气候适应型绿色建筑设计的基本思想基础。

1.3　气候适应型绿色公共建筑设计的内涵及其面临的问题

1.3.1　气候适应型绿色公共建筑设计的基本内涵

　　健康、节约和环境友好是绿色建筑的基本内涵特征。气候适应性是绿色建筑的一个重要维度。气候适应型绿色公共建筑就是指能够适应气候在地域空间和时间进程中的动态变化，保持建筑场所与自然气候的适宜性联系或调节，从而在保障实现建筑使用功能的同时，实现健康、节约和环境友好的建筑性能与品质。气候适应型绿色公共建筑突出强调不同类型的公共建筑在人与气候之间所承担的辩证调节作用。这种调节不仅指向建筑性能中人的气候舒适性要求，也指向其对超越了建筑工程本体的更大尺度范围的气候反作用；不仅关注气候干预下的风、光、热、湿等空间物理性能目标，也关注实现这些目标所需资源消耗的必要性和节约性；不仅关注共时的适应性，也关注历时的动态性。

　　公共建筑的气候适应性设计谋求通过建筑师的设计操作，创造出能够适应不同气候条件，建立人、建筑、气候三者之间的良性互动关系的开放系统，通过对建筑形态的整体驾驭实现对自然气候的充分利用、有效干预、趋利避害的目标。气候适应性设计是适应性思想观念下，策略、方法与过程的统一；是建筑师统筹下，优先和前置于设备节能措施之前的始于设计上游的创造性行为；是"气候分析—综合设计—评价反馈"往复互动的连续进程；是从总体到局部，并包含多专业协同的集成化系统设计。气候适应型绿色公共建筑设计并不追逐某种特殊的建筑风格，但也将影响建筑形式美的认知，其在客观结果上会体现不同气候区域之间、不同场地微气候环境下的形态差异，也呈现出不同公共建筑类型因其功能和使用人群的不同而具有的形式多样性。气候适应性设计对于推进绿色公共建筑整体目标的达成具有关键的基础性意义。

1.3.2 公共建筑气候适应性设计面临的主要问题

根据中国建筑节能协会能耗统计专业委员会发布的《中国建筑能耗研究报告（2020）》，2018 年中国的建筑运行能耗占全国能源消费总量的比重为 21.7%；建筑运行碳排放量占全国碳排放的比重为 21.9%。该报告还表明，中国建筑运行能耗的重心正在南移。《中国建筑能耗研究报告（2019）》的统计数据显示：公共建筑能耗与全国建筑能耗的占比为 38%，与城镇居住建筑的总能耗旗鼓相当。这些数据充分说明了公共建筑的节能和绿色性能对我国建筑节能事业的结构性意义。从建筑运行能耗的构成看，建筑空气调节系统能耗约占建筑运行总能耗的 47%[3]。当单栋建筑面积超过 2 万平方米，并采用中央空调时，其单位建筑面积能耗是普通规模的不采用中央空调的公共建筑能耗的 2~8 倍[4]。空气调节系统的能耗主要是用于建筑的采暖、通风、制冷，从而满足建筑内部气候的舒适性能，这从一个侧面反证了公共建筑气候适应性设计的必要性和重要性。

建筑因人的生理和行为需求，在室内外创造局部的气候可控场所。建筑是自然气候的调节器，这种调节系统可能产生必要的建筑用能，也可能

3　清华大学建筑节能研究中心.中国建筑节能年度发展研究报告 2014[M]. 北京：中国建筑工业出版社，2014.

4　江亿.中国建筑节能理念思辨 [M]. 北京：中国建筑工业出版社，2016.

不用能。对"能效"的追逐首先应置于用能必要性的前提之下，不用能和少用能才是上策。所谓气候适应机制，就是指通过利用和调节，形成既符合人的舒适需求又利于形成建筑与自然的良性关系，并实现节约能源的开放系统。这种开放的气候调节机制首先在于其基本空间形态所奠定的基础。绿色公共建筑遵循绿色建筑的一般原则和共性，因地域的差异表现出与特定气候条件的适应性关联，又因使用者、功能、规模、尺度的类型多样，而产生空间及空间组织的复杂性和差异性，有其实现气候适应性的针对性策略与方法。从总体上看，公共建筑的气候适应性设计面临如下共性问题：

1）物质空间类型差异大，复杂性强

从物质性的角度看，公共建筑作为一种公共服务产品，往往占据城镇环境中相对影响力更大的重要位置，与周边环境的关系更密切，互动性更强，对环境的影响也更大；公共建筑因不同的使用功能而类型多样，不同的使用功能同时也可能意味着对其气候性能具有不同的要求；公共建筑的尺度规模变化同样很大，这种差异不仅表现在不同规模等级的差异，也常常反映在同一个公共建筑或建筑群内部空间单元的较大尺度级差。功能的多样性和空间尺度的差异性必然带来建筑外部形体和内部空间组织和流线的复杂性，从而造成各区域空间性能设计的难度和复杂性。在绿色设计的基本理念下，气候适应性设计已经成为空间环境性能设计的核心内涵，其复杂性不仅反映在不同功能空间的性能要求的差异，也反映在对不同气候要素的选择性差异，因此更需要系统地权衡和综合驾驭。在当代，公共建筑综合体也正在成为一种积极的发展态势，进一步增加了空间组织关系的复杂度。

2）空间性能因人而异

从使用者的角度看，公共建筑的服务对象同样具有多样性。使用者年龄的差异、职业的差异、身体健康状况的差异、活动内容和方式的差异，乃至不同地区的人群对气候环境性能的不同感知及其适应状态的差异，都在客观上带来建筑空间性能化设计的特定要求。

3）运行状态因时而变

从建筑的使用时态看，不同类型的公共建筑的运行时态不同。商务办公、科技研发、教学培训、体育、博览、文化娱乐、购物休闲、交通换乘、旅行游览等等，这些不同功能设施的运行在昼夜和季节的分布上呈现出程度不同的周期性分布，甚至在同一个公共建筑内部也具有使用时段的前后错落。建筑使用时段的差异可能意味着不同的气候时差条件，从而造成空间性能设计的不同前提。

4）设计组织构成复杂

从设计业务组织看，公共建筑较之其他建筑类型，对各专业工种的协同设计要求更高，其形体空间设计与性能分析及评估需要更加快捷的传递、交互、协同。进而，这种跨专业多角色的协同正在向前期策划、施工建造、后期评估的全过程延伸。

从上述分析中可以看到，气候适应型绿色公共建筑是我国公共建筑发展的必由之路。公共建筑的气候适应性设计须建立在对公共建筑特性的基本认知上，以空间形态为核心，从其物质空间形态的层级入手，形成连续递进的气候适应性设计路径；从"空间—性能—能耗"的关联出发，建立新的空间类型架构，以创建空间系统组织和要素设计的气候适应性策略；从公共建筑设计的组织架构出发，探索跨专业、多角色、全过程的协同与集成。从而探寻因地制宜、因时而变、因人而异的气候适应型绿色公共建筑设计新方法。

1.4　空间形态设计是公共建筑实现气候适应的核心环节

1.4.1　"气候调节—建筑能耗—空间形态"相互作用的机理

正确认识"气候调节—建筑能耗—空间形态"之间的关系是气候适应型绿色公共建筑设计的基础，三者密切关联、相辅相成。建筑空间形态是建筑设计的核心内容，是建筑师用来表达设计思想、满足使用功能、创造宜居环境，并实现绿色目标的重要手段。建筑的气候调节包含内外两方面的含义，对外是指建筑需要应对所处场地的微气候条件，与之共生共存；对内是指建筑需要营造适宜的内部环境，保障使用者在建筑中正常的生活和工作活动。建筑的能耗可从广义和狭义两个角度去定义。广义的建筑能耗指建筑在全生命周期里消耗的一切能源的总和，包括建筑材料和部品部件开采、加工、制造、运输的能耗，建筑施工过程中产生的能耗，建筑运行过程中产生的能耗，建筑拆除和废旧建筑材料及部品部件处理的能耗等。狭义的建筑能耗仅指建筑在运行过程中产生的能耗，是建筑所有用能设备能耗的总和，这些用能设备包括暖通空调、照明、电梯、插座电器、热水供应等，有时还包括专业生产设备。在多数情况下，建筑能耗指的是其狭义的定义，这也是本书采用的定义。

建筑的空间形态与气候调节的关系包括以下三个方面：

1）气候调节是建筑空间形态设计的主要目标之一。一方面，公共建筑需要通过合理的空间形态设计适应所处场地的局地微气候；另一方面，公共建筑又要在外部微气候的作用下，通过空间形态并结合其他要素，营造出满足正常使用功能的适宜环境。

2）空间形态设计是典型的被动式气候调节技术。建筑调节气候的技术手段有多种，例如使用暖通空调系统、人工照明等。利用自然资源且不需要耗能的气候调节手段是被动式技术，借助人造机械设备且需要耗能是主动式技术。而空间形态设计是建筑调节气候的典型的被动式技术，也是最重要、最基础的前置环节。如果公共建筑的空间形态设计的气候适应性不足，甚至在某些方面具有明显硬伤，想通过其他技术进行弥补则极为困难，甚至难以实现。

3）通过室内外空间形态设计进行气候调节，具有很大的潜力，但也具有局限性。恰当的空间形态设计可以扩大建筑空间舒适性能的空间范围和时长，从而达到压缩用能空间、缩短用能时间的节能目的，但在极端气候条件下，并非完全能够达到空间的舒适性指标。例如，在我国夏热冬冷和夏热冬暖气候区，合理的空间形态设计可以有效降低公共建筑在夏季的太阳辐射得热，显著改善室内热环境，但完全不依靠任何空调系统的辅助，试图在室内确保夏季舒适温度，是难以实现的。

建筑空间形态与能耗的关系可从以下两个方面去理解：

1）空间形态在很大程度上决定了建筑的能源负荷。公共建筑的空间形态从多个方面影响了其对能耗的需求。例如，在严寒地区或寒冷地区，体形系数大的公共建筑和体形系数小的公共建筑相比，当其他条件相同时，需要的更大能耗采暖；进深大、采光洞口面积小的空间和进深小、采光洞口面积大的空间相比，照明需要能耗更大；在相同建筑规模的前提下，高层建筑在垂直交通方面需要的能耗相对更大。

2）空间形态对建筑能耗各组成部分的影响可能具有矛盾性。如果将建筑总能耗分为空调能耗、采暖能耗、通风能耗、照明能耗等，就会发现空间形态对各细分能耗的影响有时并不一致，甚至是矛盾的。例如，有较多采光洞口的空间，因其天然采光性能好，照明能耗较低，但过多的采光洞口导致窗墙比增大，在夏季会带来较多的太阳辐射得热，在冬季又造成较多的热损失，从而提高空调和采暖能耗。空间形态对建筑能耗各组成部分的影响存在矛盾性这一点，是重要且易被忽视的，在公共建筑空间形态设计时应受到重视。

建筑的能耗与气候调节之间的关系可从以下两个方面去理解：

1）建筑产生能耗的重要原因之一就是为了进行气候调节。气候调节是目的，能耗是为此采取的技术手段所付出的代价。采暖空调能耗是为了调节建筑室内的热环境，机械通风能耗是为了调节建筑室内的空气品质，照明能耗是为了调节建筑室内的光环境。从这一角度来说，建筑耗能具有其必然性和必要性。

2）降低建筑能耗与实现良好的气候调节是两个具有一定内在矛盾性的设计目标，需要综合考量并权衡决策。降低能耗是绿色建筑的核心理念和设计目标之一。一方面，降低能耗应该在确保建筑拥有足够的气候调节能力的前提下进行；另一方面，通过主动式技术为建筑提供气候调节能力，必然带来能源消耗。一般说来，基于主动式设备技术的气候调节能力越强，能耗就越大。因此，在绿色建筑设计中，首先应发掘被动式气候调节方法和技术，同时不应盲目追求过高的气候调节能力，从而避免不必要的高能耗，应以适宜合理为原则。

1.4.2 空间形态设计的绿色意义

人对空间环境的客观需要是营造活动的原始动因。人对建筑空间的舒适性要求与纯自然气候有着不同程度的差异。建筑形态是建筑空间和物质要素的组织化结果，它从基本格局上建立了空间环境与自然气候的性能调节关系，被动式措施则进一步增强了这种调节效果。在必要的情况下，主动式技术措施用于弥补被动式设计手段的不足。现代以来，公共建筑设计中被动措施逐渐被忽视，转而更多地依赖主动式设备调节。然而，过度着眼于设备技术的"能效"追逐，却掩盖了建筑整体高能耗的事实，这可能正是导致建筑能耗大幅攀升的重要缘由。

从绿色建筑的本质内涵重新审视建筑设计，会发现仅仅通过设备来提高建筑能效存在两大问题：首先，为了提高能效就要强化建筑与环境的隔离，但一座建筑中真正需要维持稳定物理条件的高性能空间占比是有限的，通常大部分是普通性能空间和低性能空间，为了少量的高性能空间把整座建筑都与环境相隔离，产生的额外能耗往往得不偿失。其次，设备的能效提升并不是简单的线性关系，当能效已经达到一定程度后，再想提升就需要耗费极高的代价，而由此获得的性能提升却很微弱。例如，在确定的能源价格下，存在一个最佳保温层厚度，而并非越厚越好（图 1–10）。我们需要重新回到建筑设计的本源，使空间形态设计的绿色内涵被充分发掘出来，并得到显现。

经过多年的研究，建筑热工的物理模型已经发展比较成熟，计算机能耗模拟工具对于简单建筑来说已经较为便捷可行。这里的"简单建筑"是指建筑内部空间划分对于能耗影响不大的建筑。其中典型的例子是住宅，几乎所有的空间都是主要使用空间，且使用频率热工要求相差不大。但对

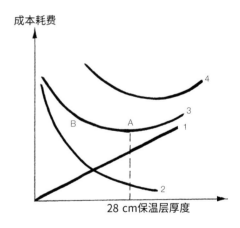

图 1–10 墙体保温层厚度与建筑总成本的关系。通过增加建筑成本提高墙体保温层厚度，墙体保温性能线性递增（曲线 1），与此同时建筑采暖的能耗逐渐递减，递减幅度越来越小（曲线 2），二者相加就是建筑的总耗费。在 1990 年代能源价格水平下，严寒地区的最佳保温层厚度是 28 cm（曲线 3，A 点），当能源价格上涨时，最佳保温层厚度随能源价格而进一步提高（曲线 4）。

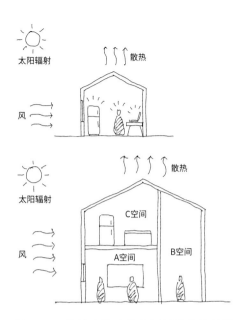

图 1-11　公共建筑功能空间的需求差异明显。在一幢典型的北半球公共建筑中，将主要使用空间设置在朝南部分，交通等次要使用空间设置在朝北部分，设备储藏设置在顶层，可以实现更低的建筑整体能耗。

于公共建筑来说，主要使用空间只是建筑的一部分，甚至只是小部分。通常公共建筑的空间可分为三类：长期固定人员使用空间、非长期固定人员使用空间和设备交通等服务空间。这三类空间对热工环境的要求是不同的，第一种要求最高，第二种次之，第三种要求最低。这三类空间按某种方式组合在一起，组合方式不同，实际能耗和建筑的使用体验其实大不相同。

气候隔离型建筑把建筑视为一个气候性能均质的整体，不管内部如何划分，都一律视作高性能空间，但三类空间对于热舒适环境的需求是不同的，以高性能为标准为普通性能空间和低性能空间付出的能耗并没有必要，这就造成此类建筑的实际能耗并不会像理论计算的那样优异，甚至反而比普通建筑更高。

要实现真正健康且适宜的低能耗建筑设计，还是要回到建筑设计本体，通过建筑空间形态设计，在不增加能耗成本的情况下，合理布局不同能耗的功能空间，为整体降低建筑能耗提供良好的基础。在这种情况下，主动式设备仅用于必要的区域，实现室内环境对于机械设备调节依赖性的最小化（图 1-11）。根据建筑所处的气候条件，针对主要功能空间的使用特点，在建筑设计中利用低性能和普通性能空间的组织，来为主要功能空间创造更好的环境条件。建筑空间形态不仅仅是个视觉美学问题，更是会影响到建筑性能的大问题，好的空间形态首先应该是绿色的。

不同气候区划意味着不同的适应性内涵与策略。不同的空间场所及其组合形态形成了自然气候与建筑室内外空间的连续、过渡或阻隔，由此构成了气候环境与建筑空间环境的基本关系。在这种关系的建构中，以空间组织为核心的整体形态设计和被动式气候调节手段必须被重新确立，并得到优化和发展。可以说，绿色建筑设计新方法的核心内涵之一就在于通过基本的形态设计进行气候调节，从而实现建筑空间环境的舒适性和低能耗的双重目标。这种新方法的根本内涵在于通过空间与气候的关系重构，强化"自然做功"在气候管理中的效率，将建筑用能的"源头减量"作为优先原则，而非仅仅依赖甚至过度依赖以设备为主体的能效"末端控制"。

2 基于微气候调节的场地总体形态布局

2.1 建筑场地的微气候分析

2.1.1 气候的尺度

气候是我们日常生活中熟悉的自然现象，对城市、建筑及人类生产生活的很多方面都有重要影响。根据气候现象的空间范围、成因、调节因素等，可将气候按不同的尺度划分为宏观气候（macro-climate）、中观气候（meso-climate）和微观气候（micro-climate）。

宏观气候是气象学领域研究的大尺度气候现象，我们通常所说的沙漠气候、热带气候、季风气候、内陆气候、海洋性气候、高原气候等都属于宏观气候。宏观气候的空间尺度浩大，一般不小于 500 千米，大则可达几千千米。以我国东南沿海和长江中下游流域的亚热带季风气候为例，其南北尺度超过 1 500 千米，东西尺度更是超过 2 000 千米，覆盖面积超过 300 万平方千米。宏观气候的调节因素是那些具有强大的气候调节能力、尺度很大的因素，如洋流、降水等。宏观气候通常属于气象学研究的范畴。

中观气候尺度明显小于宏观气候，空间覆盖范围大约从 10 千米到 500 千米不等。城市或城市群范围的气候是典型的中观气候，沿海城市、内陆城市、高原城市等往往具有不同的中观气候。城市热岛效应也可归入中观气候范畴。中观气候的调节因素包括地形、海拔高度、城市开发建设强度等。中观气候传统上属于一般性气象学的研究范畴，但随着学科的发展、交叉和融合，中观气候已逐渐进入城乡规划、建筑学和风景园林等学科的研究视野，对城市设计而言，也是如此。

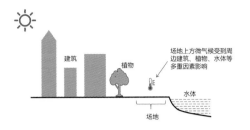

图 2-1　场地微观气候及其调节因素

微观气候的尺度比中观气候更小，空间覆盖范围大约从 10 米到 10 千米不等，可以进一步细分为场地微气候、建筑微气候、建筑局部微气候等。微观气候的调节因素包括坡度、坡向、水体、植被等地形地貌要素和建筑物等人工要素。微观气候是建筑设计中应考虑的重要问题，是建筑设计对象直接所处的气候条件，而且与建筑产生密切的双向互动关系。图 2-1 展示了场地微观气候的基本概念及其调节因素。

宏观气候、中观气候、微观气候三者对应的空间、尺度、调节因素如表 2-1 所示。

表 2-1　不同尺度的气候及其对应的空间、尺度和调节因素

不同尺度的气候	对应的空间	尺度	例子	调节因素
宏观气候	区域	>500 千米	亚热带季风气候、沙漠气候等	洋流、降水等
中观气候	城市、城市群	10 千米~500 千米	内陆的城市、沿海的城市、高原上的城市等	海拔高度、地形、开发建设强度等
微观气候	场地	10 米~10 千米	湖边、城市中的一块空地等	坡度、水体、植物、周边建筑物或构筑物等

2.1.2　场地微气候的基本概念

建筑总是维系着特定的场地。建筑所在场地拥有具体的微气候，这种微气候受大尺度气候的直接影响，但又与其不同。场地的微气候是绿色建筑设计时不能忽视的重要因素。对场地微气候的考察和分析不宜简单地取用大尺度地域气候的参数做替代。

描述场地微气候的物理量和指标与大尺度气候并无区别，主要包括温度、湿度、日照、风速、风向等。场地微气候的基本属性首先受制于大尺度气候，是在大尺度气候覆盖下的一定范围内的微尺度变化。例如，寒冷地区某场地的微气候总体上仍然具有寒冷地区大气候的基本特征，而不可能呈现出热带气候的总体特征。以温度为例，如图 2-2 所示，场地微气候

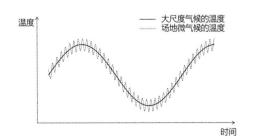

图 2-2　场地微气候的温度与大尺度气候的温度之间的关系

的温度与大尺度气候的温度不完全一致，在某一时间可能偏高，也可能偏低，但呈现出与大尺度气候的温度基本相似的总体变化规律。

尽管场地微气候总体上呈现出与大尺度气候类似的基本特征，但具体到某一气候指标上，仍然有可能存在较大差异，典型的例子之一就是日照。在描述大尺度气候的日照时，常用的方法是考察室外完全暴露、不受遮挡的水平地面上接受到的日照时间、太阳辐射量等物理量。当具体考察某一场地的微气候时，日照时间和太阳辐射量有可能发生很大的变化，甚至在某些条件下完全为零。这种情况在建成环境中极为常见，尤其是在高层高密度城市中发生的可能性更大。图 2-3 显示了一个高层高密度城市的例子，大量的高层建筑密集分布，对场地的日照带来了很大的影响。

另一个容易受到周边建成环境影响的微气候指标是风环境（可用空气流动速度和空气流动方向来描述）。空气在流经建筑或其他构筑物的时候，会发生非常复杂的流固耦合现象，空气流动受到建筑或构筑物的影响和干扰，流动的方向、速度、空间分布规律等都会发生变化。图 2-4 以一栋楼为例，显示了空气流经建筑时发生的情况。因此，城市建成环境中建筑场地上空的风环境，会与郊外气象站测得的风环境有显著区别。

2.1.3　场地微气候研究的基本方法和数理模型

1）场地微气候的基本研究方法

研究场地微气候的基本方法包括理论分析和实验，其中实验又可分为现场实测和实验室实验。理论分析指的是利用描述场地微气候的数理模型，对场地微气候进行计算。由于描述场地微气候的数理模型较为复杂，想利用人工手算求解非常困难，所以现在通常使用专业软件在计算机上进行。这种借助专业软件和计算机对自然现象进行的计算又被称为模拟。模拟是当前场地微气候理论分析中广泛采用的技术手段。

现场实测是指借助仪器设备，对场地微气候的各项物理量和指标进行观测、记录、分析和评价。现场实测是场地微气候研究的重要方法，也是历史最悠久的一种。场地微气候属于城市气候学研究领域，该领域的萌芽可追溯到约 19 世纪 20 年代，英国人卢克·霍华德（Luke Howard）对世

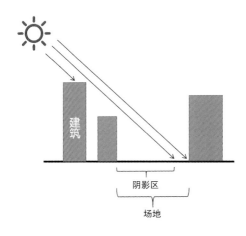

图 2-3　大量高层建筑在城市中的密集分布及其对场地日照的影响

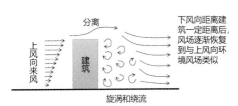

图 2-4　一栋建筑对空气流动的影响及其周边的空气流场

界上第一个进入城市化和工业化阶段的城市——伦敦的城市气候进行了观测、记录和分析，出版了专著《伦敦的气候》（*The Climate of London*），书中记录了伦敦从 1801 年到 1841 年的风向、大气压、最高温度、降雨等气候参数，被广泛认为是城市气候学的奠基著作。

在实验室里可以通过专用的实验平台（例如环境风洞）和仪器设备对场地微气候展开研究。在实验室里进行的场地微气候实验一般都是缩尺实验，即被实验的模型和真实城市中的场地相比，尺寸按一定比例进行了缩小。实验室实验和现场实测都属于场地微气候研究的实验方法，两者各有长短。一般说来，现场实测更加符合真实世界的情况，能更好地反应场地微气候变化的复杂现象和规律，但易受各种条件的影响和制约。实验室实验有利于控制实验条件，能更便捷地研究单一物理量对场地微气候的影响，但无法完全复制真实世界的复杂情况，需要的实验装置和仪器设备也较为复杂。

在场地微气候的研究中，理论分析、现场实测、实验室实验这三种基本的研究方法不可割裂，应取长补短、综合使用。

2）场地上发生的能量和物质交换及平衡

与宏观和中观气候一样，场地微气候的构成要素和衡量指标包括温度、湿度、空气流动（方向和速度）、日照等。这些指标中除日照外[1]，都对应着较为复杂的能量和物质交换与平衡的物理现象，理解这些物理现象以及描述它们的数理模型是研究场地微气候的理论和科学基础。

对于场地微气候来说，这些物理现象主要包括三种，即能量的交换和平衡、物质（水分）的交换和平衡、动量的交换和平衡。其中，能量的交换和平衡决定了场地微气候中的温度变化和分布规律、物质（水分）的交换和平衡决定了场地微气候中湿度的变化和分布规律，动量的交换和平衡决定了场地微气候中空气流动的变化和分布规律。下面以能量的交换和平衡为例，研究场地微气候的形成原因和对其进行定量描述的数理模型。

场地上能量交换和平衡发生的最重要的界面是场地上方的大气与场地

1　日照的数理模型主要是几何关系，即使考虑太阳辐射量，模型也不会太复杂。

下方的土壤之间的交界面。该交界面可以呈现不同的形态和特征，在自然状态中，可以是裸露的土壤、草地或沙漠，或冰雪覆盖。在建成环境中，该交界面常常被人工改变，如混凝土道路、硬质铺装广场等。在城市气候学领域，把这样的交界面称为下垫面。

下垫面获得的能量主要包括以下几种：

·来自太阳的短波辐射能量，记为 $K\downarrow$，

·来自大气的长波辐射能量，记为 $L\downarrow$。

下垫面损失的能量主要包括：

·被下垫面反射回大气的短波辐射能量，记为 $K\uparrow$，

·被下垫面反射回大气的长波辐射能量，记为 $L_1\uparrow$，

·下垫面自身以长波辐射的方式向大气发射的能量，记为 $L_2\uparrow$，

·下垫面以传导传热的方式向土壤传递的能量，记为 Q_G，

·下垫面以对流传热的方式向大气传递的能量，记为 Q_H，

·下垫面以潜热（蒸发）的形式向大气传递的能量，记为 Q_E。

这里以夏热冬冷地区的夏季为例，说明发生在场地下垫面处的能量交换和平衡。白天，太阳高度角较高，辐射强度较大，下垫面接受到来自太阳的短波辐射能量 $K\downarrow$ 和来自大气的长波辐射能量 $L\downarrow$。不管是 $K\downarrow$ 还是 $L\downarrow$，到达下垫面后都会被其反射一部分回到大气中，记为 $K\uparrow$ 和 $L_1\uparrow$。同时，下垫面自身还会以长波辐射的方式发射一部分能量进入大气，记为 $L_2\uparrow$。$L_1\uparrow$ 和 $L_2\uparrow$ 合并到一起，是来自下垫面并进入大气的长波辐射能量，记为 $L\uparrow$。由于夏季白天太阳辐射较强，下垫面的表面温度较高，高于其下方土壤的温度，所以下垫面会以热传导的方式向土壤深处传递能量，记做 Q_G。同时，下垫面上空由于空气流动，以热对流的方式带走一部分能量，记做 Q_H。如果土壤中含有水分，下垫面处还会因水分蒸发而损失掉一部分能量，记做 Q_E。

进一步考察这些能量传递项叠加和抵消后的净值。下垫面接受到的太阳短波辐射能量 $K\downarrow$ 和反射走的太阳短波辐射能量 $K\uparrow$ 之间的差值，是对于下垫面来说短波辐射能量的净值，记做 K^*。同理，下垫面接受到的长波辐射能量 $L\downarrow$ 和离开下垫面的长波辐射能量 $L\uparrow$（$L\uparrow$ 包括 $L_1\uparrow$ 和 $L_2\uparrow$ 两部分）之间的差值，对于下垫面来说，是长波辐射能量的净值，记

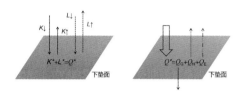

图 2-5　夏热冬冷地区夏季白天下垫面处发生的能量交换和平衡

图 2-6　夏热冬冷地区夏季夜晚下垫面处发生的能量交换和平衡

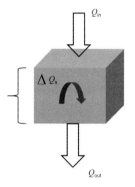

图 2-7　控制体积及其能量输入、输出和密度变化

做 $L*$。$K*$ 和 $L*$ 合并到一起，是下垫面处总辐射能量的净值，记做 $Q*$。总辐射能量 $Q*$ 可分解为三部分，即前面提到的朝向土壤深处的热传导能量 Q_G、下垫面上空以对流方式损失的能量 Q_H、因水分蒸发而损失的能量 Q_E。至此，可以完整地描述夏季白天下垫面处发生的所有能量交换和平衡的物理过程。这一物理过程可用图 2-5 来表示。

夜晚，所有来自太阳的短波辐射消失，下垫面处的能量交换和平衡也会发生变化（图 2-6）。由于没有短波辐射，下垫面处仅有长波辐射导致的能量交换，下垫面获得的长波辐射能量 $L\downarrow$ 和其损失的长波辐射能量 $L\uparrow$ 加起来的净值 $Q*$ 将是负值，意味着下垫面因辐射而净损失了能量。这一损失的能量 $Q*$ 将同样被 Q_G、Q_H、Q_E 平衡掉。

场地上发生的能量交换和平衡的物理过程决定了场地微气候中温度的时空分布和变化规律，即在某一时间、某一空间上温度的高低。场地微气候中另外两个基本物理量，湿度和风场[2]，也遵循类似的规律。场地上水分的交换和平衡决定了湿度的时空分布和变化规律，场地上动量[3]的交换和平衡决定了风场的时空分布和变化规律。

3）场地微气候研究的基本数理模型

建立场地微气候的基本数理模型可从考察如图 2-7 所示的一个控制体积开始，该控制体积的高度为 Δz，其中的介质可以是下垫面上空的大气，也可以是下垫面下方的土壤，介质的不同并不会影响数理模型的建立。进入该控制体积的能量记为 Q_{in}（单位 W/m²），离开该控制体积的能量记为 Q_{out}（单位 W/m²），则控制体积内部包含的能量的变化为 Q_{in} 和 Q_{out} 的差，记为 ΔQ_s。方程 2.1 描述了该控制体积里能量变化和温度变化之间的关系：

$$\frac{\Delta Q_s}{\Delta t} = C_s \frac{\Delta T_s}{\Delta t} \qquad 2.1$$

其中，C_s 代表控制体积里的介质的热容（单位 J/m³·K），ΔT_s 是控制体积里平均温度的变化，Δt 代表时间。

2　风场一般需要两个基本物理量来描述，分别是空气流速和空气流动方向。
3　这里的动量指的是空气的动量。

方程 2.1 是研究场地微气候的基本数理模型的一种简单的表述形式，其实质是将能量的变化和温度的变化关联起来。温度作为表征场地微气候的基本物理参数之一，其量值和变化规律是关注的要点。温度形成和变化的背后动因是能量的输入、输出、交换和平衡。

表征场地微气候的另外两个重要的物理参数——湿度和空气流速，也具有类似的数理模型规律。对于湿度而言，背后的动因是水分的输入、输出、交换和平衡。对于空气流速而言，背后的动因则是动量的输入、输出、交换和平衡。

2.1.4 场地微气候模拟分析的技术工具

1）场地微气候模拟分析方法概要

根据所依托的理论模型的不同，场地微气候模拟分析的方法基本可以分为两大类：能量平衡模型（Energy Balance Model，简称 EBM）方法和计算流体力学（Computational Fluid Dynamics，简称 CFD）方法。EBM 方法基于能量守恒定律，其诞生早于 CFD 方法，经过以蒂莫西·欧克（Timothy R. Oke）为代表的学者们的不懈努力，EBM 方法成为过去 40 余年间城市微气候研究领域使用最广泛的模拟分析方法。2000 年以后，EBM 方法获得了进一步的发展，同时出现了一系列通过实测或实验室实验数据校验模拟结果的研究。CFD 方法用于城市微气候模拟晚于 EBM 方法，但自 20 世纪 90 年代以来发展迅速。CFD 方法具有两大优势，一是更高的空间和模型精度，二是模拟湍流的能力。CFD 方法的另一特点是能够用于不同尺度的气候研究，从中观气候到微气候，再到更小的建筑及其局部的微气候，CFD 方法都可以发挥作用。这一跨尺度的特性给研究带来了很多便利。

2）场地微气候模拟分析技术工具及其代表 ENVI-met

目前，世界范围内有多款基于不同的方法开发的场地微气候模拟分析技术工具，它们的功能、精度、计算速度、适用尺度、建模能力、用户交互方式等各不相同，其中最具代表性的，也是目前在场地微气候模拟分析方面使用最广泛的就是 ENVI-met。

ENVI-met 是一款能够模拟城市微气候并评估大气、植被、建筑、材料等对其影响的软件，主要功能包括以下几个方面：

·日照分析：日照和阴影时间、太阳辐射量、阴影覆盖范围和面积、透明围护结构分析。ENVI-met 的日照分析模块能够单独对日照进行分析，或将其作为城市微气候的一个组成部分进行分析，能够对日照和遮阳在用户指定的空间点上进行三维、全年的动态模拟，能够对建成环境中可能存在的多次太阳辐射反射进行精细的计算，并为建筑物理模块的分析提供动态边界条件。

·空气污染物扩散：颗粒物和气体的释放和传递、氮氧化物、臭氧、挥发性物质之间的化学反应，植物和表面的吸附作用，交通排放分析。ENVI-met 的空气污染物扩散模块将空气污染物的释放、传递、化学反应、非化学反应集成进整体微气候模拟中，能够对植物和表面对空气污染物的吸附作用进行模拟，支持用户自定义交通污染物排放的大小和变化规律。

·建筑物理：围护结构表面温度、绿化墙体中发生的能量和物质交换、室外微气候和室内环境之间的互相作用，生态墙体系统的能量和水分平衡分析。ENVI-met 的建筑物理模块能够分析城市微气候对建筑物理和能耗的影响，能够对建筑围护结构表面处发生的热湿传递进行高精度的模拟，能够预测墙体和建筑室内的温度，能够将城市微气候的模拟结果输出成为建筑能耗模拟分析的边界气象条件。

·绿色技术：建筑墙体和屋顶绿化的效益、绿色空间和水体的影响、生态墙体、喷淋降温分析。ENVI-met 提供了一个非常复杂的植物分析模型和功能模块，能够基于光合作用等模拟植物的蒸腾作用、二氧化碳吸附作用、叶片温度，由此进一步模拟绿化墙体和屋面的生态降温效益，能够计算分析绿地系统和水体的降温作用。

·风环境：复杂建成环境里的风环境、建筑物和树木周边的风速、风舒适分析。ENVI-met 的风环境模块能够对复杂建成环境里的三维风场和涡流进行分析，能够计算在模型空间里和建筑表面上任意指定点的风场状态，能够考虑热、植物、天气条件等对风场的影响。

·室外热舒适：空气温度、环境表面辐射温度、物体周边的空气流动、相对湿度分析。ENVI-met 提供了一个高精度的分析功能，能够对来自模型空间里任意位置处的热和能量流动进行分析。通过使用复杂的生物气象模型，能够预测人体在室外空间里任意情况下的热舒适感知。

·树木生长：树木生长条件、风压和树木损伤、树木用水分析。这是 ENVI-met 最新增加的一个功能模块，能够考虑局地气候条件对树木生长的影响，能够分析和展示在风力的作用下，树木整体或枝干被损毁的情况。

ENVI-met 目前越来越多地被用于建筑和城市设计中的场地微气候分析上，读者可参考其官方网站以了解更多的相关信息。使用 ENVI-met 进行场地微气候分析时，需要注意以下几点：

·分析对象的尺度：ENVI-met 是一款适用于中小尺度城市微气候模拟分析的软件，其分析对象的空间尺度在 1~2 km^2 以下较为合适，如果明显超出这个尺度，模拟分析的精度和可靠性就会下降。

·建模的精度：ENVI-met 提供栅格和规则体块建模方式，是对城市物质空间形态的一种简化的近似处理，优点是有利于提高建模速度和计算速度，缺点是无法严格地按照城市的真实形态建模。ENVI-met 建模时划分的栅格和计算单元的数量与计算时间有密切关系，栅格和计算单元数量多，建模的精度较高，但计算所需的时间会变长，反之亦然。因此，使用者应当在建模精度和计算速度之间达成较好的平衡。

·分析的边界条件：ENVI-met 的主要用途是进行城市微气候模拟分析，所以建好模型后设置边界条件时一般采用标准气象数据。但是，ENVI-met 分析的小尺度城市空间通常都存在于更大尺度的城市建成环境之中，因此，严格说来其边界条件与标准气象数据并不一致。所以，"嵌套模拟"就成为使用 ENVI-met 分析城市微气候时应对这一问题的方法。所谓嵌套模拟，指的是先通过某种技术手段获得被分析的小尺度城市空间所处的气候条件，再将其载入 ENVI-met 作为计算该城市空间内部微气候时采用的边界气候条件。显然，嵌套模拟可以有效提升城市微气候模拟的准确性，但同时也会显著增加工作量，使整个模拟过程变得更加复杂。

2.1.5　设计视角的场地微气候评估

场地微气候的形成原因、变化规律等都属客观自然现象，受特定的物

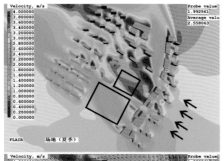
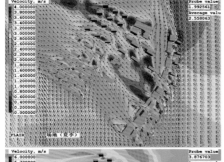
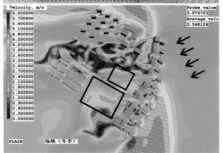
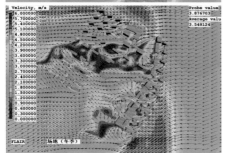

图 2-8　金陵中学生态岛校区场地夏冬两季的风环境分析

理规律制约，可以通过较可靠的数理模型描述并进行近似求解。但站在设计视角评估场地微气候，就不再是一个纯科学问题，必然也必须融入价值判断、权衡取舍等主观因素。从设计视角对场地微气候进行评估，主要目的是正确把握场地微气候的特征和规律，为建筑设计提供科学的气候边界条件。在评估的过程中，以下要点应予以关注。

1）正确认识场地微气候和大尺度一般性气候之间的关系，这是站在设计视角对场地微气候进行评估所需的最基础性的科学认知。如前所述，场地微气候和大尺度一般性气候通常不会完全一致，在有些情况下，某些气候指标甚至会存在很大差异。因此，建筑师不能简单地将大尺度一般性气候作为建筑设计的气候边界条件，而是需要对场地微气候首先进行必要的研究。

2）场地微气候研究的目的是把握其主要特征，无须苛求细节上的面面俱到。场地微气候是一种较为复杂的自然现象，涉及的具体指标也较多。站在设计视角对场地微气候进行研究不同于城市气候学领域专门开展的场地微气候研究，前者是要把握其主要特征，为建筑设计服务；后者则是要探索科学规律或研发新的方法技术。因此，设计视角的场地微气候研究不需要苛求全面把握微气候的各项细节，而应以掌握它的主要特征为目的，特别是微气候区别于大尺度一般性气候的特征。

3）场地微气候评估需结合建筑设计的需求，剖析微气候与建筑功能需求之间存在的矛盾。例如，某办公建筑需要在过渡季进行自然通风，但经过微气候模拟，发现其所在场地的上风向存在大量密集分布的高层建筑，对环境来风造成明显的阻挡，导致场地内部通风不畅。在进行建筑设计时需要考虑并协调这一场地微气候与建筑功能需求之间的矛盾。

南京金陵中学生态岛校区地处夏热冬冷气候区，所在城市环境为主城开敞空间，在设计之初即首先对场地风环境进行了模拟分析（图 2-8）。

在场地环境分析的基础上，通过三个方案的日照与风环境对比评估，最终确定相对最为有利的校园建筑群总体布局（图 2-9~ 图 2-11）。

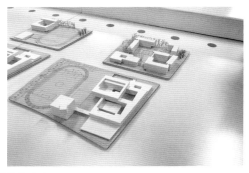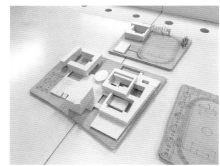

图 2-9　金陵中学生态岛校区三个总体布局模型对比

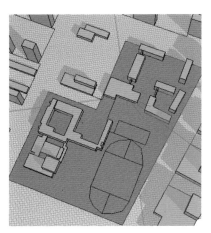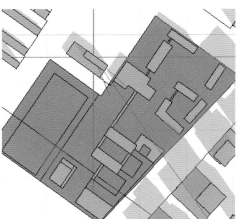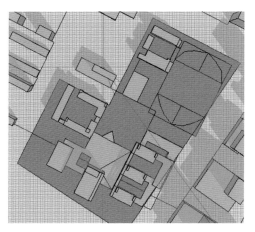

图 2-10　金陵中学生态岛校区总体布局方案大寒日最不利时段日照情况对比

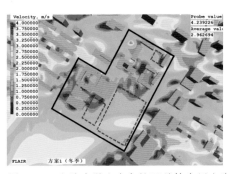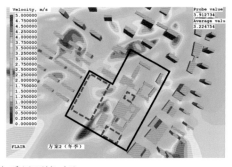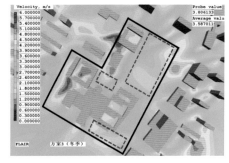

图 2-11　金陵中学生态岛校区总体布局方案冬季风环境对比

2.2 适应并调节场地微气候的建筑总体形态布局原则

建筑设计总是从场地布局入手。建筑师首先需要分析评估其微气候，并以之为建筑设计的气候边界条件，不宜简单地以大尺度的一般性气候作为设计的边界条件。在此前提下，考虑建筑总体形态布局与场地微气候的协调，具体包括两个方面：一是适应，即建筑总体形态布局适应场地微气候条件；二是调节，即以建筑总体形态布局调节场地微气候。建筑总体形态布局相对建筑内部空间组织而言，是一种上位设计，其旨在解决建筑或建筑群的形体组合、外部空间格局及其相互关系，如"聚集与分散""围合与开放""朝向与方位""高度与密度""连接与独立"等，同时需要研究建筑与地形地貌等自然要素及交通组织的关系等问题。本节主要阐述适应并调节场地微气候的建筑总体形态布局的基本原则。

1）因地制宜

地域气候是建筑总体形态布局的大前提。因地制宜，首先在于抓住地域气候与建筑环境性能目标的主要矛盾。严寒地区需要充分考虑阻挡冬季寒风，获取相对充足的日照；夏热冬暖地区更侧重良好的通风和纳凉。这都是因地制宜地把握和适应地域气候特点的基本表现。

因地制宜的原则还在于充分把握场地微气候的具体特点，并据此做出适应和调节微气候的总体设计。场地微气候是由大尺度气候和城市及场地周边建成环境共同影响决定的，其属性和特征受客观规律的制约。尽管我们不可能从根本上改变气候，但通过合理的建筑总体形态布局，仍然可以积极地适应并调节场地微气候。在地处高纬度且周边高层建筑密集分布的场地中，日照时长较短且太阳辐射量较低，总平面布局可将需要日照和太阳辐射的建筑体量及场地活动空间安排在日照条件相对较好的位置；在夏热冬暖地区的城市街区，可能由于周边建筑的影响，场地内部空气流动不畅，静风区较多。因此将需要自然通风的建筑体量及空间安排在室外风场相对通畅的位置；对于冬夏两季气候差异性明显的地区，应充分考虑场地微气候的动态变化，通过建筑总体形态布局，兼顾冬夏两季不同的要求。

充分利用生物气候也是因地制宜原则的重要内涵。建筑布局与场地既有地形、植被、水体等自然要素的合理组合和统筹，可有效助益场地微气候的改善。复杂起伏地形的高程及坡向、常绿或落叶类树木、湖塘河道等自然生物要素，在不同的地域气候条件下，意味着不同的微气候调节方向，在局部尺度上创造出相对适宜的光、影、风、热，为场地和建筑的气候性能设计奠定相对良好的条件。

2）整体优先

既有环境是建筑立足的先决条件，反之，新建建筑又改变了既有的环境。整体优先原则的首要内涵就在于建筑总体的形态布局首先要置于更大环境的尺度下加以考量。从气候适应性角度看，建筑工程项目的选址要充分权衡其与地方生态基质、生物气候特点、城市风廊的整体关系，秉持生态保护、环境和谐的基本宗旨。建筑总体形态布局中的开发强度、密度配置、高度组合等需要适应建成环境干预下的局地微气候，并有利于城市气候下垫面形态的整体优化，从而维系整体建成环境和区段气候背景的良性发展，尽量避免城市热岛效应加剧、局域风环境和热环境恶化等弊端。

整体优先原则的另一个内涵是利弊权衡、确保重点、兼顾一般。我们一方面要充分重视总体形态布局对场地微气候的适应和调节能力，另一方面又要看到这种适应和调节能力的局限性。场地微气候是一种在空间和时间上都会动态变化的自然现象，在建筑总体形态布局过程中，不可能也没有必要追求场地上每一个空间点位的微气候都达到最优，而是应根据场地空间的不同功能属性区别权衡。由于场地公共空间承载了较高的使用频率，人员时常聚集，因此在进行总体设计和分析评估场地微气候时，须优先保障重要公共活动空间的微气候性能。例如，中小学校园和幼儿园设计中的室外活动场地承载了多种室外活动功能，包括学生课间休息和活动、早操、升旗仪式等，这类室外场地的气候性能就尤为重要。

3）双向互利

双向互利是场地微气候调节设计的另一个基本原则。互动性是对场地微气候与建筑总体形态关系的一个基本认识，两者之间不是单向的决定和影响关系，而是一种双向互动关系。一方面，既有的场地微气候决定了建筑总体形态布局的基本条件，总平面布局应以适当的形态与微气候取得某种适应关系。另一方面，建筑总体形态布局又会反过来影响和改变场地微气候。

作为建筑总体形态布局的基本原则之一，"双向互利"在设计上的直接体现就要求建筑师对场地微气候进行二次研究。在进行建筑总体形态布局设计前，建筑师首先应对场地微气候进行一次认知性分析研究，此为"一次研究"；在比选各种建筑总体形态布局方案时，需对场地微气候再进行一次反馈性评估研究，即所谓的二次研究（图2-12）。"一次研究"的目的是确定建筑总体布局的边界气候条件，而"二次研究"则是为了科学把握建筑总体形态设计对场地微气候的影响，并评估被设计干预后的场地微气候的基本品质及其适宜性，以此作为选择并决策总体布局设计的重要依据。

2.3　适应并调节气候的建筑总体形态布局策略

建筑的气候适应性设计至少要从场地分析和总图设计层面开始。总平面设计是研究并决策建筑及建筑群体布局形态，及其与相关环境要素整体关系的关键环节。合理的场地微气候调节设计可为建筑单体的气候适应性设计奠定良好基础，反之则可能构成单体设计的前提性障碍。建设用地选定后，建筑师应充分了解与建设项目所在地相关的不同尺度的地域气候信息，获取建筑基地及其周边环境的相关信息，从气候条件的

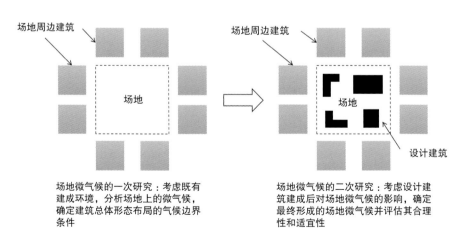

场地微气候的一次研究：考虑既有建成环境，分析场地上的微气候，确定建筑总体形态布局的气候边界条件

场地微气候的二次研究：考虑设计建筑建成后对场地微气候的影响，确定最终形成的场地微气候并评估其合理性和适宜性

图2-12　场地微气候的二次研究

认知分析切入设计操作，针对不同的气候条件和场地环境推衍总体形态布局，以取得与地域气候及场地微气候的适应性关系。对自然能量和建成环境的趋利避害对建设绿色城市、营造舒适的建筑空间环境并有效降能减排均具有重要意义。

2.3.1　调适气候的建筑肌理类型

对风、光、热、湿等自然气候要素而言，在不同时空条件下，建筑对不同的要素有着不同需求。即便同一时节，建筑对不同气候要素的需求程度也不尽相同。其中，自然采光是大多数民用建筑均需主动追求的。在寒冷冬季，建筑内部一般少需甚至排斥自然通风，接纳太阳辐射热；在炎热夏季，建筑内部同时排斥自然通风和太阳辐射热，因为两者都对室内热舒适不利[4]；在春秋季节，建筑均宜充分利用自然通风和太阳辐射热，从而有效减少机械通风、采暖或制冷能耗。

因地制宜、因时制宜、整体的趋利避害是建筑总体布局中气候适应性设计的基本宗旨。我国幅员辽阔，东西南北中气候差异明显。严寒和寒冷地区冬季漫长且寒冷干燥，建筑布局需争取向阳，利于防风和排雪[5]；夏热冬冷和夏热冬暖地区夏季漫长而炎热多湿，建筑布局需利于遮阳、通风和隔热[6]。因此，在寒冷地区建筑间距宜大，以争取日照加强室内被动得热，建筑单体形体紧凑以避免热损失。在炎热地区，高密度建筑群倾向于通过阴影和风廊，创造凉爽的室外或半室外空间，通透舒展的建筑形体有利于通风散热。许多地方传统聚落的形态肌理中都蕴藏着适应和调节自然气候的智慧，值得借鉴。

我国传统庭院式民居类型从严寒到炎热地区的变化体现了地域气候的变迁对建筑肌理的影响。华北胡同多取东西走向，是为纳阳阻风；华南冷巷多为南北走向，是为纳阴导风（图2-13）。自北向南的庭院空间占比由大变小，反映了对气候的适变性，从纳阳到遮阳，从屏蔽北向风到争取通

4　当夏季室外温度过高时，引入自然通风并不会为室内降温，反而会引起人体热不适。
5　梅洪元、王飞、张玉良. 低能耗目标下的寒地建筑形态适寒设计研究 [J]. 建筑学报，2013(11):88–93.
6　夏昌世. 亚热带建筑的降温问题——遮阳·隔热·通风 [J]. 建筑学报，1958(10):36–39.

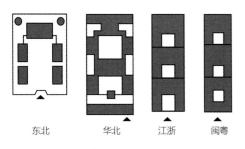

图 2-14 我国典型民居类型自北向南的密度肌理变化

东北　华北　江浙　闽粤

图 2-13 北京街区胡同和华南街区冷巷的肌理比较

风透气。寒冷地区以扩大的场院被动集热；夏热地区以小天井遮阳和通风。这种形态变化特征是长期适应不同时空条件下气候调节的积淀，也说明了空间形态肌理在气候适应性设计中的重要潜力（图 2-14）。

2.3.2　建筑总体布局中的方位和密度

1）方位布局

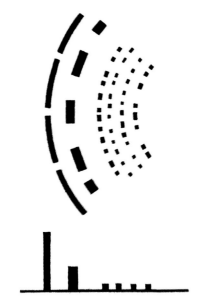

图 2-15 屏蔽冬季风、引导夏季风的建筑群布局

　　建筑群依靠自身的方位排布，可以形成对气候要素的选择性利用或强化、屏蔽或削弱，以达到对局域微气候的适应和调节。建筑对气候要素的选择态度具有地域和季节的差异性。在具体的时空条件下，综合权衡利弊，并做出选择和判断是气候适应性规划设计的关键步骤。例如在冬季寒冷、夏季湿热地区，冬季需尽可能阻挡北向季风以减小建筑间的风速；夏季尽量利用南向季风以利城市通风 [7]。在建筑群组织布局中，可搭配不同体量类型的建筑，在北部布置长且高的建筑物，形成挡风屏障；在南侧布置低矮的小体量建筑，形成自然风在场地内的疏导。这种混合类型的布局形成了平面和剖面上的梯状结构，构成了冬季阻挡北风、夏季引导南风流动的总体布局。气候要素之间可能产生矛盾，应综合判断，促成微气候环境的总体优化。图 2-15 所示的布局方案在自然通风、采光和纳阳诸方面达成了一致，是整体优化的一种体现。

7　吉沃尼 . 建筑设计和城市设计中的气候因素 [M]. 汪芳，阚俊杰，张书海，等译 . 北京：中国建筑工业出版社，2010: 325-332,218.

2）密度布局

松散或紧凑的建筑形体组合密度是应对不同气候条件的直接反映，体现了趋利避害的形体组织策略。自然气候环境越恶劣，建筑越宜采用紧缩形体以避免遭受过多的负面影响。冬季寒冷漫长的地区建筑体形系数宜小，避免热损失，宽敞的街道和较大的建筑间距以争取日照；常年气候温润适宜的地区，建筑倾向于舒展的形体；在夏季炎热漫长的地区，细密的街巷形成较小的间距，充分利用建筑形成的阴影，利于遮阳和凉爽气流的疏通，建筑形体紧凑以遮蔽阳光直接辐射。总之，建筑群体组织应在节地前提下，合理布局建筑间距及室外开敞空间的尺度，根据具体气候特征权衡纳阳与遮阳、避风与通风的关系。

建筑群密度的松散或紧凑，反映在城市空间肌理上，就呈现出开敞或密实的差异。同属炎热气候，建筑群体的气候适应性形态因湿热与干热而呈现很大不同：干热地区昼夜温差大，白天日照强、气温高，建筑密集布置以避免太阳辐射得热，同时以小尺度庭院增强自然通风；湿热地区更关注建筑群形态布局中的风廊路径，同时也须尽量避免太阳辐射，因此倾向与风环境相适应的细密"冷巷"和相对松散多孔的群体形态，以利通风散热（图2-16）。

2.3.3 基于光热环境调节的建筑场地布局

建筑场地总体布局中的气候适应性设计是对自然气候环境的综合应对。对风光热湿等主要气候要素应对策略的分别解析，是为了具体认识各

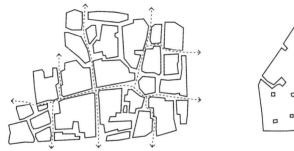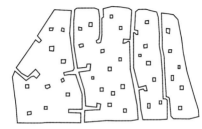

图2-16 湿热和干热地区城镇建筑的气候适应性比较

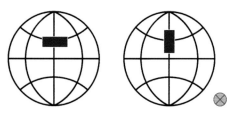

图 2-17 从被动式太阳能利用角度，面向赤道为理想朝向

种气候要素在不同气候区域及场地环境中对建筑的作用，为公共建筑设计的综合权衡提供认识基础。

1）朝向及选位

建筑朝向即建筑采光集热面与太阳水平角度的关系，是总体布局中需要决策的基本问题之一。奥戈雅（Victor Olgyay）[8] 通过不同气候区、不同长宽比的建筑形体的热工性能的比较得出结论：任何气候条件下，方形平面的建筑形体并非最优形态；好的建筑形体总是东西向面宽大于南北向进深，增加南北向进深不利于节能。对北半球区域来说，朝南是理想朝向。太阳能建筑的专家提出建筑的最佳朝向是面向赤道[9]。面向赤道可以最有效利用太阳辐射取暖和采光，并可有效控制夏季太阳辐射：夏季太阳高度角大，冬季角度低，利用水平遮阳既能屏蔽夏季热辐射，又能保证冬季阳光进入室内，而东西向立面因为太阳高度角低，较难控制辐射热。在北半球，东西长而南北短的形体对被动利用太阳辐射热最为有利（图 2-17）。实际操作中，在场地条件允许的情况下，建筑宜布置成南北向，或南偏东、偏西不超过 30°，且南侧尽量留出开阔空间以利收集阳光和夏季主导风。

从利用太阳得热的角度，公共建筑应积极争取非炎热季节的日照。严寒和寒冷地区的建筑总图布局更应考虑选取冬季太阳直射的位置，将高频率使用的空间放在该区位，增加内部太阳能得热。在城市密集建设区场地相对狭小的条件下，建筑场地局部在水平方向的调节受限，可在垂直方向通过建筑总体形态调节，争取阳光。在夏热冬暖地区，其建筑总体布局则宜利用周边建筑或高大乔木，选取夏季阴影区域，以利用建成环境形成遮阳降低内部得热，减轻空调制冷负荷。这种基于日照的区位判断在布局上利于建筑节能。

2）形体与进深

建筑形体的几何特征与其光热性能密切相关，需要在场地布局阶段结合具体的气候条件，进行基本的设计判断。体形系数不应被教条化。剑桥

8. Olgyay V. Design with climate: bioclimatic approach to architectural regionalism [M]. New and expanded edition. Princeton: Princeton University Press, 2015: 89.

9 Bainbridge D A, Haggard K. Passive solar architecture: heating, cooling, ventilation, daylighting, and more using natural flows [M]. Vermont: Chelsea Green Publishing, 2010: 13.

大学马丁城市与建筑研究中心教授霍克斯（Dean Hawkes）[10]认为过度紧凑的建筑形体减少了室内外环境的接触，而主张采用适度伸展的形体，以利于最大化地收集自然能量。体形系数小的建筑有利于防止热损失，但对自然采光和通风不利，从而过度依赖人工照明及空调；而舒展的建筑体量增大了采光和受热面，但过度增大的体形系数却又导致热损失。绿色建筑的形体设计并非绝对追求缩减体形系数，而是要在具体的环境中，结合阳光方位和自然风向辩证施策。建筑南北两个相反方向的体形系数控制意图不同，南向可最大化地获取太阳能，而北向则要尽量减少热损失。在北半球冬夏季节差异分明的气候区，其形体的适宜表现往往是北向紧凑而南向伸展（图2-18）。对于冬季温暖或终年如夏的热带湿热地区，各向舒展的建筑形体能够更充分地利用自然通风和采光，前提是做好遮阳，尽量防止太阳辐射热进入建筑内部空间。

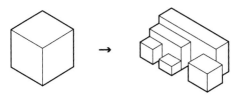

图2-18　从集中形体到南北差异形体

建筑的基本进深尺度同样牵动总体布局。同等体量的建筑，不同的建筑进深会呈现出紧凑与舒展的区别。建筑的平面布局既可以形成大进深，也可以形成伸展的浅进深，选择的前提是具体考察当地气候和场地环境，场地的几何形状、大小和受气候要素的影响程度都是决定建筑场地布局的重要因素。一个具体的公共建筑中，常常既有浅进深的使用空间，又有大进深的使用空间，需要对功能空间的位置做出区分，将使用频率较大的功能空间（如教室、办公室、阅览室等）优先进行浅进深的排布，并置于场地环境较优的位置。而大进深空间（如观演厅堂、报告厅、宴会厅等）可脱开浅进深部位，布置在其一侧，或线性形体的交汇处，或在竖直方向置于浅进深空间的下方（图2-19，表2-2~表2-5）。

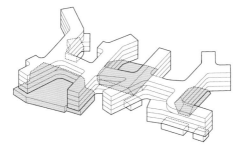

图2-19　北京四中房山校区的浅进深空间置于大进深空间之上

2.3.4　基于风环境调节的建筑布局

建筑总体布局的过程也是适应和调节场地风环境的过程。自然风环境具有地域和季节的差异性。适应自然风环境的建筑基本布局策略包括利用、疏导和阻隔。

10.　Hawkes D, McDonald J, Steemers K. The selective environment: an approach to environmentally responsive architecture[M]. London: Taylor and Francis, 2001:1-14.

表 2-2　不同气候区矩形平面建筑的形体设计策略

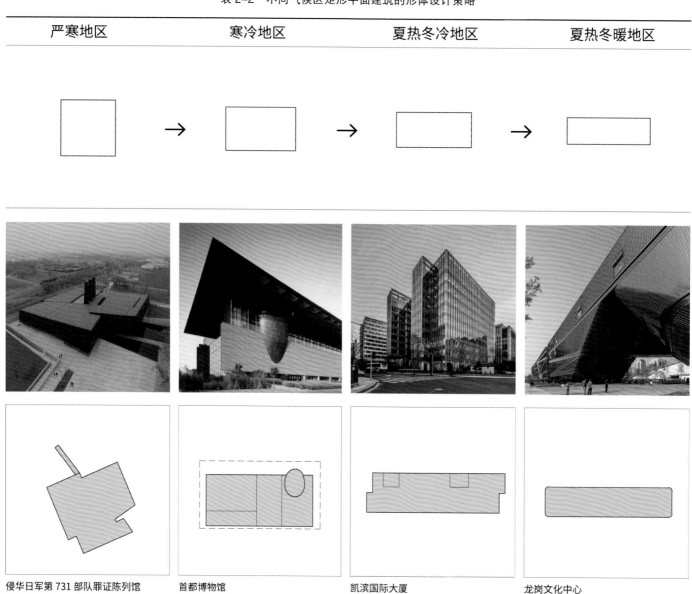

严寒地区	寒冷地区	夏热冬冷地区	夏热冬暖地区

侵华日军第 731 部队罪证陈列馆
哈尔滨，中国

首都博物馆
北京，中国

凯滨国际大厦
上海，中国

龙岗文化中心
深圳，中国

注：本平面图示主要针对高性能空间占据建筑主导空间的情况

表 2-3 不同气候区弧形平面建筑的形体设计策略

严寒地区	寒冷地区	夏热冬冷地区	夏热冬暖地区

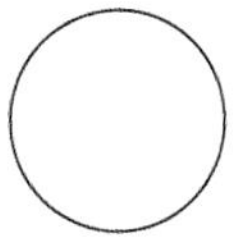

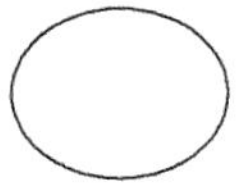

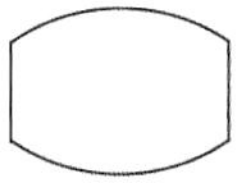

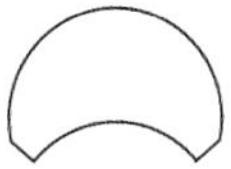

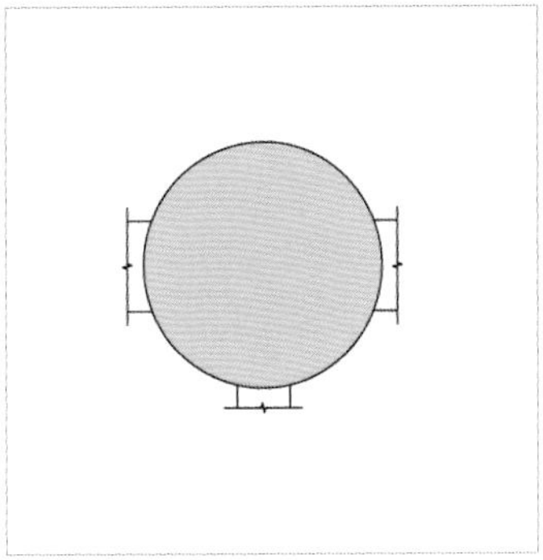

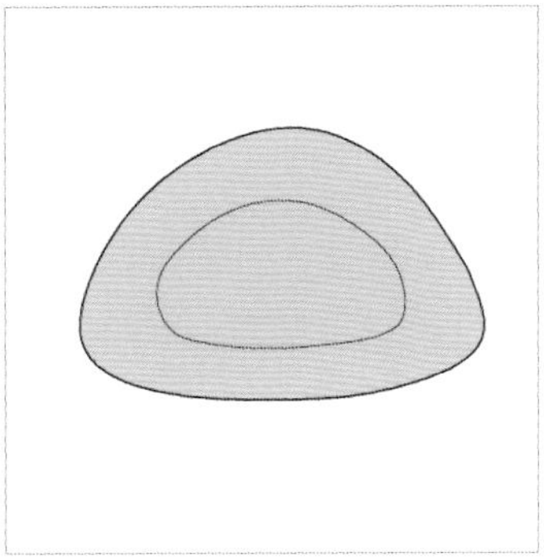

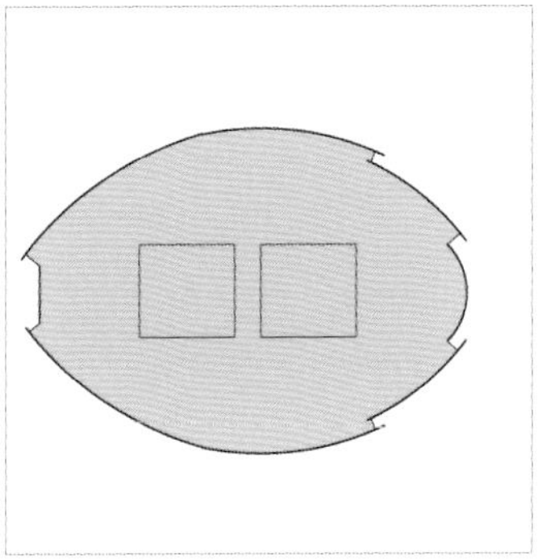

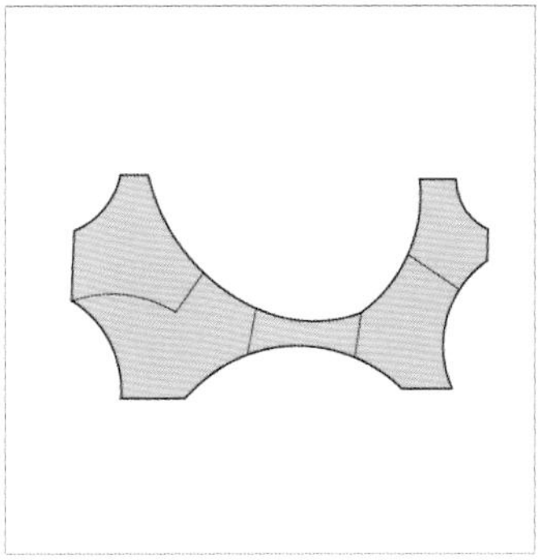

斯德哥尔摩市立图书馆
斯德哥尔摩，瑞典

弗莱堡市政厅
弗莱堡，德国

宏伊国际广场
上海，中国

双景坊综合体
新加坡

注：本平面图示主要针对高性能空间占据建筑主导空间的情况

表 2-4　不同气候区合院平面建筑的形体设计策略

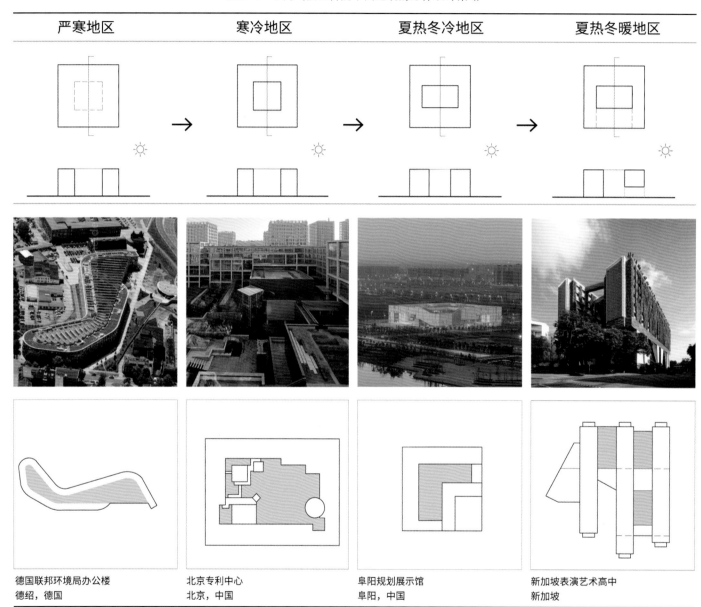

严寒地区	寒冷地区	夏热冬冷地区	夏热冬暖地区
德国联邦环境局办公楼 德绍，德国	北京专利中心 北京，中国	阜阳规划展示馆 阜阳，中国	新加坡表演艺术高中 新加坡

表 2-5　不同气候区复杂平面建筑的形体设计策略

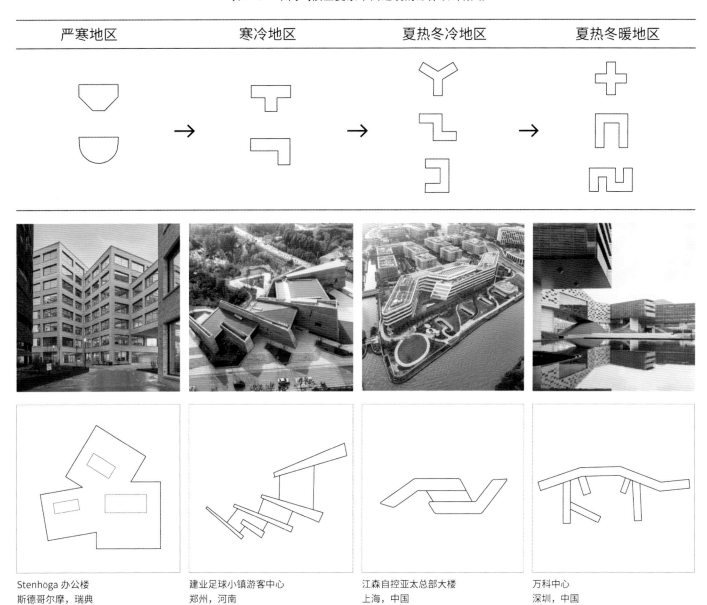

严寒地区	寒冷地区	夏热冬冷地区	夏热冬暖地区

Stenhöga 办公楼
斯德哥尔摩，瑞典

建业足球小镇游客中心
郑州，河南

江森自控亚太总部大楼
上海，中国

万科中心
深圳，中国

1）适应季风差异的形体布局

建筑对自然风的利用或阻隔，不仅要关注地域差异，也要关注盛行风的季节性差异。适宜建筑自然通风的室外温度范围大致是 10℃~26℃，而我国大部分地区全年气温随季节变化较大，大都超出这一范围。冬季需要防风，夏季则需导风，春秋季节则是建筑利用自然通风的最佳时节。我国东部大部分地区为大陆性季风气候，冬季盛行风偏北，夏季盛行风偏东南，过渡季节多为两种气流的相互作用，风向风速变化频繁。盛行风向在冬夏两季近于相反是季风气候的明显特征，这导致建筑利用自然通风的时空差异性。应对冬夏季风的建筑群体布局差异反映在季节温差较大的季风区和夏热冬暖地区（图 2-20）。

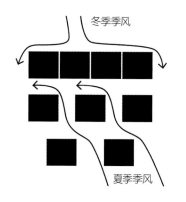

寒冷及夏热冬冷地区 　　　　　　　　　　夏热冬暖地区

图 2-20　不同气候区适应季风差异的建筑群布局图示

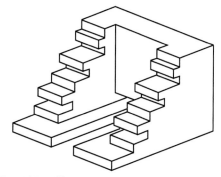

图 2-21　清华大学中意环境节能楼外观和南北差异的形体

在冬夏差异较大的季风气候区，不同的季风方向对建筑总体形态布局有不同影响。冬季风来流方向建筑体量宜紧凑，防止冷风进入室内造成热损失；夏季风来流方向体量宜松散，借用自然风提升夏季室外和半室外空间的热舒适度；过渡季节风可能有多个主频风向，在这些方向上宜设计进风开口，引入大量自然通风，带走室内热量并提升内部空气质量。在空间方位上，建筑利用自然通风和被动太阳能得热具有一致性，即南向形体宜分散，北向形体宜紧缩。在城市环境中，应评估周边建筑对冬夏近乎相反方向的季风影响，来流风到达目标建筑时不一定与当地季风方向相同，应根据到达场地的具体来流风向来积极地使用夏季及过渡季节自然风，并避免冬季冷风来袭并进入建筑内部。图 2-21 显示清华大学中意环境节能楼的平面呈开口朝南的 U 形，两条长边朝南采用退台，增加其被动得热和吸收南向季风的面积，北向立面完整并采用实墙，减少开窗面积，增强隔热并屏蔽冬季寒风。

对于夏热冬暖地区，全年温度变化幅度相对较小，形体应对冬夏季风的差异性较小，基本没有屏蔽北向季风的需求。在室外温度合适时，各个方向的来流风都可为建筑所利用。由此不同气候区会形成明显差异的建筑群形态（表 2-6）。

2）基于风环境双向互利的建筑布局

场地自然风环境影响建筑布局，建筑布局又进一步影响建成后的场地及周边风环境。在场地分析阶段，建筑师应评估冬夏两季盛行风及过渡季节的主导风在建筑场地内的风场分布形态，尤其是风影区分布。基于我国季风气候冬夏两季季风的方向几近相反，建筑可以在场地内通过选址和总体形体调节其与周边建成环境的距离关系。在夏季漫长的炎热地区，在主导来风方向宜留出开阔的室外空间以增加夏季和过渡季节来流风到达建筑主体的机会，以充分利用自然通风的风压动力。在寒冷地区，场地内的新建筑可以选址于北面邻近建筑的冬季风影区，利用邻近建筑形成封堵冬季冷风的屏障，避免建筑因冷风渗入形成热损失（图 2-22）。在城市密集建设区，近地面层的空气流动速度低，建筑底部的使用空间难以利用风压通风，日常使用频率较高的功能空间宜置于建筑上部。

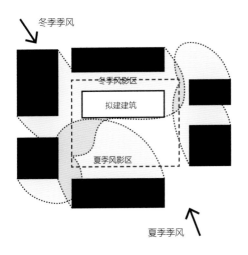

图 2-22　建筑在场地内根据周边建筑的风影区进行选址

表 2-6　不同气候区的建筑群体布局形态

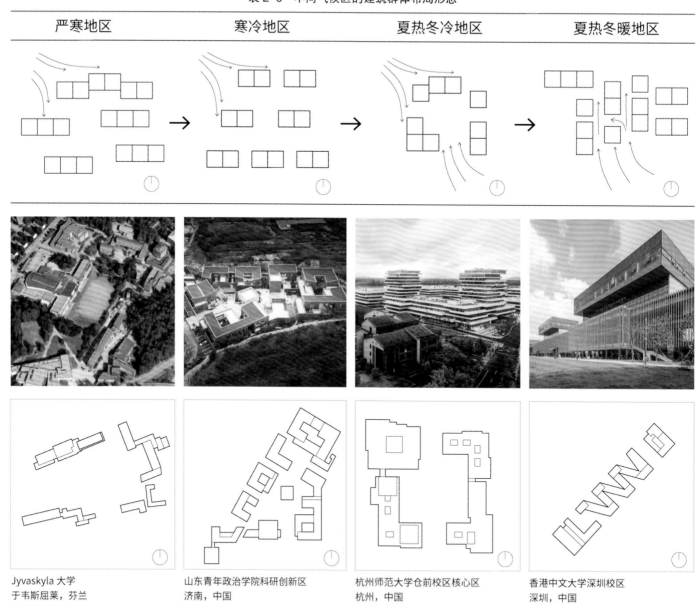

严寒地区	寒冷地区	夏热冬冷地区	夏热冬暖地区
Jyvaskyla 大学 于韦斯屈莱，芬兰	山东青年政治学院科研创新区 济南，中国	杭州师范大学仓前校区核心区 杭州，中国	香港中文大学深圳校区 深圳，中国

欧克描述了三种典型的垂直于街道峡谷的风的流态[11]（图 2–23）。这三种状态跟建筑高度与街道或庭院宽度的比值相关。定量归纳的三种气流模式分别是：宽高比 $W/H > 2.4$ 时，气流可以完全进入街道，两侧的建筑对气流进入其中基本无影响；宽高比 $W/H = 1.4 \sim 2.4$ 时，街道上风向建筑的尾流受到干扰，部分涡旋叠合致使局部相互影响，街谷换气率降低；宽高比 $W/H < 1.4$ 时，气流从建筑顶部掠过，难以进入街道，稳定的循环流动的涡旋导致其中的换气率过低。这三种气流模式虽由理想模型得出，但其基本规律可支持判断新建建筑之间及其与周边建筑的距离关系。距离远时，周边建筑对新建建筑的自然通风影响较小；距离趋近，新建建筑可能处于其上风向建筑的风影区，难以获得自然的风压驱动力。

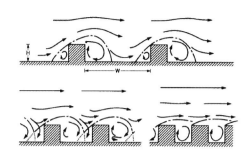

图 2–23　建筑间距与高度的相对关系对气流变化的影响

根据双向互利原则，在设计初始阶段，有了建筑形体的构想后，应评估建筑体量对场地空间及周边建成环境的影响，尽量避免新建建筑造成城市地段风环境整体质量的降低。夏季和春秋季主导风到达新建建筑后不宜产生过大的风影区，尤其是要关注地面层步行高度的空气流动状况。通过拆解建筑体量或局部架空等手段可以有效疏导自然风通过建筑或建筑群，利于背风向的空气流动。

2.3.5　室外空间的充分利用与气候调节

多一点自然，少一点人工，这不仅是绿色建筑的低能耗品质体现，也是增进人与自然亲密接触的健康品质体现。就人的行为与空间环境的关系而言，公共建筑中并非所有的行为都需要限定在建筑围护结构之内。一些休憩、运动、交往聚会等行为有时更宜发生于室外或半室外的空间场所中。公共建筑室外空间的拓展利用，有利于充分利用自然气候资源，并通过设计调节场地微气候，促进建筑与环境气候的缓冲和互利。

1）拓展室外无能耗使用空间

作为室外空间，公共建筑中的庭院、开敞中庭、底层架空几乎极少耗能，甚至不耗能，却可以在天气适宜时承担许多临时的功能活动。这些公

11.　Oke T R. Boundary layer climates[M]. Second edition. London: Routledge, 1987.

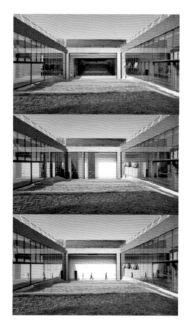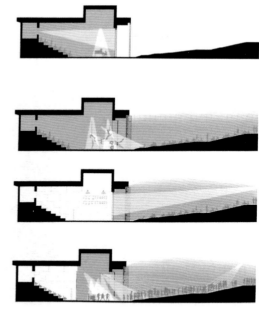

图 2-24　歌华营地体验中心的庭院空间对室内功能的拓展和延伸

共空间服务更多的社会大众，拓展公共建筑的社会效益，减少服务人群的人均能耗。秦皇岛歌华营地体验中心的内庭院除了自然采光、通风透气，还可将观演活动空间从室内延伸至室外，提供了一种无能耗的使用空间（图2-24）。相较庭院，开敞中庭和架空空间可以提供遮阳避雨的户外活动场地，因而能在更多的时段提供无能耗或低能耗的活动场地。在公共建筑设计中，建筑师应有提供户外活动空间的设计意识，以充分拓展室内功能至室外，减轻建筑功能空间和能耗压力，但也要注意所在地的气候或季节是否适宜长时间的室外、半室外活动。

　　2）室外空间的气候调节和优化

　　适当的建筑室外空间设计具有气候缓冲和改善微气候的作用，在冬季帮助建筑避风、集热并缓冲冷空气，在夏季加强疏导并利用自然风、缓冲强烈的阳光辐射和热空气。广场、庭院、开敞中庭及底层架空空间的处理可综合考量对自然风光热的利用或屏蔽，通过对气候要素的权衡和场地状况分析，结合建筑形体设计和内部使用空间组织进行气候过渡空间的布局。

严寒地区和寒冷地区建筑的南向广场和大庭院有助于建筑集热，应适度控制其与北向相邻建筑的间距；夏热冬暖地区的室外空间应尽量满足防热需求和自然风通畅，室外空间尽量置于来流风方向，有顶的开敞中庭集遮阳、防热、避雨和通风于一体；夏热冬冷地区建筑需要综合平衡冬夏两季的气候性能需求，根据场地条件权衡各气候要素的权重，通过植物配置、空间界面调整等具有季节适变性的室外空间设计，适应气候的季节变化。

建筑室外场地下垫面和建筑立面的材料属性也会影响微气候调适。硬质地面和高蓄热建材可以吸收和储存太阳能并在夜间释放热量，降低室外空间和建筑的冷却速率；而植物在白天受热速率较低，夜间冷却速率较高。因此建筑场地下垫面应尽可能多使用绿化，改善户外空间的热环境。

南京金陵中学生态科技岛校区宿舍楼在建筑空间形态优化过程中，比较了三种空间形体的室外日照与风环境，结合实际内部空间需求确定最佳的空间布局方式。通过南侧底层架空的方式，使庭院风环境得到改善。宿舍楼的北侧选择直接落地的方式，可有效地阻挡冬季风进入宿舍楼组团内（图 2-25~图 2-28）。

2.4　基于生物气候机理的地形利用与地貌重塑

生物气候学（Bioclimatology）是研究气候季节性变化与生物活动之间关系的学问。基于生物气候的基本原理，对太阳辐射、大气环流、空气温湿度等气候因素的认知，有利于塑造相对舒适的气候环境，并降低建筑能耗。在宏观地域自然气候的覆盖下，地形地貌、植被、建筑之间的相对形

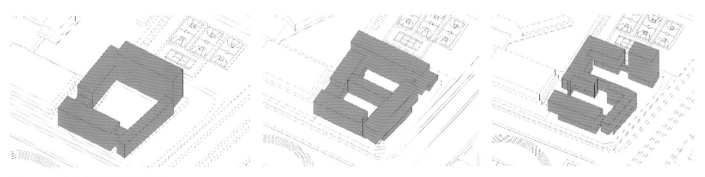

图 2-25　宿舍楼方案形体对比

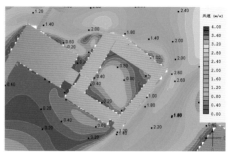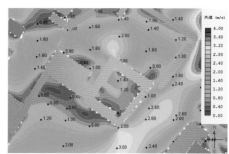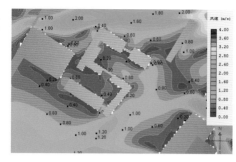

图 2-26　宿舍楼方案夏季风环境对比

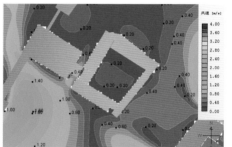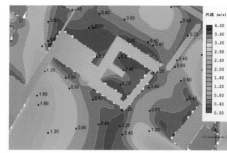

图 2-27　宿舍楼方案冬季风环境对比

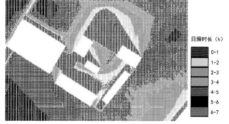

图 2-28　宿舍楼方案大寒日日照对比

态关系对局域场地的微气候的形成及其品质具有重要影响。建筑场地微气候随地形地貌的变化而产生不同程度的变化。尤其在山地湖塘等复杂环境下，地形的立体变化、水体和场地绿化形态都会产生日照、温度、空气流动等微气候差异，从而构成了与建筑内部性能密切相关的场地微气候前提。这就需要建筑师在方案设计中，合理利用现状地形特征并根据需求进行适当的地形地貌塑造。

2.4.1　起伏地形利用与塑造

高低起伏的地形环境，因其高程、坡向坡度以及起伏组合不同，场地微气候也往往具有很大的差异性。起伏地形环境中不同的位置也会生成不同的场地微气候。

1）山坡

山地地形中，日照条件与山坡关系紧密，坡向和坡度直接影响场地日照的强度。高大的山峰会形成大面积阴影，影响附近山坡场地的日照采光。在山地环境中，建筑师应当根据设计对于日照和温度的需求，进行相应的选址处理。日照需求较高的建筑项目应将场地布置于向阳坡地，并避开临近山体对场地的遮挡；反之可将场地选于背阳山坡。

2）山谷与山峰

一般而言，山峰或高地空气干燥且风速大，谷地沉积冷空气，相对潮湿且风速小。而当主导风与山谷走势平行时，山地整体风速较大；主导风与山谷走势垂直，则山谷中气流相对静滞。同时，山脊与山谷因受日照不同产生温度差异，从而会形成山谷风。白天，高处山峰受日照较多而温度较高，从而产生自山谷升向山顶的谷风；晚上，因山顶散热快于山谷又会形成自山顶向下的山风（图2-29）。建筑布局应当结合局域风环境条件和建筑功能需求进行针对性设计。

美国建筑师弗拉基米尔·奥斯波夫（Vladimir Ossipoff）的作品李哲士别墅，其回应山谷风的设计策略对公共建筑设计具有借鉴意义（图2-30）。建筑场地位于檀香山市柯欧劳山脉草木茂盛的山谷之间的小山脊上，为应

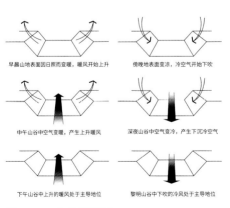

图2-29　山谷风图示

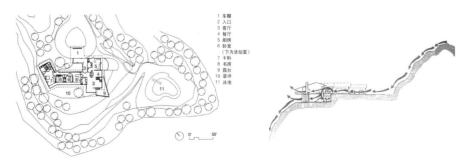

图2-30　李哲士别墅平面与通风示意图

对山谷风特点，于靠山一侧只布置了少量百叶窗用于控制夜间下沉的冷空气，而面对山谷的一面则采用了最大的开窗从而引入温和的上升气流，达到既通风又防冷风的目的。

3）山体覆土

将建筑部分埋入山体或者进行覆土处理，可减少室内外热传递从而形成相对稳定的热环境，但也因为建筑埋入土中，牺牲了部分采光和通风，因而更适用于对自然采光和通风要求相对较少的功能空间。2019中国北京世界园艺博览会中国馆将园艺展厅置于可接受自然采光的顶部，而把部分无须自然采光的图文展厅等功能体量置于底部，并进行覆土处理，利用地能加强建筑的热稳定性能，有效降低了运行能耗（图2-31）。

2.4.2　水体利用与塑造

水体由于其热容较大的物理特性，自身温度变化较慢，有助于缓和周围环境的温度变化幅度。在有江河湖海等大面积水体的环境中，因为水面昼夜温度变化小于临近地表，所以会产生"海陆风"或"水陆风"，白天地面温度高空气上升，水面空气流向地面形成水风，反之夜晚形成陆风。加利福尼亚大学默塞德分校位于一片湖泊的东南侧，在规划设计中，校园

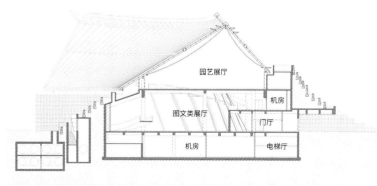

图2-31　2019中国北京世界园艺博览会中国馆剖面图

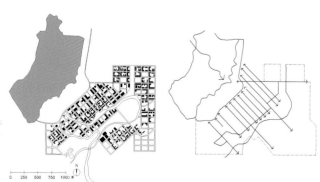

图2-32　加利福尼亚大学默塞德分校校园规划总图与通风策略示意图

主体并未采用常规的南北向布置，而是整体面向湖泊与湖风风向垂直，其中道路平行于风向而设，形成通风廊道，从而充分吸纳河风以达到通风去热的目的（图 2-32）。

2.4.3 景观与植被

地景中的植被和土壤本身就具有保温隔热调节温度变化、净化空气以及丰富生物种类等诸多生态功能，它与建筑相结合的有机格局使自然地域气候转化为一种尽可能适宜的局部微气候。这种微气候的调节和优化同时有益于城镇建成环境的整体气候控制。建筑形体空间与地形地貌的有机结合，在总体形态布局的层面，不仅有可能创造出非用能的室外活动场所，也为单体建筑的绿色设计奠定了良好的场地环境。

在场地已有丰富植被和地景资源的条件下，建造环境往往已拥有相对完善的生态系统和宜人的微气候，此时，建筑师更多的是减少对现有环境的破坏，将建筑融入现有的自然格局中。以位于南京市钟山风景区的孙权纪念馆为例（图 2-33），该方案基地四周是茂密的松柏林，场地内部则大小树木间杂，自然环境良好。设计师一方面完整保留了场地周边绿化，另一方面测绘了场地内每一株高大树木的位置，也均予以保留，从而使得建筑避免了对现有场地的破坏且力求融于其中，保留了松柏林地优良的生态

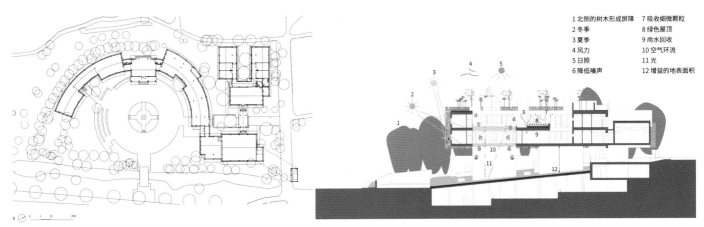

图 2-33 孙权纪念馆总平面布局图   图 2-34 佩鲁贾教育安全中心总部生物气候设计概念图

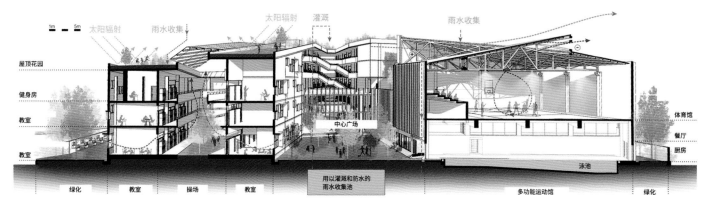

图 2-35　越南河内生态折线学校生物气候设计概念图

环境，同时也为建筑自身提供了宜人的微气候环境。

当场地并无明显的自然植被资源的情况下，公共建筑设计可以通过庭院种植、屋顶绿化等人工手段塑造绿地，降低建筑运行能耗的同时也创造了适宜的室外活动场地。如佩鲁贾教育安全中心总部（图 2-34）、越南河内的生态折线学校（图 2-35）等都是利用生物气候的设计案例。

景观与植被资源除了具有保持温度、塑造良好生态微环境的功能之外，还可以改善场地的风环境。在冬季寒风较大或海风侵蚀较强的地区，公共建筑设计往往会利用高大植被组群形成挡风屏障。当场地已有植被资源的时候，建筑宜结合既有树阵布置于寒风或海风的下风向；若场地开阔则可以于寒风或海风的上风向栽种防护类树木，实现树阵阻风。

利用植被资源也是公共建筑优化光热环境的常用手段，建筑师通常会在场地的向阳区域种植高大的阔叶落叶树群，并结合部分常绿树作为辅助，如此夏季可以遮阳蔽日，冬季则能充分采光。需要强调的是，在布置场地植被时，应当充分考虑当地气候特点与树种特性，做到"适地适树"；同时应考量树种组合，进行乔灌草多层次搭配，丰富植物种群，实现微环境优化。

综合以上各种地形利用与地貌重塑策略，可以在各气候区形成一系列的建筑布局手段（表 2-7 ~ 表 2-10）。

表 2-7　平地建筑布局手段

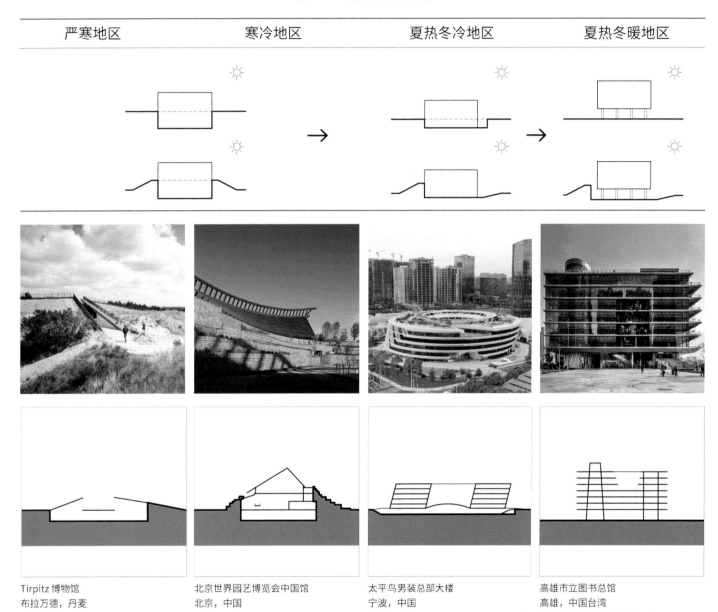

严寒地区	寒冷地区	夏热冬冷地区	夏热冬暖地区

Tirpitz 博物馆
布拉万德，丹麦

北京世界园艺博览会中国馆
北京，中国

太平鸟男装总部大楼
宁波，中国

高雄市立图书总馆
高雄，中国台湾

表2-8　坡地建筑布局手段

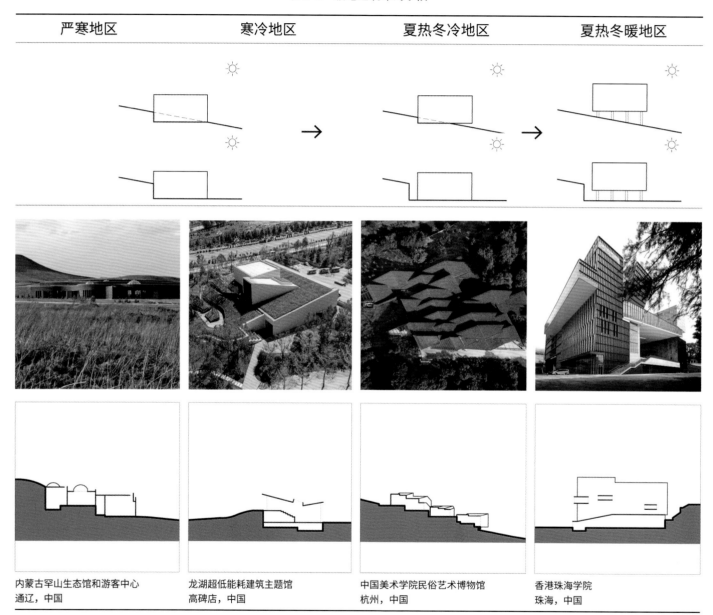

严寒地区	寒冷地区	夏热冬冷地区	夏热冬暖地区
内蒙古罕山生态馆和游客中心 通辽，中国	龙湖超低能耗建筑主题馆 高碑店，中国	中国美术学院民俗艺术博物馆 杭州，中国	香港珠海学院 珠海，中国

表 2-9   建筑布局利用植被资源的手段

严寒地区	寒冷地区	夏热冬冷地区	夏热冬暖地区

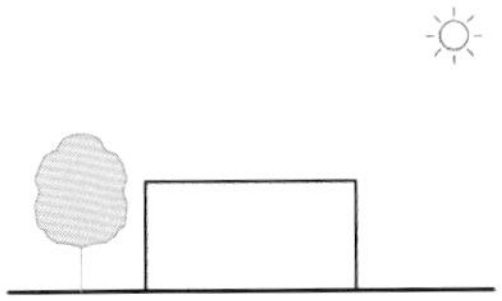

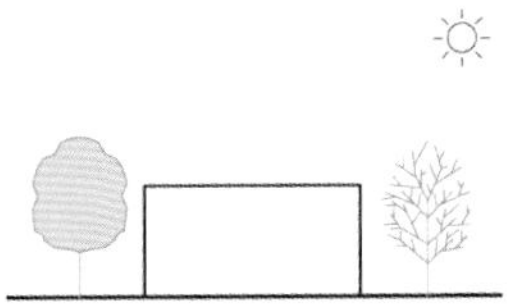

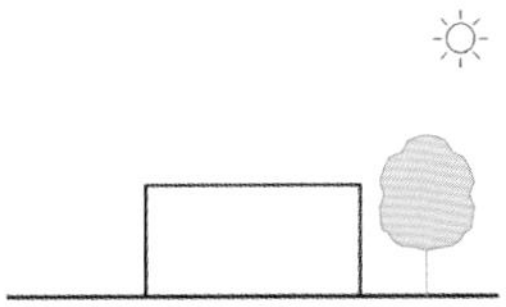

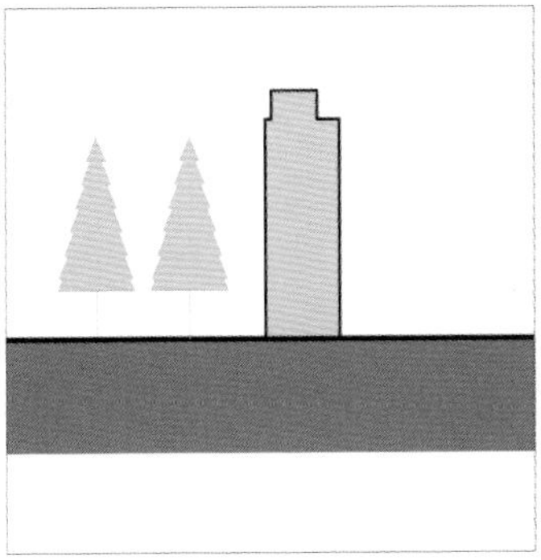

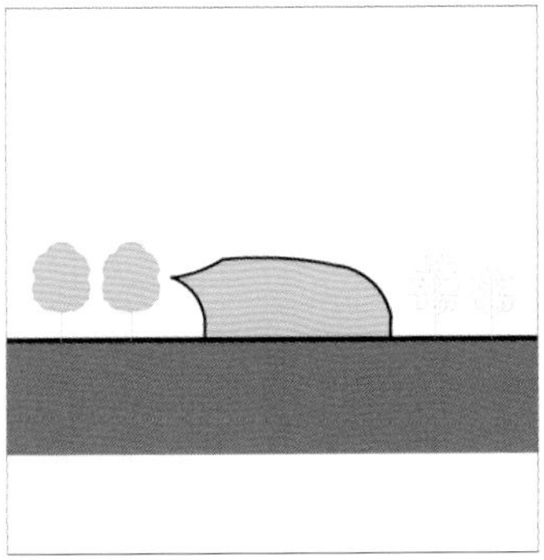

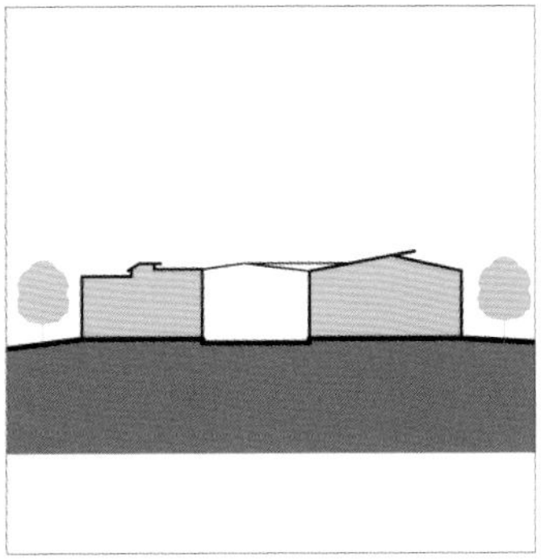

帕米欧疗养院
帕米欧，芬兰

兰湖旅游度假区游客中心
兰溪，中国

生态折线学校
河内，越南

表 2-10　建筑布局利用水体资源的手段

严寒地区	寒冷地区	夏热冬冷地区	夏热冬暖地区

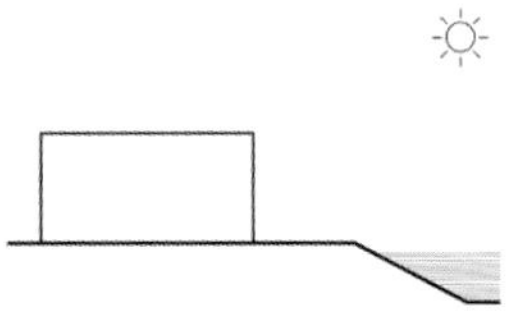

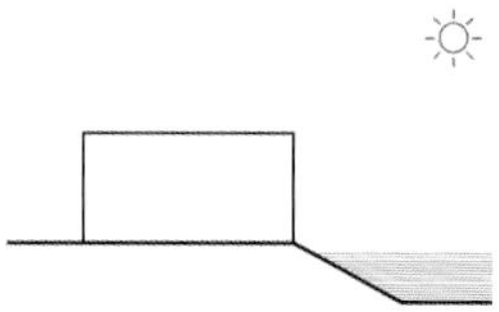

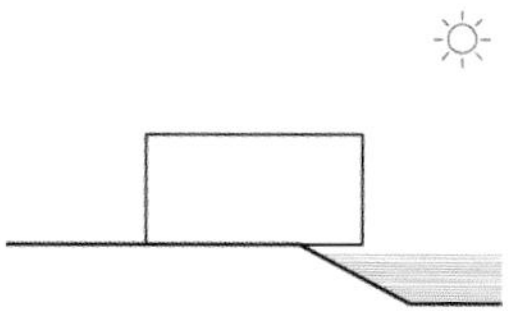

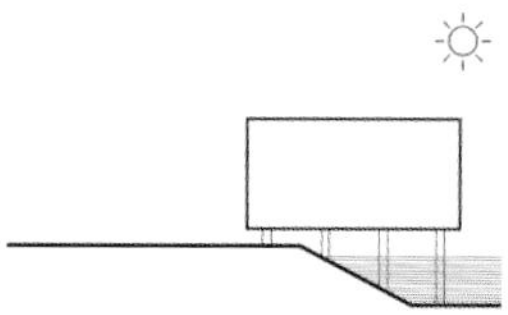

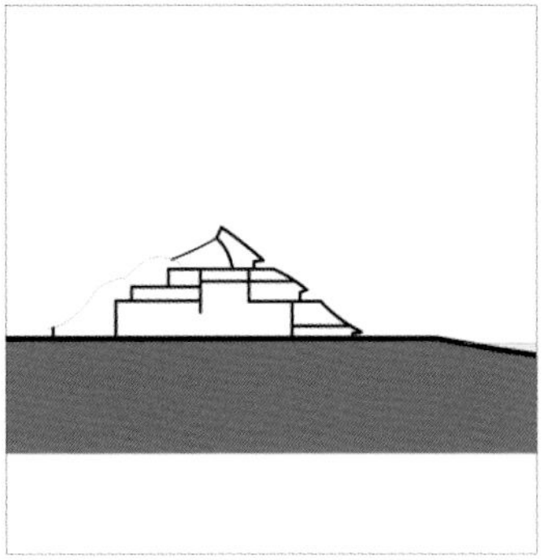

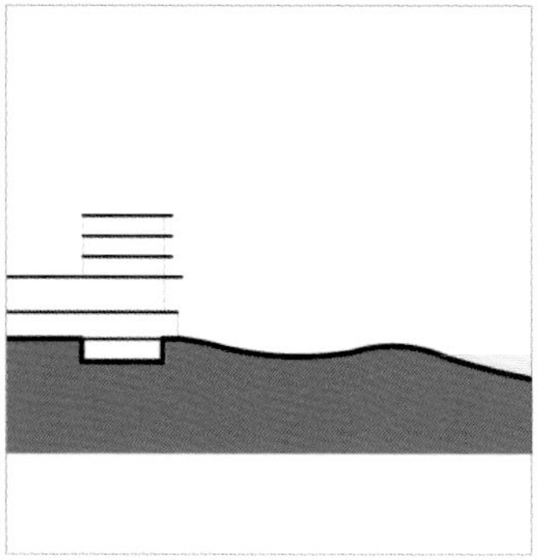

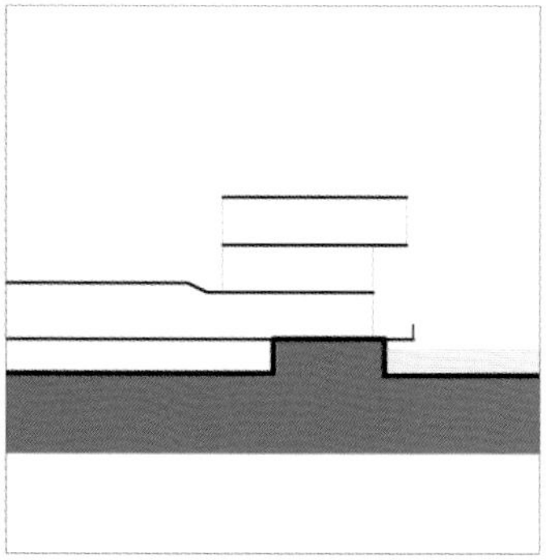

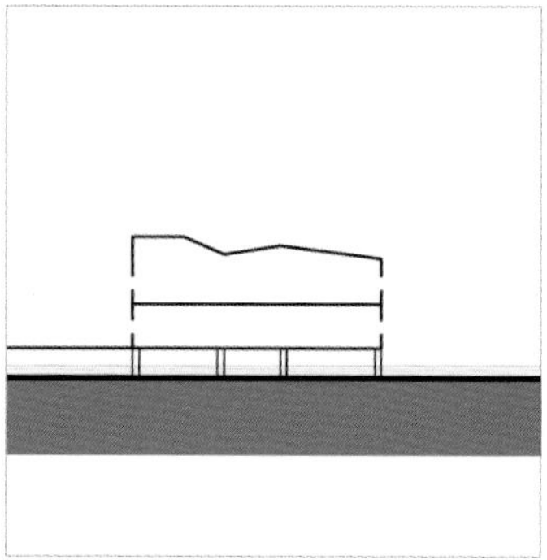

哈尔滨歌剧院
哈尔滨，中国

大金工业总部扩建
大阪，日本

苏州非物质文化遗产博物馆
苏州，中国

台江国家公园游客中心
台南，中国台湾

项目实例1——北京世界园艺博览会中国馆

建筑根据当地光照、降水、通风、温度等气候条件选择了适宜的绿色技术。建筑展开的弧线形平面提供充足的光照机会，南向屋面坡度较缓，更有利于建筑与光伏系统接受光照。首层展厅埋入土中，降低了围护结构的传热系数，做到被动式节能。地道风升降温系统通过地道或埋管土壤进行热能交换，夏季土壤会吸收经过地道的室外空气的热量来对其冷却降温，冬季土壤对经过地道的室外空气释放热量，来达到预热的效果。设置地道风为使用频率较高的展馆提供新风，可有效降低建筑的空调使用能耗。建筑采用雨水收集利用系统，坡屋面的设计有利于雨水沿屋面自然流下，雨水进入排水沟后，排入梯田，部分回收后用于梯田灌溉和水景用水。

总建筑面积	23 000 ㎡
建筑设计单位	中国建筑设计研究院有限公司
气候分区	严寒地区
功能类型	展览馆
绿建特色	覆土、弧形平面、气候过渡空间、建筑结构外遮阳

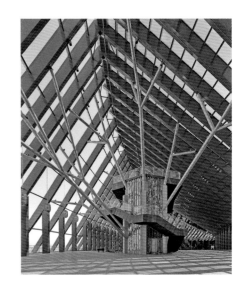

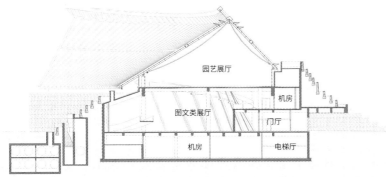

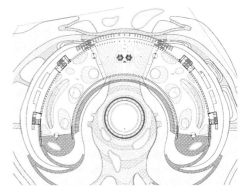

项目实例 2——雄安市民服务中心企业临时办公区

项目由四个区域组成，其中企业临时办公区位于园区北侧，由于项目的特殊性与临时性，临时办公区采用了箱式模块化的建造体系。其中，每个模块高度集成化并自成体系，所有模块都可以重新组合，再次利用。每组模块相互组合形成十字形的建造单元，交通核位于十字形的中心，形成公共服务空间，办公空间围绕交通核空间布置。建筑十字形的平面使建筑呈现一种对周边环境开放的姿态，建筑贴近绿化，融入自然；小进深可以实现最大化的自然通风采光。每个"十字"单元再经过局部变形、组合，向外自然生长，蔓延于环境之中。

总建筑面积	36 000 ㎡
建筑设计单位	中国建筑设计研究院有限公司
气候分区	寒冷地区
功能类型	办公楼
绿建特色	组合平面、廊道组织、气候过渡空间、内院、模块化装配式建筑

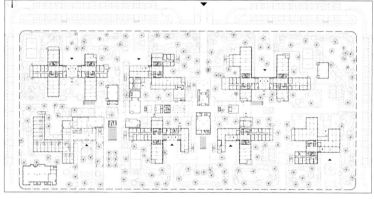

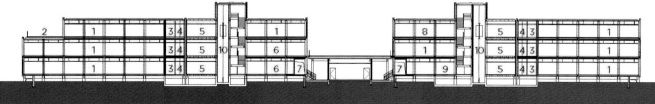

项目实例 3——高碑店龙湖超低能耗建筑主题馆

项目考虑被动房对供暖能耗限制与保温的要求，结合"消隐于环境"设计初衷，将建筑北侧压低到景观土坡中，与场地改造后的微地形连为一体，从技术上实现了借助覆土的北侧保温和减少外墙散热，也减少了采暖空间体积，替代了常规的外围护技术策略。北侧立面消失，而南侧利用全玻璃幕墙在冬季最大可能地搜集太阳的辐射热。

在建筑内部空间设计也最大程度契合了可持续的基本原理，中庭顶部的天窗，白天引入阳光，夜间通风散热，成为昼夜平衡的调蓄口；新风系统也借助室内空间形态，由北侧走廊和中庭台阶侧面等低处送新风，在使用过程中逐渐升温，往上空走，最终从室内南侧最高处回风，利用基本的热压原理，形成室内风环境的组织。

总建筑面积	1 200 ㎡
建筑设计单位	清华大学建筑学院 北京清华同衡规划设计研究院有限公司
气候分区	寒冷地区
功能类型	展览馆
绿建特色	覆土、厅堂组织、中庭

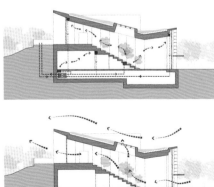
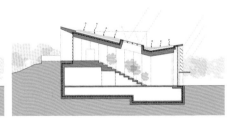
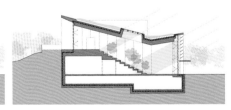

项目实例 4——华为西安全球交换技术中心及软件工厂

项目根据当地地理及气候特征，避开地裂带的同时处理好建筑物的位置朝向和当地主导风向的密切关系。规划原则是将办公建筑组群与餐厅等特殊公共建筑错开主导风向（东北风、西南风）布置，分区形成组团，将自然风引入场地，削弱大型餐厅等空间污染源对四周环境的影响，同时足够的空间尺度用于释放风压风速，加强场地内外空气对流，结合景观创造出舒适宜人的园区物理环境；考虑大型办公园区内密集型人员的使用特性，从减少能耗的角度，考虑采用多层建筑形成办公组团，便于场地合理利用，避免对东北角居住建筑的日照遮挡，减低对周边未开发用地的影响，同时将停车等配套功能放在地下空间解决，保证园区最大化的植被空间带给园区的生态环境。

总建筑面积	59.53 万 ㎡
建筑设计单位	中国建筑西北设计研究院有限公司
气候分区	寒冷地区
功能类型	办公楼、工厂
绿建特色	群体布局、厅堂组织、中庭

半围合型院落布局

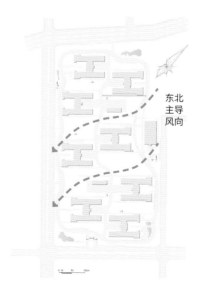
东北主导风向

项目实例5——宁波太平鸟高新区男装办公楼

项目位于沿海城市新区，场地平坦。在西南和东北设计了直通地下的大台阶，可在过渡季节将通风直接导入建筑底层的圆形多功能厅。建筑采用旋转式自倾斜形体，实现建筑自遮阳，每层由西向东平移1.2米。平面旋转，气流上升，配合中庭增强建筑通风。采用竖向外遮阳构件降低空调负荷；采用漫反射表皮构件、天窗、下沉庭院保证室内自然采光。平推窗配合大空间中庭的开窗加强自然通风。采用复层绿化、植被屋面、雨水回用，实现海绵设计。项目设计、施工全过程使用BIM（建筑信息模型）协同平台，提高设计施工质量和效率。

总建筑面积	75 000 ㎡
建筑设计单位	丹尼尔斯坦森建筑事务所 上海建科建筑设计院有限公司
气候分区	夏热冬冷地区
功能类型	办公楼
绿建特色	下沉庭院、弧形平面、内院组织、气候过渡空间、外遮阳

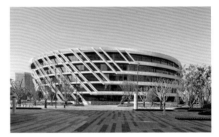

项目实例 6——天目湖游客服务区展示中心

项目在气候及所处环境微气候分析的基础上，对环境做出了积极回应：其一，利用高差，将建筑北侧与西侧藏于路面以下，有效抵挡冬季西北风的侵袭；其二，建筑与西侧、北侧道路的挡墙隔开一定距离，在夏季形成冷巷，有利于建筑通风与降温；其三，在夏季，利用可开启的落地玻璃将内院完全打开，引入来自湖面的东南向季风，提高室内空气质量，降低室内气温；其四，屋顶采用种植屋面，有效减小夏季太阳辐射，降低室内温度，减少暖通空调能耗；其五，楼层位置出挑水平遮阳板，并在遮阳板之间设置了浅色穿孔铝板增强遮阳效果，有效减小夏季太阳辐射的影响；外立面设置的落地双层中空 low-e 玻璃在冬季较低太阳高度角的情况下，配合深色楼地面，可以高效吸收与储存太阳辐射，减少空调能耗。

总建筑面积	2 012 ㎡
建筑设计单位	南京长江都市建筑设计股份有限公司
气候分区	夏热冬冷地区
功能类型	展览馆
绿建特色	坡地、组合平面、内院组织、内院、立体绿化

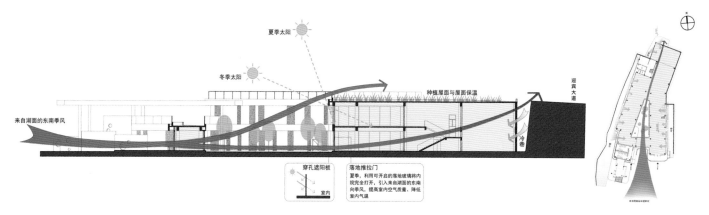

项目实例 7——南洋华侨机工回国抗日纪念馆

项目顺应地形，自然生长，尽量减少土方量，最大限度减小对山体的破坏。底层架空，环境连贯，总长 90 m 的建筑不破坏山体与城市之间的联系，景观连续通透，优美的自然风光与纪念馆中庭之间相互渗透，有机地融入了畹町的山水格局。

方案充分利用温和地区的气候特点，采用传统"低技"的被动式节能技术，将通高三层的中庭与 20 m 的架空区域结合起来，形成了一个上部有顶、底部完全开放的倒置庭园。中庭玻璃顶的侧面设计了一圈防雨百叶，结合着自然风环境，凉爽的空气由架空层进入，热空气由顶端的侧向百叶排走，清风徐来，沁人心脾，同时大量的实体外墙也方便了布展功能的要求。

总建筑面积	5 378 ㎡
建筑设计单位	云南省设计院集团有限公司
气候分区	温和地区
功能类型	纪念馆
绿建特色	坡地、组合平面、厅堂组织、架空、中庭

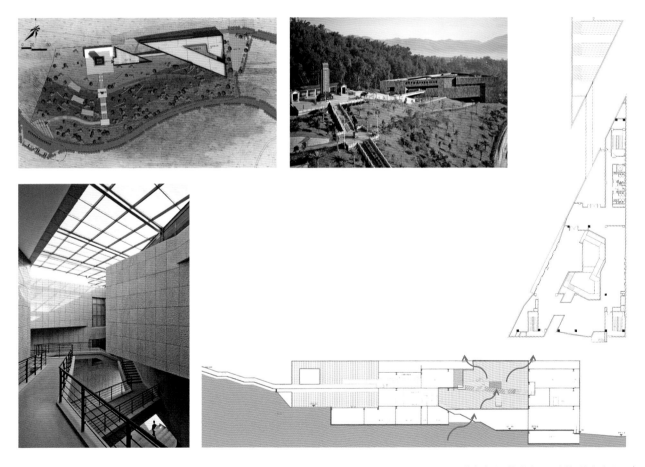

3 基于气候适应性的建筑空间形态组织

公共建筑空间形态的组织不仅是对功能和行为的一种组织布局，也是对内部空间各区域气候性能及其实现方式所进行的全局性安排，是对不同空间能耗状态及等级的前置性预设。因此，在驾驭功能关系的同时，要根据其与室外气候要素联系的程度和方式展开布局，其基本的原则在于空间气候性能的整体优先和能耗的整体控制。

3.1 气候与建筑能耗管理语境下的空间分类

基于"气候—空间—能耗"的关联方式和程度，可以从空间对气候的要素选择差异和程度差异、空间性能与能耗的等级差异、空间的开放度等方面对建筑空间进行类型划分。这种新的类型分析与认知是探寻气候适应性空间形态组织的重要基础。

3.1.1 公共建筑空间的性能分类与能耗分级

从建筑的物质空间构成看，建筑的空间总体量由结构空间、设备空间、使用空间共同构成。空间的舒适性主要针对使用空间而言，其舒适性要求与室外气候的差异是能耗发生的源头。使用空间因其不同功能而产生气候性能的要素差异和等级差异。要素差异是指对风、光、热、湿、净等气候要素的不同选择和权重。气候性能的要素差异，其实质是对自然气候诸要素的选择性引入、控制与补充，从而形成不同的能耗机制。等级差异是指对气候性能要素及其指标要求的严格程度，公共建筑空间可据此分为普通性能空间、低性能空间、高性能空间（表3-1）。气候性能要求的等级差异意味着建筑内部各类空间的能耗等级的差异化配置，因而影响建筑能耗总量。一般而言，低性能对应低能耗，高性能对应高能耗，普通性能空间的能耗则主要取决于设计的气候适应性程度。

表3-1　建筑空间气候性能的等级分类

	低性能空间	普通性能空间	高性能空间
能耗预期	低	取决于设计	高
列举	设备间、杂物储存间等	办公室、教室、报告厅、会议室、商店、健身房	观演厅、竞技厅、恒温恒湿实验室、洁净空间等

从建筑使用空间与自然的关系看，可分为室外、室内以及室内外过渡空间三种类型。就室内空间而言，又可分为自然气候主导的开放性空间和以人工气候为主的封闭性空间（如观演厅、文物展示厅等）。前者对自然气候要素具有明显的选择性，而后者则往往是排斥性的。与这种分类相关联，建筑空间与室外气候的联系表现为四种不同的基本状态，即融入、过渡、选择、排斥（表3-2）。这四种状态对应了不同的耗能机理和程度。完全融入自然的室外空间和敞厅敞廊极少需要建筑耗能；可引入或控制自然通风与采光的室内空间通常因空间或季节的变化而导致其风光热湿等物理性能的不充分满足，需要人工气候的局部补充，而产生建筑能耗；与自然隔阂的封闭空间显然需要更多能耗，以维持其稳定的空间性能。

表 3-2　建筑空间与室外自然气候的联系类型

	融入	过渡	选择	排斥
能耗预期	无	无	取决于设计	高
列举				

3.1.2 从功能分类到性能分类

公共建筑因不同的功能服务目标而产生众多的建筑类型，如教育建筑、办公建筑、文化建筑、体育建筑、会展建筑、建筑综合体等等。每一类公共建筑又包含若干不同的功能要素。对这些不同功能要素的具体使用要求及其相互间组织联系的把握是公共建筑设计的重要前提。从公共建筑的气候适应性要求看，不同的功能要素，其所需要的气候要素性能有着类别和程度的差异。各类别公共建筑设计都不仅要把握其功能要素的空间使用要求，也要把握和判断各功能要素的具体性能要求。因此，有必要研究各类公共建筑功能要素类型与其气候性能等级类型的关联。把公共建筑的功能分类转换为性能等级分类，是对公共建筑功能分区理论的重要发展。其意义在于认识和把握建筑功能、性能、能耗之间的内在联系，在建立合理的功能空间布局的同时，实现建筑空间形态设计的气候适应性，从而在前提上奠定建筑降能减排的绿色基础。

这里选择一些常见的公共建筑类型，对其功能空间的性能要求等级进行了初步的分类研究（表3-3～表3-12）。值得注意的是，功能空间的性能分类并非僵化不变的，性能分类也不能简单地替代各类空间对具体性能要素的分析和选择判断。例如，体育建筑中的比赛空间如要满足严格的竞技比赛要求，就必然要按高性能空间的设计标准，但以健身和一般性赛事为主的运动空间则可以按普通性能空间的要求进行设计；一些公共展示空间可能属于普通性能空间，不需要自然采光，但可以自然通风。

表 3-3　图书馆档案馆空间性能分类及布局

高性能空间	普通性能空间		低性能空间	空间组织示例
基本书库 特藏库 数字资料库 计算机主机 多功能活动厅（部分） 信息阅览室（部分） 纸质阅览室（部分）	门厅接待管理 信息咨询服务区 开放休息交流区 生活服务 展览区 多功能活动厅 信息阅览室 纸质阅览室 研究室 信息技术 信息管理办公室	行政管理 采购编目装订	卫生间 设备间	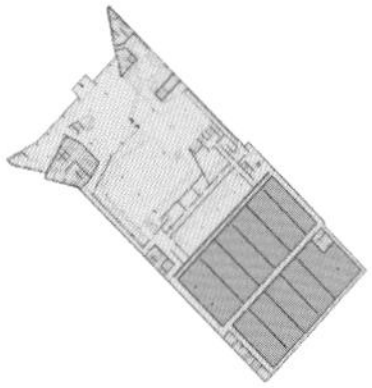 严寒地区 卢森堡国家图书馆

严寒地区
卢森堡国家图书馆

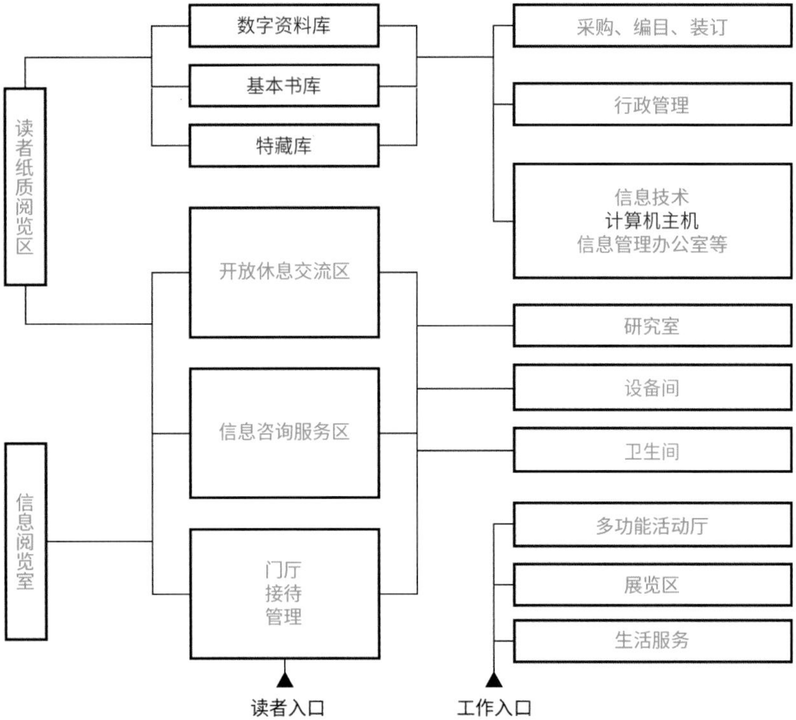

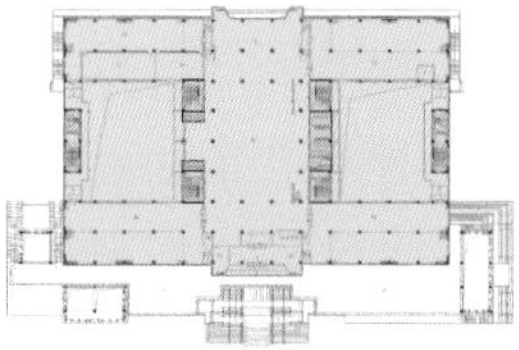

寒冷地区
渭南职业技术学院图书馆

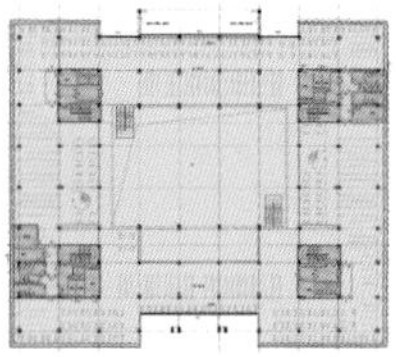

夏热冬冷地区
武汉理工大学南湖校区图书馆

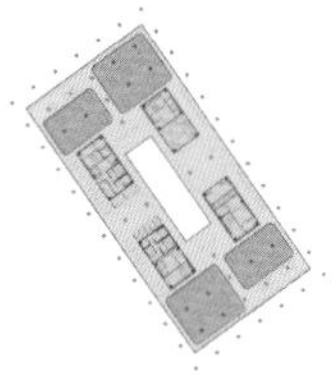

夏热冬暖地区
台南公共图书馆

读者纸质阅览区

信息阅览室

数字资料库

基本书库

特藏库

采购、编目、装订

行政管理

信息技术
计算机主机
信息管理办公室等

开放休息交流区

研究室

设备间

信息咨询服务区

卫生间

多功能活动厅

门厅
接待
管理

展览区

生活服务

读者入口　　　工作入口

表 3-4 办公楼空间性能分类及布局

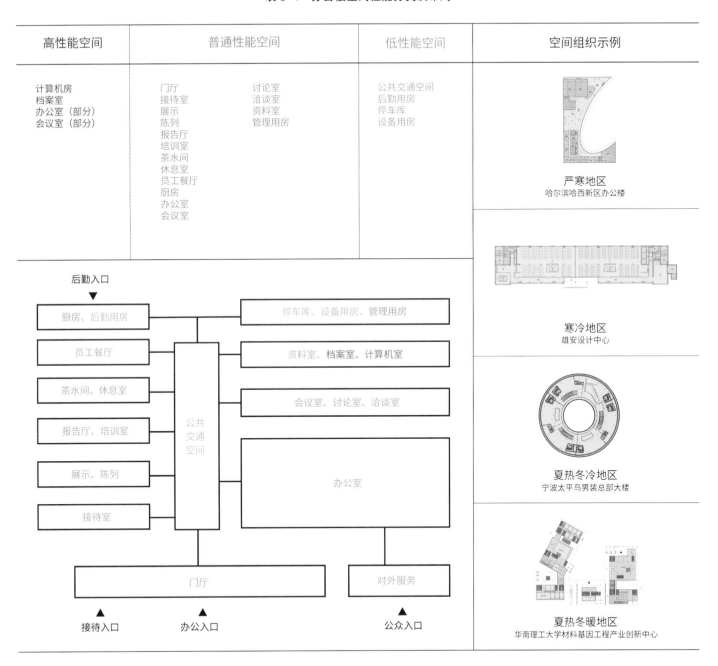

高性能空间	普通性能空间		低性能空间	空间组织示例
计算机房 档案室 办公室（部分） 会议室（部分）	门厅 接待室 展示 陈列 报告厅 培训室 茶水间 休息室 员工餐厅 厨房 办公室 会议室	讨论室 洽谈室 资料室 管理用房	公共交通空间 后勤用房 停车库 设备用房	严寒地区 哈尔滨哈西新区办公楼 寒冷地区 雄安设计中心 夏热冬冷地区 宁波太平鸟男装总部大楼 夏热冬暖地区 华南理工大学材料基因工程产业创新中心

表 3-5　展览馆空间性能分类及布局

高性能空间	普通性能空间	低性能空间	空间组织示例
展厅（部分）	登录厅 贵宾室 商务中心 洽谈室 租赁服务 餐饮 商业 办证厅 展厅	公共交通廊 过厅 堆场 废弃物处理 设备 仓储	 严寒地区 银川国际会展中心 寒冷地区 北京世界园艺博览会中国馆 夏热冬冷地区 扬州世界园艺博览会主展馆 夏热冬暖地区 深圳国际会展中心

表 3-6 博物馆美术馆空间性能分类及布局

高性能空间	普通性能空间		低性能空间	空间组织示例
各类展厅 导览视听 各类库房 消防安防 熏蒸消毒（部分）	门厅 安保 售票接待寄存等 餐厅商店银行等 讲解 管理 学术报告 互动体验 专业图书 讨论 教室 办公室 会议	资料 鉴赏 研究 摄影 鉴定试验 展览准备制作 鉴选分级编目登账 收发 装裱修复复制制作 维修用房 熏蒸消毒	过厅 前室	 严寒地区 内蒙古扎赉诺尔博物馆 寒冷地区 太原美术馆 夏热冬冷地区 武汉盘龙城遗址博物馆 夏热冬暖地区 深圳大鹏半岛国家地质博物馆

表 3-7　影剧院空间性能分类及布局

高性能空间	普通性能空间		低性能空间	空间组织示例
观众厅 乐池 舞台 跑场道 钢琴库 乐器室	前厅 售票 安检 休息厅 等候区 小卖 餐饮 展览 管理 贵宾休息厅 乐队休息 办公 医务	候场 化妆 排练厅 演职员门厅 厕所 洗衣房 熨烫 服装 沐浴更衣 金工 木工	存衣帽间 技术用房 设备用房 灯具库房 布景库 卸货平台 道具	 **严寒地区** 哈尔滨歌剧院 **寒冷地区** 法国 Jacques Carrat 剧院  **夏热冬冷地区** 浙江三门剧院  **夏热冬暖地区** 深圳坪山大剧院

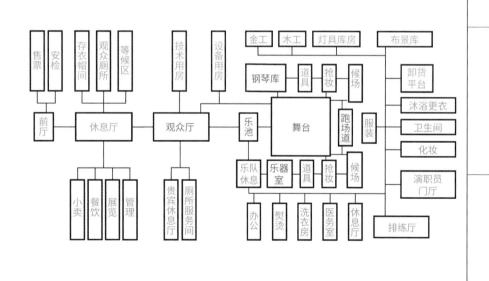

表 3-8　旅馆空间性能分类及布局

高性能空间	普通性能空间	低性能空间	空间组织示例
游泳池 多功能厅（部分） 餐厅会议（部分） 大堂接待（部分） 康体娱乐（部分） 客房（部分）	多功能厅 餐厅会议 大堂接待 康体娱乐 客房 员工管理 员工餐厅 工程部 厨房 洗衣房	仓库 设备用房 货物管理 员工更衣	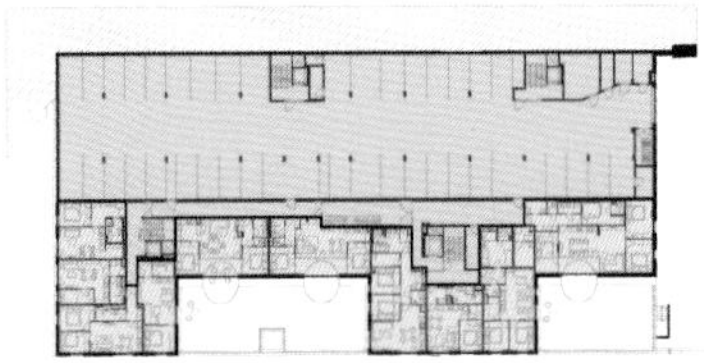 严寒地区 捷克圣罗伦斯公寓酒店 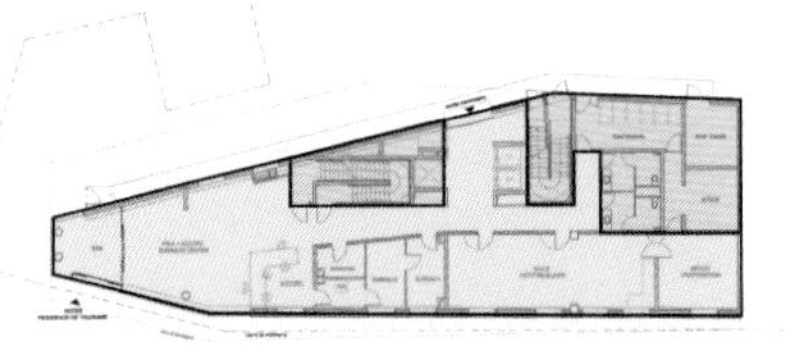 寒冷地区 法国巴黎 Hypark 酒店 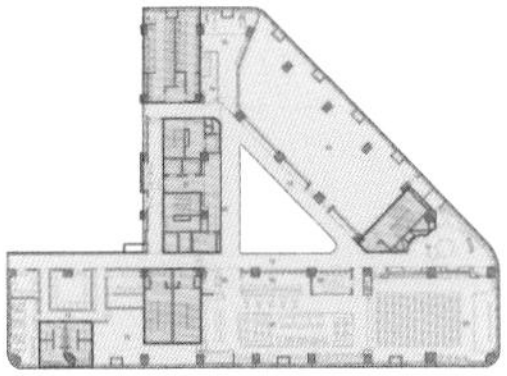 夏热冬冷地区 上海朵亚 S 酒店 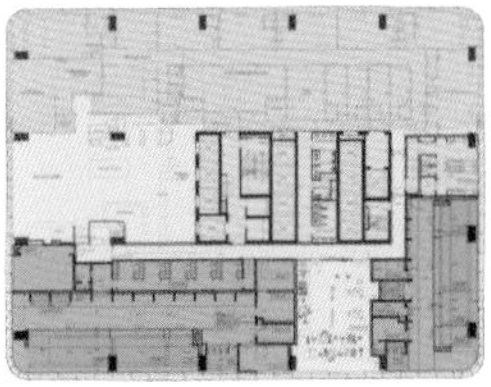 夏热冬暖地区 曼谷温泉酒店

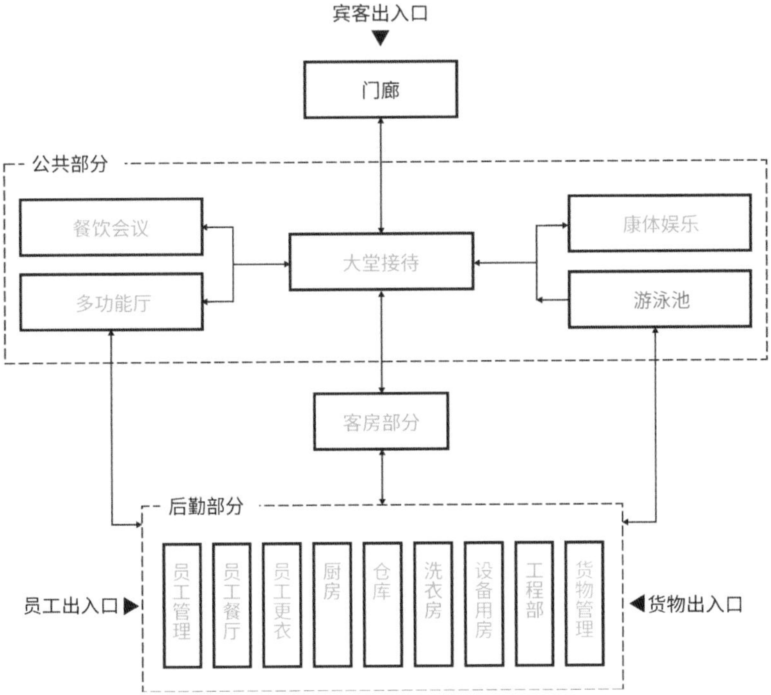

宾客出入口

门廊

公共部分

餐饮会议　←→　大堂接待　←→　康体娱乐

多功能厅　　　　　　　　　游泳池

客房部分

后勤部分

员工出入口 ▶　员工管理｜员工餐厅｜员工更衣｜厨房｜仓库｜洗衣房｜设备用房｜工程部｜货物管理　◀ 货物出入口

表 3-9　商场空间性能分类及布局

高性能空间	普通性能空间	低性能空间	空间组织示例
营业厅（部分）	公共空间 营业厅 顾客休息及服务 接待 办公 餐厅 顾客入口 店员入口 问讯 值班管理	寄存 厕所 修理 监控 消防 浴厕 更衣 库房 加工 整理 拆箱 验收	 严寒地区 哈尔滨华润万象城
			 寒冷地区 东京银座东急广场
			夏热冬冷地区 外滩金融中心南区商场
			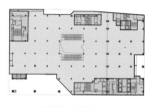 夏热冬暖地区 深圳天虹商场总部大厦

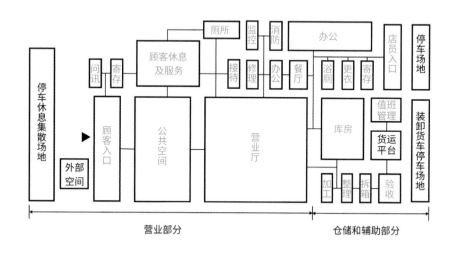

表 3-10　体育馆空间性能分类及布局

高性能空间	普通性能空间		低性能空间	空间组织示例
比赛场地 专用坐席 贵宾	场馆运营 赛事管理区 新闻运行区 电视转播区 裁判工作区 教练员休息区 运动员休息区 摄像记者区 医务仲裁区 仪式文化区 残疾观众 普通观众 赞助商	运动员 媒体记者 无障碍坐席 普通坐席 练习馆/训练场地	保安 专用停车场 卫生间 设备用房等	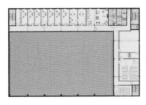 严寒地区 波兰波兹南体育馆 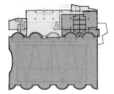 寒冷地区 天津大学新校区综合体育馆游泳馆部分 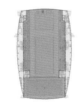 夏热冬冷地区 浙江省黄龙体育中心游泳跳水馆  夏热冬暖地区 西澳大利亚珀斯体育馆

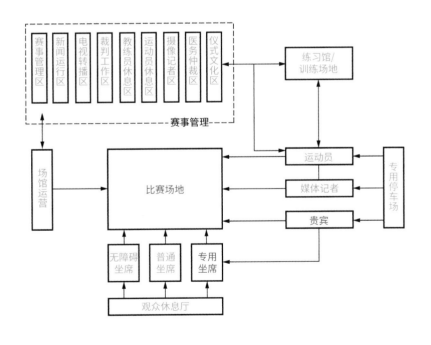

表 3-11 医院空间性能分类及布局

高性能空间		普通性能空间		低性能空间	空间组织示例
门诊手术 急诊手术 急救 EICU 太平间 功能检查 分娩部 血样 麻醉 手术部 中心供应 介入治疗 NICU	新生儿 产科 ICU 厨房（部分）	门厅 报告厅 员工餐厅 休息室 培训室 展示 陈列 接待室 会议室 讨论室 洽谈室 办公室 厨房	管理用房 资料室	公共交通空间 后勤用房 茶水间 停车库 设备用房	 严寒地区 挪威 Haraldsplass 医院

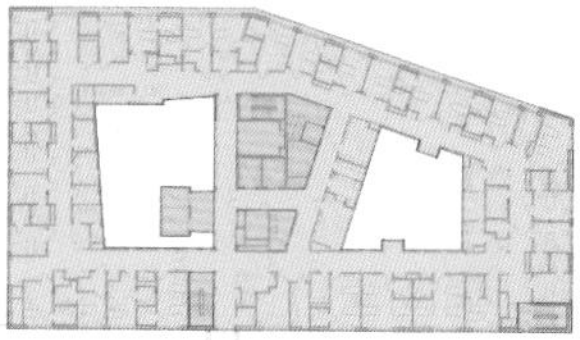

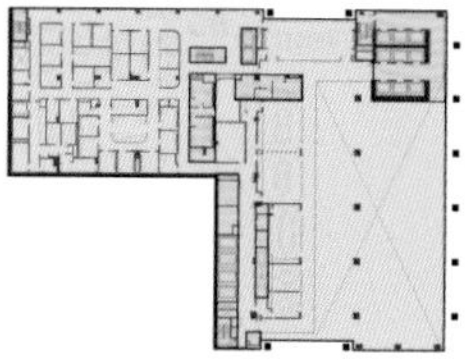

寒冷地区
纽约长老会医院

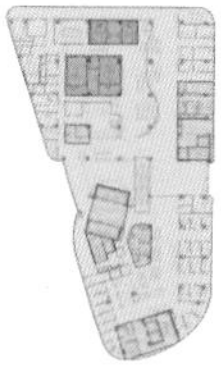

夏热冬冷地区
上海交通大学医学院附属新华医院儿科综合楼

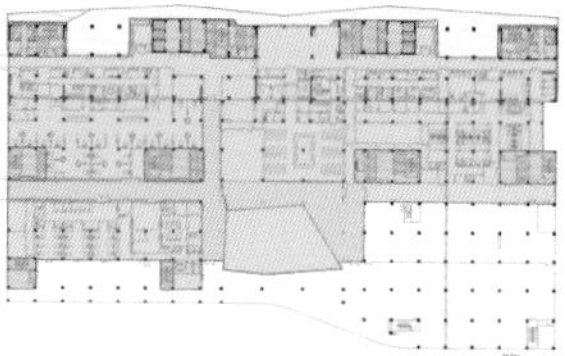

夏热冬暖地区
厦门弘爱医院

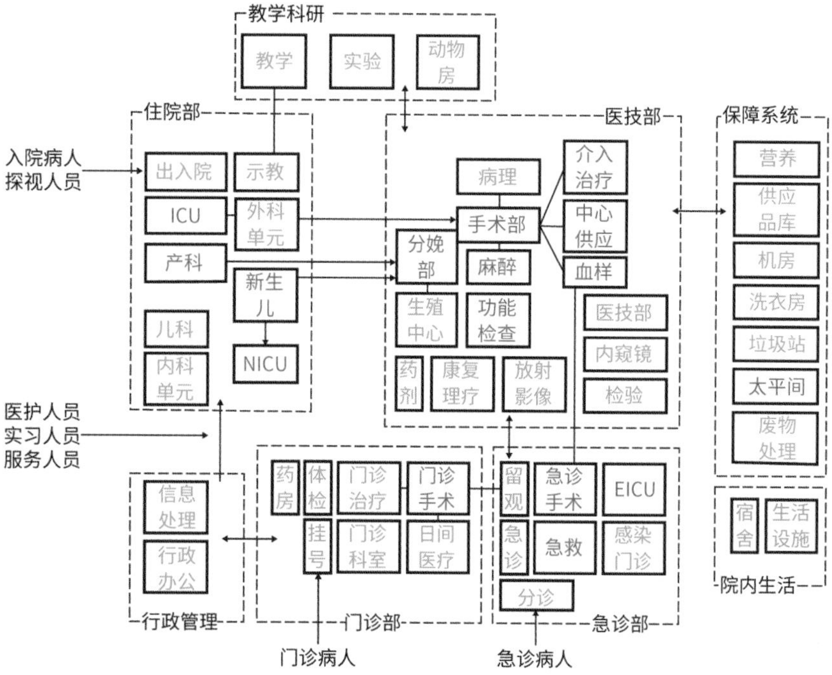

表 3–12　交通客运站空间性能分类及布局

高性能空间	普通性能空间		低性能空间	空间组织示例
贵宾候车 候车厅（部分） 母婴候车（部分）	进站厅 售票厅 广播 问讯 司乘休息 站长室 站务室 报班 调度 医务 公安 商务 服务	快餐 商业 候车厅 母婴候车 贵宾候车 行包托运 值班	站台 小件寄存 卫生间 设备间	**严寒地区** 立陶宛汽车站 **寒冷地区** 太原火车南站 **夏热冬冷地区** 武汉天河机场 T3 航站楼 **夏热冬暖地区** 那不勒斯阿夫拉戈拉火车站一期

3.2 公共建筑空间形态组织及设计策略

3.2.1 适应气候的公共建筑空间类型

由于不同功能空间对风、光、热、湿等气候要素的舒适性指标要求不同，其能耗也存在差异。根据空间的性能要求及其能耗预期大小可将公共建筑中的使用空间分为高性能空间、普通性能空间和低性能空间[1]，其中普通性能空间占比最大，其合理的空间组织对降低建筑能耗具有关键性意义。

建筑空间在气候应对上有排斥与顺应两种方式，相应产生了耗能不同的两种空间组织模式。低耗能空间是一种基于能源节约，针对不同的地域环境条件采取的一种顺应自然的空间模式。合理组织安排此类低耗能空间，可以减少对主动式空调设备的依赖，充分利用自然环境以满足建筑需求。此外，从建筑内外能量流动角度看，还存在一种与自然联系紧密的非主要功能性空间，被称为气候过滤性空间，其位置、形态、开敞界面等要素不仅对调节建筑内微气候具有重要影响，也往往会影响空间的平面和剖面组织。

普通性能空间、低耗能空间以及气候过滤性空间这三类空间模式依据和能源的不同关系进行定义，在实际功能上存在着一定的交叉。依据建筑外环境，合理确定适应气候的空间类型，有利于实现建筑的空间环境一体化，从而有效节约能源。

3.2.2 公共建筑空间形态组织原则

结合基于气候环境生成的场地布局及风光热等制约因素，公共建筑形体是对建筑外部环境、场地限制条件及其内部功能空间关系的综合反应。建筑在应对气候问题时所采取的体量关系、形体构成等方面的措施很大程

1　韩冬青, 顾震弘, 吴国栋. 以空间形态为核心的公共建筑气候适应性设计方法研究 [J]. 建筑学报, 2019(4): 78-84.

度上决定了其平面组织关系以及空间尺度大小，虽然不同尺度空间对于气候的应对措施存在差异，但其总体关系相互制约、相互促进。在此基础上，为应对不同气候因子，内部空间的形态组织方法也存在差异，但都应本着整体优先、利用优先、有效控制和差异处置的原则，即在"气候—空间—能耗"关系下，最大程度利用所在区位的自然气候，结合功能有针对性地利用风、光、热等自然要素，优先利用有利气候要素，有效控制不利气候要素的干扰。主要目的是以空间设计（而非物质设备）作为气候适应性的上位策略，实现降低建筑总能耗的初衷。

3.3 适应气候的公共建筑空间形态组织方法

3.3.1 优先布置适应气候的普通性能空间

1）不同性能空间的相对关系

高性能空间是指类似观演厅、竞技厅、恒温恒湿实验室等对风、光、热、声、湿等气候要素有较高要求的空间，这类空间无法通过选择性引入、控制、补充所在区域内自然气候要素来达到空间舒适性要求，而需要借助主动式技术措施，会产生较高建筑能耗。普通性能空间是指办公室、教室、商场等对空间舒适性有所要求，但可以借助设计手段利用有利自然气候或控制不利自然气候以满足室内气候要素指标的空间。这类空间可以通过设计手段减少主动式技术措施使用，有效降低建筑能耗。这些策略更多的是被动接受或直接利用可再生能源，没有或很少采用机械和动力设备[2]。设备间、杂物间等低性能空间对室内舒适性要求不高，一般不会产生较高建筑能耗。

由于不同性能空间对自然要素的选择性运用程度不同，其相对位置也存在差异。以人工气候为主的高性能空间需要考虑控制自然要素的不利影响，往往布置在与自然环境相隔离的位置。普通性能空间置于利于气候适应性设计的位置，具有良好的自然通风采光。低性能空间多集中布置在朝向或部位不佳的位置，例如夏热冬冷地区的卫生间、楼梯间等空间多布

---

2 宋晔皓，王嘉亮，朱宁．中国本土绿色建筑被动式设计策略思考 [J]．建筑学报，2013(7): 94–99.

置在东、西向以减少东西晒对主要使用空间的影响，或布置在北向以抵挡冬季风。

基于能耗整体控制的基本原则，需要合理限制三类性能空间的相对比例关系。将普通性能空间布置在建筑外围能利用自然要素满足空间舒适性要求，减少对主动式设备技术的依赖，此类空间占比最大。由于高性能空间能耗预期高，除合理布局外，也要严格约束其依赖主动性技术措施空间的规模，使其尽量小于普通性能空间占比。低性能空间多为辅助空间，室内舒适性要求低，所占比例相对最低（表3-13）。

表3-13　公共建筑中不同性能空间位置和相对位置关系

海口市民游客中心　　　　　　　重庆大剧院

▢ 低性能空间　　▨ 普通性能空间　　■ 高性能空间

2）普通性能空间的组织

普通性能空间的气候适应性设计因其基础性意义而应具有优先地位，其主要通过引入和调控自然气候要素得以实现。从冷热分区角度看，某些空间由于设备或人的集聚会产生大量热量，根据功能需要，普通性能空间可选择贴近或远离这些房间组织，以分别达到得热或降温的目的。由于热空气上升，建筑上部往往比下部更热，根据不同舒适性要求，普通性能空间可布置在高处以降低冬季采暖能耗，或布置在底部以降低夏季制冷能耗。从采光通风看，普通性能空间要优先利用自然通风与采光，在进深较小的薄形平面中，多将普通性能空间布置在采光效果好的建筑外围以及夏季迎风面，避免布置在背风面和朝向不佳的位置；在大进深建筑中，普通性能空间可相互贯穿形成开敞平面，利用温度差形成热压或气压，促进空气流动以实现自然通风，也可以靠近中庭、边厅、天井等垂直向流通空间，依靠由太阳辐射热所形成的热压通风或烟囱效应满足普通性能空间通风采光要求。如何获得或控制光、风等自然要素对普通性能空间组织有重要意义。

在不同气候条件下，需要在对室外气候进行差异性选择的基础上组织普通性能空间。在既要满足冬季保温防寒也要兼顾夏季隔热降温的地区，人员活动多的普通性能空间宜布置在南向，避免布置在东西向，保证冬季日照充足，减少寒风侵袭，并在春秋季充分实现自然通风。同时，紧凑排布的普通性能空间，可通过直接得热房间的开闭实现相邻房间的对流传热以减少采暖能耗，由此所形成的建筑体量规则方正，体形系数小，可有效降低冬季耗热量。而在冬暖地区，增加建筑空间与外界的接触面，能更好地引导室内空气对流和自然光渗透[3]，因此其普通性能空间的组织往往更为舒展开敞，还可在向阳一侧布置敞廊、骑楼等灰空间以避免光热直入。此外，与庭院或天井的结合也是加强室内通风的有效手段（表3-14）。

表 3-14　普通性能空间组织

冬季防风地区普通性能空间组织 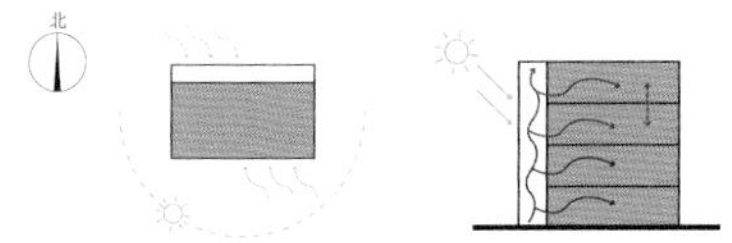	夏季隔热地区普通性能空间组织 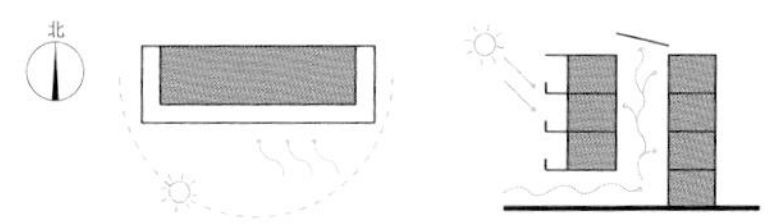

低性能空间　　普通性能空间　　← 热气流
← 冷气流　　夏季风　　冬季风　　日照

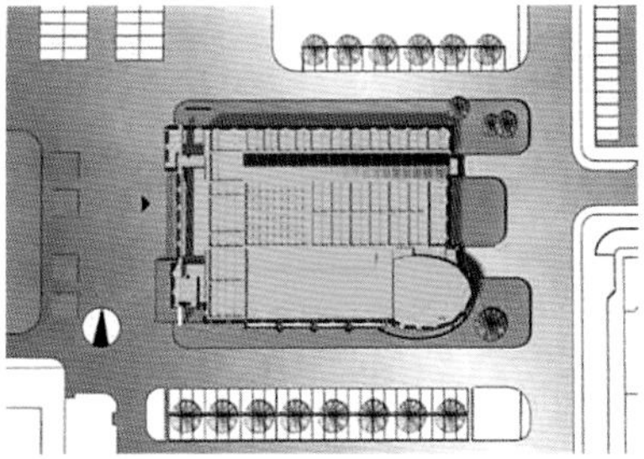 清华大学建筑设计研究院办公楼：冬季防风地区紧凑的开敞平面	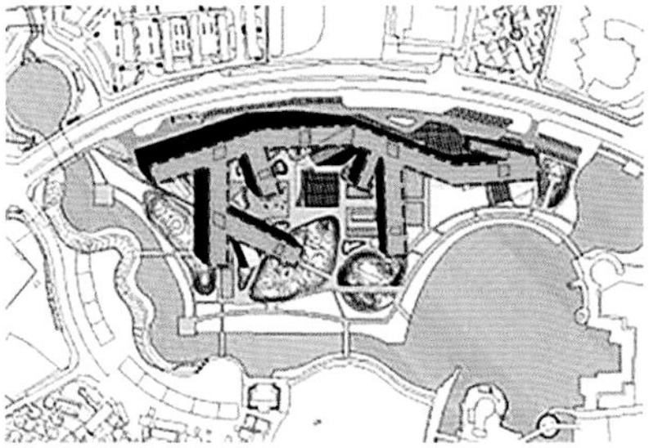 深圳万科中心：夏季隔热地区的薄形平面

3　沈驰. "建筑"行为——绿色建筑的空间设计策略 [J]. 建筑学报, 2011(3):93-98.

3.3.2　充分利用融入自然的低能耗空间

1）融入型空间的组织

融入型建筑空间是指高度融入室外气候环境之中的功能空间，是由自然气候主导或结合被动设计手段满足其舒适性要求，以减少照明和空调能耗的普通性能空间。具备某种使用功能的院落空间、底层架空空间、敞厅敞廊等是融入型建筑空间的典型形式。

从形态特征看，融入型建筑空间是被局部界面限定或围合的室外空间，其开放形态能遮阳防雨，又能充分通风，结合自然景观要素还可调节湿度。这类开放空间对我国亚热带季风气候区建筑具有广泛的适应性。例如广州的华南理工大学逸夫人文馆，为适应湿热气候，运用架空通透等手法，建筑通风得到加强。建筑间隙中种植当地植物，进一步优化了微气候环境[4]（图3-1）。

从功能特征看，融入型空间通常也是建筑的公共空间，如门厅、过厅、敞廊等组织人流的大空间，也可以是具有展示或休憩功能的不同尺度空间。在传统的公共建筑设计中，它们常由于人群聚集而造成较高建筑能耗。这类空间虽然公共性强，人群多在此集散转换或闲憩，其气候舒适性指标要求具有较大的变化幅度，利用局部界面要素围合的室外空间，结合避雨和遮阳等被动式手段即可实现空间的舒适性要求。充分拓展融入型空间，既满足功能使用要求又能减少建筑能耗，并对减排及改善周边环境微气候、营造良好街区环境具有积极作用。

从空间尺度看，与自然紧密联系的融入型空间很大程度影响着建筑的整体空间组织格局。在空间整体组织的原则下，采光院落、架空、风廊等融入型空间对相邻室内空间的自然采光和通风具有重要意义，建筑空间的平面、剖面设计应据此进行综合的组织驾驭。一些小尺度的融入型空间既可以结合上述室外空间布置，也可结合功能需要自由布置，在不同高度、不同尺度上增强建筑体量的通透性，将自然引入建筑中，形成相互渗透的空间层次和多样化生活场景（表3-15）。

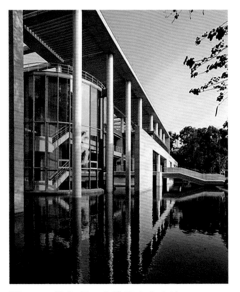

图 3-1　华南理工大学逸夫人文馆

4　陈昌勇，肖大威. 以岭南为起点探析国内地域建筑实践新动向 [J]. 建筑学报，2010(2): 68–73.

表 3-15 融入型空间类型

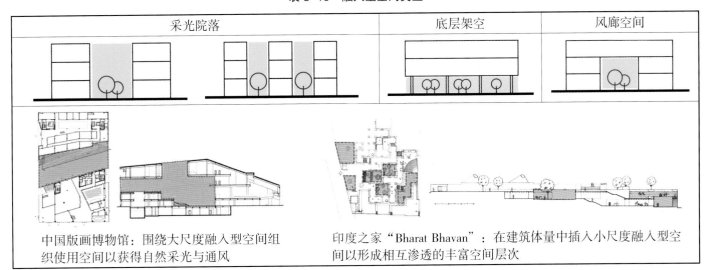

采光院落	底层架空	风廊空间

中国版画博物馆：围绕大尺度融入型空间组织使用空间以获得自然采光与通风

印度之家"Bharat Bhavan"：在建筑体量中插入小尺度融入型空间以形成相互渗透的丰富空间层次

2）过渡型空间的组织

过渡型空间位于需要人工气候的室内空间与自然环境之间，多为气候缓冲区，是室内外气候交换和过渡的有效媒介，中庭、边庭、外廊、阳台等灰空间是其代表性形式。这类空间不仅要满足使用者的基本使用需求，还要考虑建筑、人、环境的有机结合，并与多样的系统、地域、自然环境、技术体系动态复合[5]。在建筑发展历程中，过渡型空间是使用最早的被动式措施之一。例如岭南传统建筑中的天井和冷巷空间，通过过渡空间的尺度设计来组织建筑群的风压、热压通风；中国传统建筑中的骑楼空间和日本传统建筑中的缘侧空间，其外廊顶部屋檐遮挡了夏季阳光直射，以保持室内相对凉爽。

气候适应性设计是一个复杂的系统，需要考虑光、风、热、湿等诸多因素，这些因素有时相互矛盾，过渡空间的气候缓冲作用会改善不利气候要素，结合其进行"整合设计"，可以为设计提供更多余地。干城章嘉高层公寓位于热带地区，朝向西面的单元虽然回应了当地主导风向，但也带来强烈日照，通过在居住单元东侧或西侧设置两层通高的花园露台作为过

---

5 李珺杰，夏海山．有机·复合——中介空间的被动式调节作用解析 [J]. 新建筑，2019(2):106-109.

图 3-2 干城章嘉公寓通过设置过渡空间缓解西向强烈日照

渡空间，大大缓解了西晒、季节风等不利因素影响（图 3-2）。古人擅长的很多宜居营建方法用现代术语解释，就是一种基于被动式能源利用的整合设计，一个简单的庭院就可以综合解决采光、通风、交往、观景等多种问题[6]。

过渡空间的组织通常基于与之相邻的使用空间对室外气候要素的选择性运用。在夏热冬暖地区，过渡空间的设计布置多基于通风散热，往往利用建筑外侧的外廊、边庭、阳台空间阻挡强烈阳光，湿润冷却自然热风，中庭空间运用烟囱效应实现建筑内部的自然通风；在夏热冬冷地区，不仅要考虑冬季保暖，还要兼顾夏季通风散热。设置阳光房可获得更多太阳辐射，利于冬季采暖，但夏季则需要做遮阳处理，部分建筑还在北向设置封闭阳台以阻挡寒风对主要使用空间的侵袭。从"气候—空间—能耗"关系来看，根据使用空间舒适性要求以及外界气候条件，设置过渡空间可以有控制地引入室外气候要素，有效降低使用空间的能耗（表 3-16）。

表 3-16 过渡型空间类型

	中庭	边庭	敞廊
冬季防风地区			—
夏季隔热地区			

过渡型空间 ← 热气流 ← 冷气流 ← 日照 ← 夏季风

---

6 傅筱, 陆蕾, 施琳. 基本的绿色建筑设计——回应气候的形式空间设计策略 [J]. 建筑学报, 2019(1): 100-104.

3）选择型空间的组织

选择型建筑空间是指对自然气候要素具有选择性的使用空间。公共建筑中的普通性能空间大都具有这种选择性，如办公室、教室等等，其借助被动式措施引入有利气候要素，并控制不利气候要素影响，从而交流达到室内舒适性要求。满足自身功能需要是选择型空间组织的基本要求。对自然通风和采光要求较高的空间宜布置在建筑外围，与外界环境联系紧密；展览、观演类空间则往往并不需要与室外环境密切交互。依据不同气候环境，同种选择型空间的组织方式也存在差异。我国寒冷或严寒地区的建筑通过开阔的场院获得更多日照，而在夏热冬暖地区，却可以借助小尺度庭院或天井以便遮阳通风。选择型空间多结合融入型空间和过渡型空间布置，结合气候条件将前两类空间作为气候缓冲带实现对室内气候要素的调节控制。在我国寒冷或严寒地区，选择型空间可以围绕半开放中庭组织，在夏季，中庭可以利用热压通风原理为周围空间提供自然通风，在冬季则可以蓄热以减少采暖能耗。在夏热冬暖地区，建筑中的选择型空间通常结合供人游玩的庭院、骑楼、敞廊等空间组织以实现遮阳、隔热、通风要求（表3-17）。

表3-17　选择型空间组织

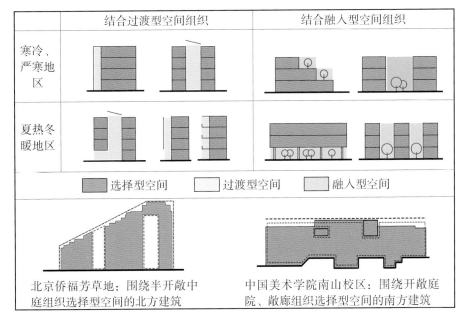

	结合过渡型空间组织	结合融入型空间组织
寒冷、严寒地区		
夏热冬暖地区		

　■ 选择型空间　　□ 过渡型空间　　▨ 融入型空间

北京侨福芳草地：围绕半开敞中庭组织选择型空间的北方建筑	中国美术学院南山校区：围绕开敞庭院、敞廊组织选择型空间的南方建筑

3.3.3　合理设置调节微气候的过滤性空间

在公共建筑中有一类特殊的建筑空间，多为开敞的非主要功能性空间，其对建筑内外能量流动起着至关重要的作用，这类具有微气候调节作用的开敞空间可称之为气候过滤性空间。过滤性空间可结合外部环境条件以及内部功能组织方式布置在公共建筑的不同部位，并与其他功能空间有机融合，共同完成建筑内部能量传递。过滤性空间可阻挡控制外部不利的气候环境因素，引导收集有利的环境气候因素，与人工设备共同发挥调节室内气候的作用。公共建筑中"能量流"的流动方式不尽相同，根据过滤性空间对于内部微气候的调节及处理方式，可分为水平穿越式、垂直缓冲式、核心引导式三种[7]（表3-18）。

1）水平穿越式空间

穿越式建筑空间利用自然气候环境因素，在水平方向上实现"能量流"在建筑内外的穿越与贯通。在公共建筑中，该类空间往往以循环贯通的交通空间或廊道空间的形式存在，其不仅承载着疏导、集散人流和组织交通的作用，其组织设计策略对提高建筑的气候适应性也具有重要作用。穿越式建筑空间通过联系紧密的建筑界面实现内部空间与外部环境的能量交换，进入建筑内部的外界环境能量则通过交通空间带动周边功能空间的能量流动。除了在建筑平面上发挥作用外，这类空间通常与竖向通高空间结合，共同构建立体空间系统，在不同方向形成贯通的穿堂风，为内部功能空间提供良好的自然通风和采光，干热地区的凉廊、湿热地区的冷巷和天井都是此类空间的代表。与北方的开阔场院不同，南方幽深的天井拥有自然通风与自遮阳双重功能，为建筑引入柔和的漫射光，同时有利于增强热压，带动室内通风。

2）垂直缓冲式空间

垂直缓冲式空间强调以竖向空间作为建筑主要使用空间与室外气候之间的阻隔或缓冲。在公共建筑中多以具有缓冲作用的边庭、井道或外围护

7　李钢, 项秉仁. 建筑腔体的类型学研究 [J]. 建筑学报, 2006(11): 18–21.

表 3-18　过滤型空间类型

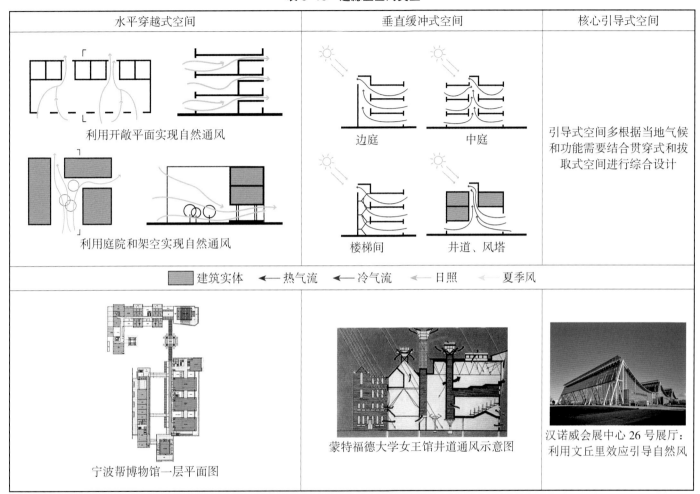

水平穿越式空间	垂直缓冲式空间	核心引导式空间
利用开敞平面实现自然通风 利用庭院和架空实现自然通风	边庭　中庭 楼梯间　井道、风塔	引导式空间多根据当地气候和功能需要结合贯穿式和拔取式空间进行综合设计

建筑实体　◀— 热气流　◀— 冷气流　◀— 日照　◀— 夏季风

宁波帮博物馆一层平面图　　蒙特福德大学女王馆井道通风示意图　　汉诺威会展中心 26 号展厅：利用文丘里效应引导自然风

界面空气间层等空间形式来抵御外部气候中的不利因素，起到对主要功能空间的保护或缓冲作用。对温湿度等气候指标要求较宽泛的垂直空间通常可以用作建筑的屏障，或自然气候与建筑内部之间的缓冲空间，通过空间形态的设计操作，选择利用有利气候因素，同时规避不利因素的影响。这种垂直缓冲式空间也可与水平向缓冲空间相结合，综合布置在建筑的四向外围、屋面或地面层，不仅可有效调节气候，也起到防尘、隔污、减噪的作用。在炎热地区，设置南向垂直缓冲空间可防止过量热辐射；在严寒地区，北向布置垂直缓冲空间可抵挡冷风渗透，降低内部使用空间与室外环境的热交换。例如哈尔滨工业大学建筑设计研究院科研办公楼，在室内设置缓冲阳光中庭，不但利用公共空间缓解冬季冷风对办公空间的侵袭，也通过全面开放中庭界面使办公空间接受太阳光的面积达到了最大化[8]。

3）核心引导式空间

核心引导式空间是指能够引导和调节自然气候要素，通过自然做功实现建筑内外能量交换的核心空间。公共建筑中适宜的中庭、导光井道、拔风井道等都可能是这种具有气候引导作用的核心空间。以中庭为例，其通透贯穿的空间特点对建筑的整体性能产生重要的影响。中庭作为建筑内能量组织的核心，过滤室外不利的环境因素，选择自然光、自然通风等有利因素进行集中利用，起到降低建筑能耗，为使用者提供感官、精神上的愉悦作用。结合中庭空间合理排布功能，组织交通流线，相邻的建筑空间既可以利用中庭实现自然采光，也可以通过在中庭顶部或者四周开窗所形成的热压增强自然通风。风塔、捕风楼梯、采光井等井道空间也是公共建筑中常用的引导式空间。值得注意的是，核心引导空间在不同的气候区有着不同的针对性举措，在不同的时间维度也可能要权宜应变，并联系其他功能空间加以统筹设计。

8　王墨晗，梅洪元．基于原真性思想的当代寒地建筑设计策略探析 [J]．建筑学报，2015(S1): 208–211.

3.3.4　基于需求应对气候要素的空间形态组织

1）针对风环境的空间应对

对建筑室内风环境而言，在满足不同功能需求及使用流线的同时，空间组织的合理性内涵应包括室内气流的畅通[9]。依据空间的使用属性，针对风环境的空间设计可分为抵御自然风、引入自然风及疏导自然风。要针对风环境的不同需求，利用不同空间相互间的组织关系以及空间自身的形态设计达到设计目标（表3-19）。严寒地区和寒冷地区的建筑要抵御冬季冷风渗透以利保温，在风速较大的区域，需要对气流进行适度遮挡以减小风速；除冬夏极端气候时节外，建筑应尽量利用自然风形成穿堂风，保证人的体感舒适度。当公共建筑对自然风持抵御态度时，通常北向以交通核、设备空间等服务性房间为主，南侧空间则相对通畅，以避免冬季冷风渗透，保持室内热量。当公共建筑对自然风持引入态度时，应合理布置内部功能、建筑开口、隔墙以利形成内部穿堂风；利用高敞空间（如楼梯间或具有实际功能的高大房间等）的高侧窗作为出风口。在大体量公共建筑中，或室外自然风环境不稳定的情况下，热压通风对高大空间的通风具有更高效率[10]，在剖面设计中，可结合功能需求设置中庭或通风塔，以利于形成稳定的热压通风。

2）针对光环境的空间应对

依据空间的使用属性，应对自然光环境的空间设计可分为抵御强自然光、引入自然光和调节自然光三类。不同空间的自然光需求不同，也要通过各类空间相互间的组织关系以及空间自身的形态设计达到设计目标（表3-20）。当公共建筑对自然光持抵御态度时，可采用层层内退的剖面形式，利用建筑的自遮挡来抵御自然光；陈列室、画室等应避免直射光的空间不宜布置在开较大窗的南侧方向。与人工照明相比，除特殊使用功能外，建筑设计应优先选择利用自然光，以自然光影使建筑内部产生明暗变化，满

足人对自然光的心理和生理需求。当公共建筑对自然光持引入态度时，可利用侧窗、中庭等方式引入自然光。当公共建筑对自然光持加强态度时，除了采取必要构造措施外，也可通过设置反光板等人工设备的方式实现。

表 3-19 针对风环境的空间差异化应对

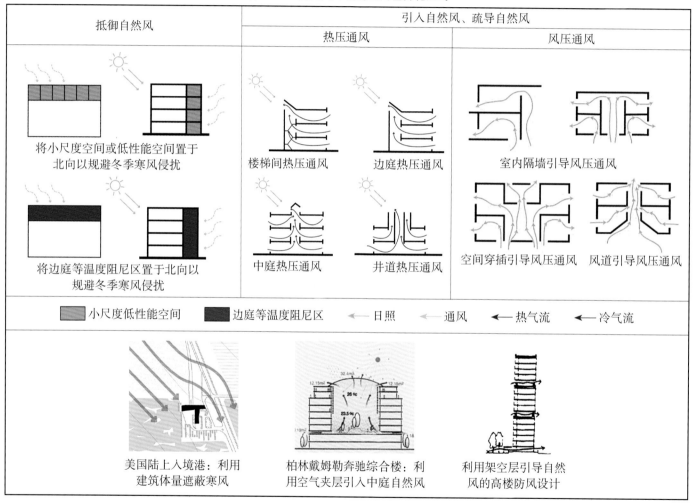

抵御自然风	引入自然风、疏导自然风	
	热压通风	风压通风
将小尺度空间或低性能空间置于北向以规避冬季寒风侵扰	楼梯间热压通风　边庭热压通风	室内隔墙引导风压通风
将边庭等温度阻尼区置于北向以规避冬季寒风侵扰	中庭热压通风　井道热压通风	空间穿插引导风压通风　风道引导风压通风

小尺度低性能空间　边庭等温度阻尼区　← 日照　← 通风　← 热气流　← 冷气流

美国陆上入境港：利用建筑体量遮蔽寒风　柏林戴姆勒奔驰综合楼：利用空气夹层引入中庭自然风　利用架空层引导自然风的高楼防风设计

表 3-20 针对光环境的空间差异性应对

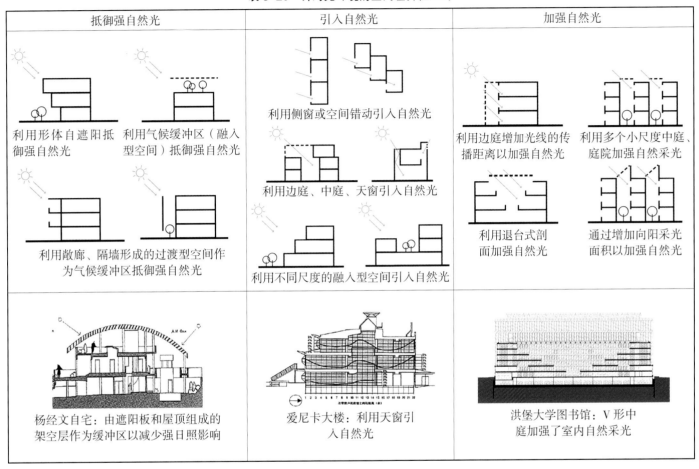

抵御强自然光	引入自然光	加强自然光
利用形体自遮阳抵御强自然光　利用气候缓冲区（融入型空间）抵御强自然光	利用侧窗或空间错动引入自然光	利用边庭增加光线的传播距离以加强自然光　利用多个小尺度中庭、庭院加强自然采光
	利用边庭、中庭、天窗引入自然光	
利用敞廊、隔墙形成的过渡型空间作为气候缓冲区抵御强自然光	利用不同尺度的融入型空间引入自然光	利用退台式剖面加强自然光　通过增加向阳采光面积以加强自然光
杨经文自宅：由遮阳板和屋顶组成的架空层作为缓冲区以减少强日照影响	爱尼卡大楼：利用天窗引入自然光	洪堡大学图书馆：V形中庭加强了室内自然采光

3）针对热环境的空间应对

依据空间的使用属性，应对热环境的空间设计可以分为抵御强热辐射、利用热辐射和储存辐射热量三类，不同空间的热需求不同，同样要通过各类空间相互间的组织关系以及空间自身的形态设计达到设计目标（表3-21）。对于太阳辐射热的处理，一般严寒和寒冷地区的公共建筑考虑利用、储存热辐射以满足冬季保温需求，而在夏热冬冷、炎热地区，则需要考虑抵御热辐射以利夏季隔热。此外，还需依据热需求对公共建筑空间进行分区，公共聚集性活动空间等对热舒适性要求较高的空间可布置于南侧或者东南侧，而对热量要求较低的空间则可布置于热量较易流失的北侧。当公共建筑对太阳热辐射持抵御态度时，可在抵御热辐射方向设置对于温度波动无特殊要求的热缓冲区，这类空间可以是楼梯间、卫生间等辅助空间；也可充分利用地下空间，将部分建筑空间置于地下或者半地下，局部隐形以抵御热辐射。当公共建筑对热辐射持利用、储存的态度时，一方面进深较大的公共建筑会采用阶梯状剖面或者沿进深方向交错布置房间以获取更多辐射热，同时利用高大建筑空间的高度为周围小空间带来辐射热；合理布置阳光房位置也是集热蓄热的重要举措。

4）面向综合性能的整体空间形态组织

公共建筑中的各类空间对不同气候要素的要求往往是综合的，可能同向叠加也可能反向矛盾，需要系统分析、梳理这类综合性需求，通过综合权衡的空间组织关系和合理形态设计达到气候调节目标。空间的区位组织，为风、光、热等气候要素的针对性利用与控制建立了基础。同向叠加的空间组织一般有四种：风+光，光+热，风+热，风+光+热；反向矛盾的空间组织往往以风-光，光-热，风-热为主，其设计需要结合具体场地环境和使用功能综合考量。以下试举两例：

中国建筑设计研究院创新科研示范中心地处我国寒冷气候区，除满足普通性能空间的采光需求外，如何在夏季疏导自然风并防止西晒，在冬季防止冷风渗透并尽量争取辐射热是设计所面临的现实问题，建筑师将顺应自然、响应气候的态度贯穿设计全过程。在空间形态组织上，核心筒及相关辅助空间被置于西侧，作为气候缓冲层阻挡西北向冬季风，并有效防止西晒；办公空间等对采光、通风需求较高的普通性能空间置于东南侧，通

表 3-21　针对热环境的空间差异性应对

抵御强热辐射	利用、储存热辐射	

利用地下或半地下空间抵抗强热辐射

除利用地下空间外，抵抗强热辐射的空间组织方法与抵抗强自然光的方法类似，均需利用气候缓冲区

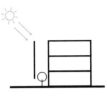

对热舒适性要求高的空间布置在建筑南侧或东侧

利用边庭利用、储存热辐射

利用中庭利用、储存热辐射

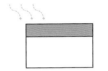

对热舒适要求低的空间布置在建筑西北部，也可阻挡冬季风侵袭

利用、储存热辐射的空间组织方法与引入、加强自然光的组织方法类似，可借助过滤型空间和融入型空间组

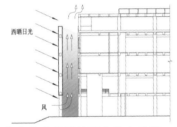

清华大学建筑设计研究院办公楼：利用防晒墙和建筑间的腔体抵抗强辐射

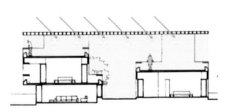

利用梯形剖面获得更多冬季日照

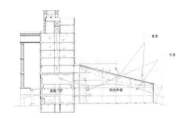

哈尔滨工业大学二校区主楼：利用阳光中庭储存热量

图 3-3 深圳建科大楼外观

过减少隔墙、隔断以加强、疏导自然风；模型室、会议室等对采光需求不高的空间则置于平面中心，以退台形式布置在北向的连续中庭，起到有效组织建筑内部空间、增强能量循环、畅通风流动的作用；屋顶花园、篮球场等休闲运动空间被置于屋顶。上述措施综合体现了合理调节气候环境的绿色理念（表 3-22）。

深圳建科大楼（图 3-3）地处我国夏热冬暖地区，需要面对夏季防热和自然通风需求，而无须考虑冬季保温和防风，其"平衡、时空、系统"的绿色技术哲学观，"本土、低耗、精细化"的绿色技术指导原则对于绿色建筑空间的塑造起着决定性作用。由于进深较大，为获得充足的自然光，建科大楼通过东向凹口将平面分为南北两部分，进深均控制在 15 m 以内，由此获得三面自然采光；同时，夏季东南风通过凹口进入建筑内部，整体实现自然通风。建科大楼内的交通、休闲等公共空间多以室外空间形式存在，避免了人工环境所产生的巨大建筑能耗，增加了与外界自然的接触，为使用者创造了优良的心理及生理环境（表 3-23）。

表 3-22　针对风 + 光的环境的空间组织

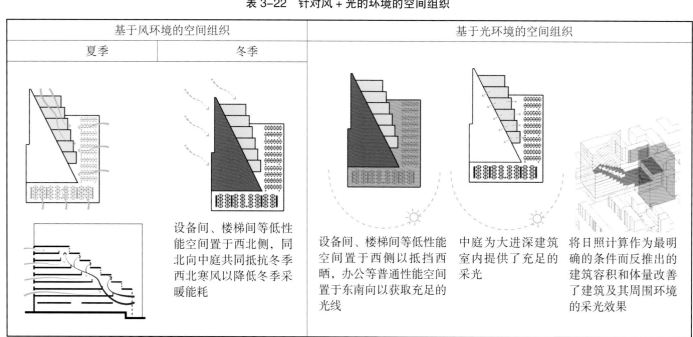

表 3-23　针对风 + 光 + 热的环境的空间组织

基于风环境的空间组织	基于光环境的空间组织	基于热环境的空间组织
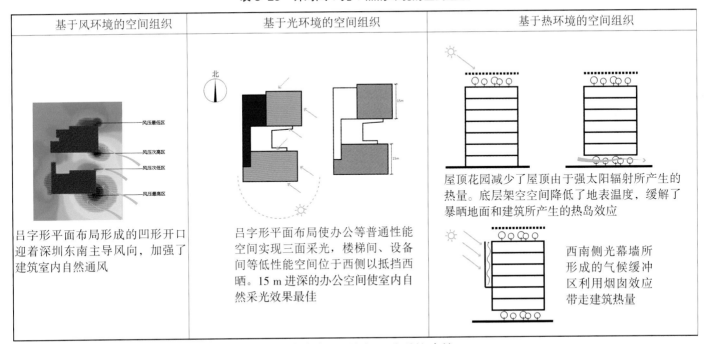		
吕字形平面布局形成的凹形开口迎着深圳东南主导风向,加强了建筑室内自然通风	吕字形平面布局使办公等普通性能空间实现三面采光,楼梯间、设备间等低性能空间位于西侧以抵挡西晒。15 m 进深的办公空间使室内自然采光效果最佳	屋顶花园减少了屋顶由于强太阳辐射所产生的热量。底层架空空间降低了地表温度,缓解了暴晒地面和建筑所产生的热岛效应 西南侧光幕墙所形成的气候缓冲区利用烟囱效应带走建筑热量

　　综合以上各种建筑空间组织策略,可以在各气候区形成一系列的建筑空间组织设计手段(表 3-24 ~ 表 3-31)。

表 3-24　通过走廊组织的建筑空间组织方式

严寒地区	寒冷地区	夏热冬冷地区	夏热冬暖地区

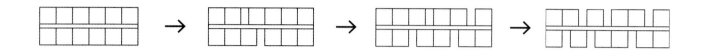

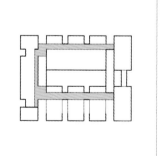

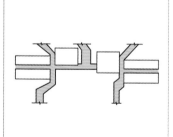

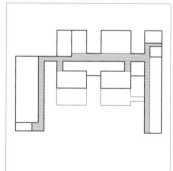

怀特 (White) 建筑师事务所办公楼
斯德哥尔摩，瑞典

韩美林艺术馆
北京，中国

萧山临江科技文化中心
杭州，中国

从化图书馆
广州，中国

表 3-25　通过厅堂组织的建筑空间组织方式

严寒地区	寒冷地区	夏热冬冷地区	夏热冬暖地区

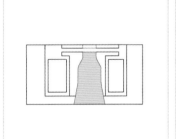 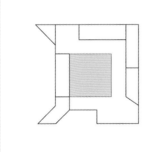  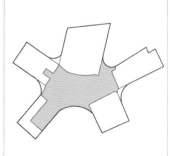

丹麦皇家图书馆
哥本哈根，丹麦

中建新塘展示中心
天津，中国

宁波城市规划展览馆
宁波，中国

南沙青少年宫
广州，中国

表 3-26　通过内院组织的建筑空间组织方式

严寒地区	寒冷地区	夏热冬冷地区	夏热冬暖地区

Brattørkaia 发电能源大楼
特隆赫姆，挪威

清华大学图书馆北楼
北京，中国

南京华为研发中心
南京，中国

留仙洞万科云设计公社
深圳，中国

表 3-27 不同气候区内院进深变化趋势

严寒地区	寒冷地区	夏热冬冷地区	夏热冬暖地区

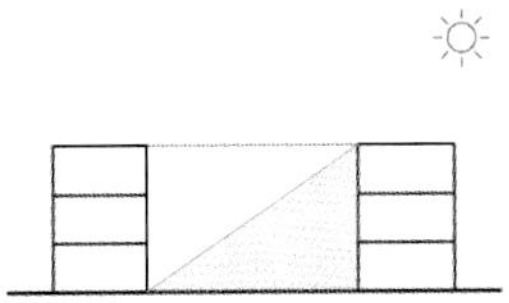

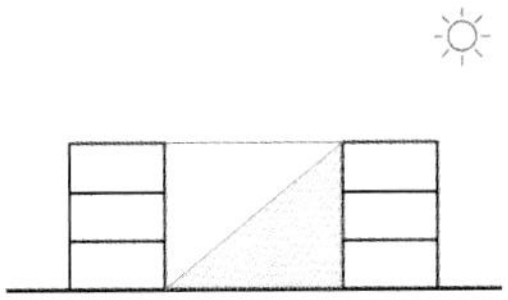

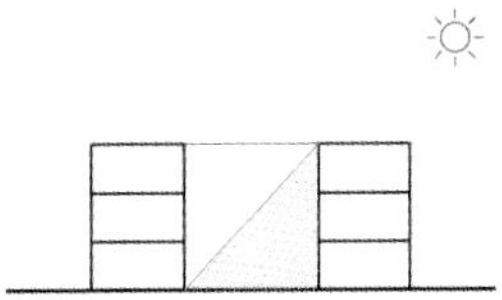

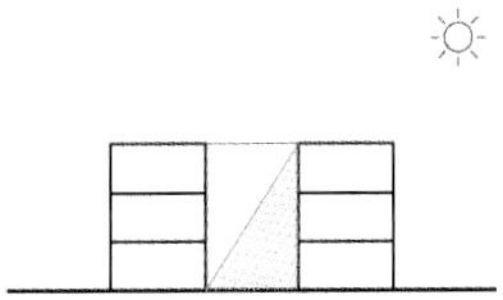

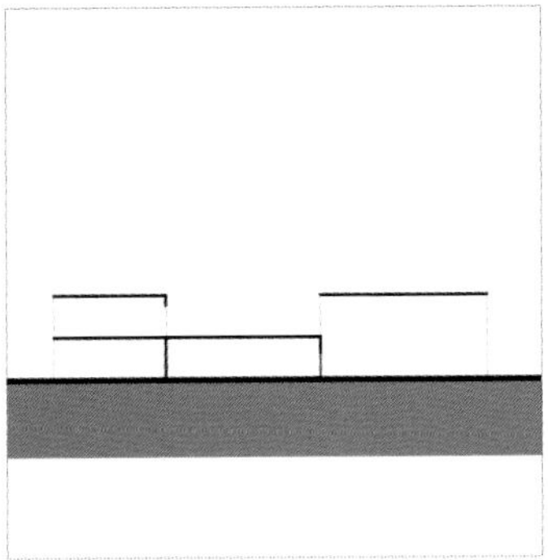

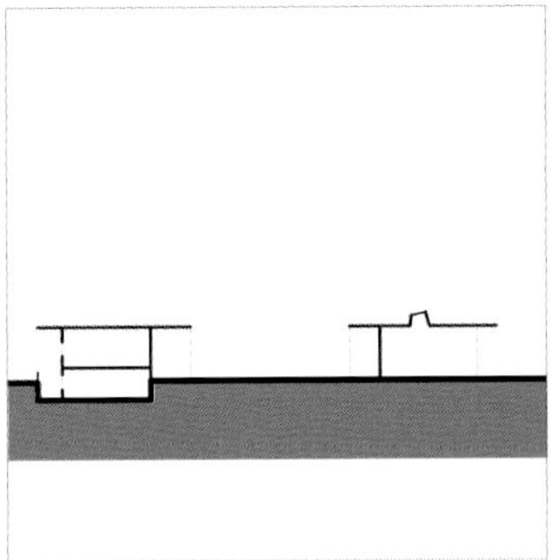

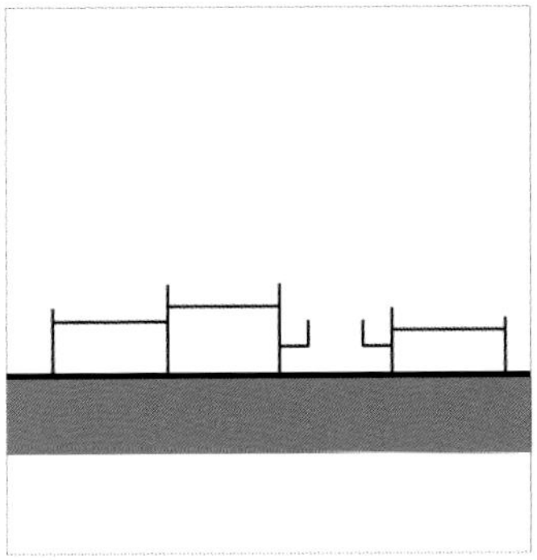

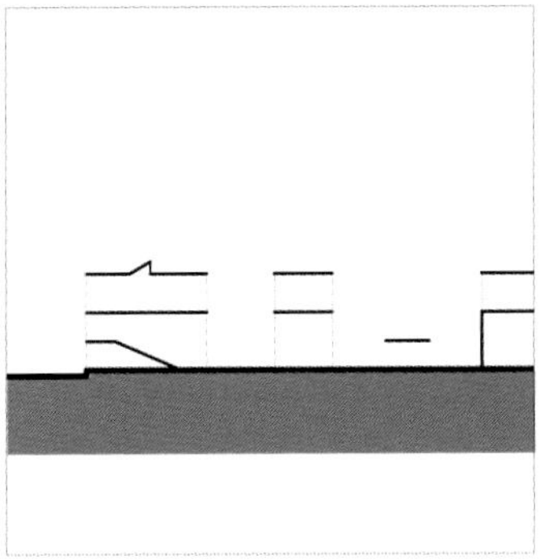

通快公司波兰技术中心
华沙，波兰

歌华营地体验中心
秦皇岛，中国

良渚博物馆
杭州，中国

南方科技大学图书馆
深圳，中国

表 3-28　不同气候区楼层组织变化趋势

严寒地区	寒冷地区	夏热冬冷地区	夏热冬暖地区

名座大厦 威海，中国	徐家汇 T20 大厦 上海，中国	华南理工大学广州国际校区实验楼 广州，中国

表 3-29　适应于不同气候的退台与悬挑设计策略

严寒地区	寒冷地区	夏热冬冷地区	夏热冬暖地区

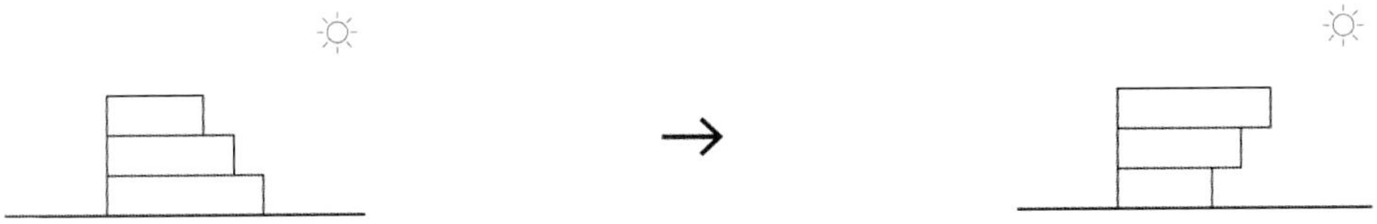

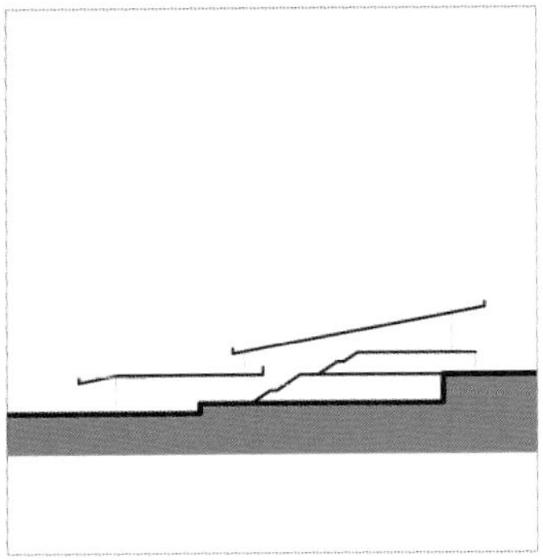

Moesgaard 博物馆
阿尔路斯，丹麦

清华大学中意环境节能楼
北京，中国

华鑫天地产业园办公楼
上海，中国

Inter Crop 办公楼
曼谷，泰国

表 3-30　不同气候区的气候过渡空间设计策略

严寒地区	寒冷地区	夏热冬冷地区	夏热冬暖地区

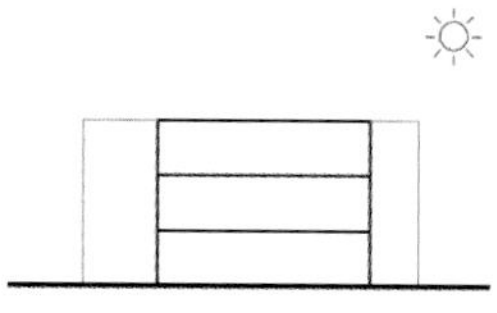

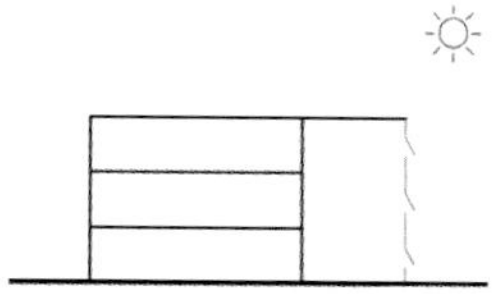

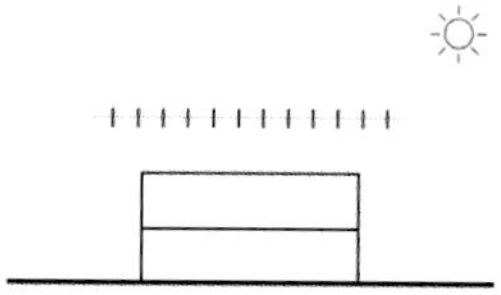

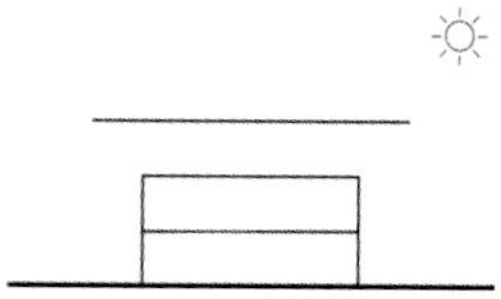

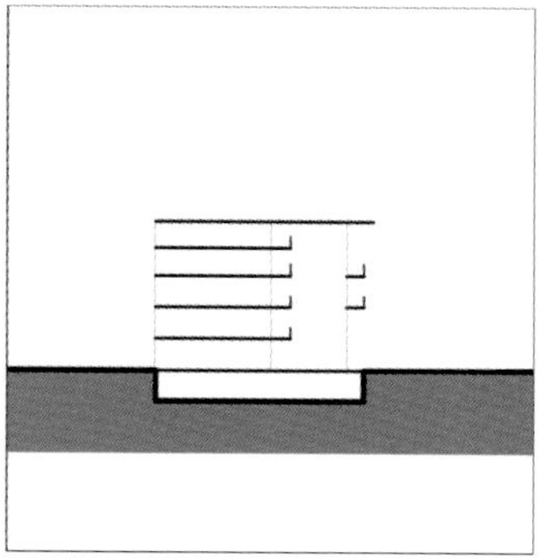

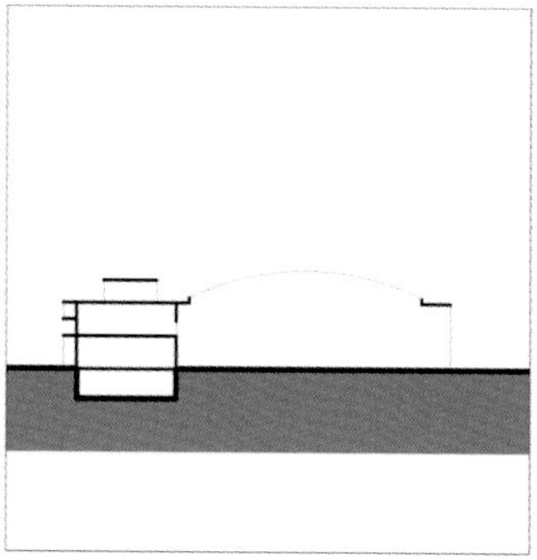

哈西新区办公楼
哈尔滨，中国

北京世界园艺博览会植物馆
北京，中国

中国天府农业博览园主展馆
成都，中国

海口市民游客中心
海口，中国

表 3-31　不同气候区中庭与内院的设计策略

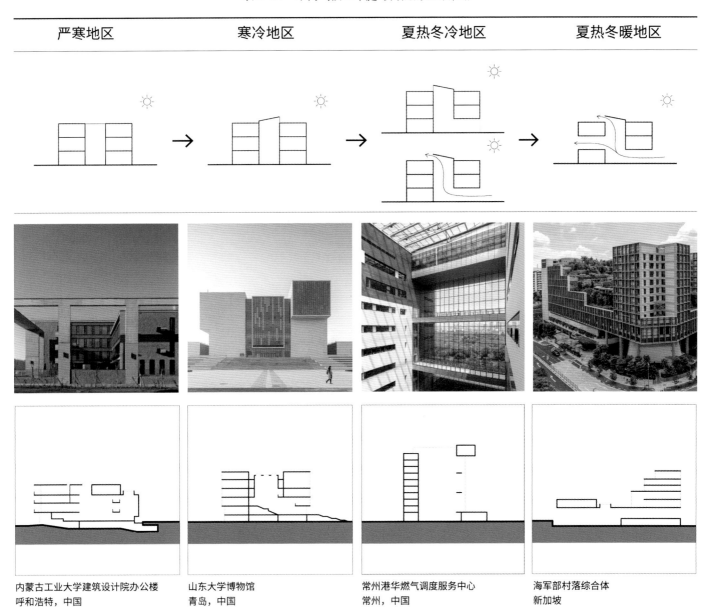

严寒地区	寒冷地区	夏热冬冷地区	夏热冬暖地区
内蒙古工业大学建筑设计院办公楼 呼和浩特，中国	山东大学博物馆 青岛，中国	常州港华燃气调度服务中心 常州，中国	海军部村落综合体 新加坡

3.4 因时而变的气候适应型空间组织

　　建筑因人的生理和行为需求，在室内外创造局部的气候可控场所。建筑是生活的容器，也是自然气候的调节器。这种气候调节机制首先在于其基本空间形态所奠定的基础。现代以来，建筑内部空间形态组织主要基于功能的分类组织和空间艺术的创意，对气候及能耗的关联思考有所不足。如果要实现绿色建筑"全空间、全时间"的整体调控[11]，就需以更敏锐、更精细、更灵活的方式驾驭建筑空间形态组织的气候应对及其调适机制。自然气候的变化表现在空间和时间两个维度，绿色建筑设计中时常需要面对因时间差异而导致的矛盾；建筑空间的使用功能及其实现方式也处于不同程度的调整变化之中。建筑设计，尤其是多样嬗变的公共建筑，其空间形态的组织设计应适应自然气候和使用功能的时间动态性，从空间与时间的动态关联中，建构性能、气候、能耗之间的调节机制。绿色建筑的空间形态设计不仅限于共时性的气候适应措施，还应以更加积极开放的姿态纳入时间变量，发掘和展现更多"因时而变"的可能性和创造性。应对上述问题，既有的绿色设计研究主要关注于建筑围护界面的气候适应性，其中部分研究涉及与空间问题局部相关的多层表皮或"腔体"，总体上看比较局限于静态的物质和设备节能。从时间变化维度探讨绿色空间组织设计议题，尚有待开拓和深化。

3.4.1 时间维度的影响因素

　1）自然气候的时态变化
　　自然气候不仅具有共时性的区域差异，也具有时间向度的宏观周期性和微观的可变性。春夏秋冬，昼夜循环，不同的气候区呈现出季节和昼夜间气候诸要素的不同量性状态，季节和昼夜间的气候差值的变化幅度也有

11　江亿, 燕达. 什么是真正的建筑节能？[J]. 建设科技, 2011(11): 15–23.

明显差异。例如，冬冷夏热地区与气候温和地区的季节极端气候差值和昼夜气候差值都有很大的变化幅度，不同场地微气候的差异进一步加剧了其变化的复杂性。瞬间的阴晴风雨是气候微观变化的另一种体现。这种时间维度的气候差异决定了建筑调节气候性能的动态性特征。换言之，气候处于动态变化的过程之中，于此相适应的建筑形态也须随之具有动态可变的机制和策略。可变的形态设计策略在很大程度上决定了特定空间性能与自然气候之间的调节关系，也由此影响建筑的总体能耗。

2）建筑使用功能的动态变化

尽管一般建设项目都有其特定的功能预期目标，建筑空间的组织设计总体上将按照功能使用要求进行，但建筑的实际使用状态都具有不同程度的动态性。这种动态性通常表现为多样的时态特征：同一个空间在不同的时间承担不同的使用功能，例如许多公共建筑中的多功能厅；同一种功能空间在不同的时间段承载的使用人群规模具有明显的差异性，例如一般性办公空间在夜间下班后基本空置，而许多商业服务类建筑恰恰在休息日和傍晚后一段时间才达到人流高峰；同一类功能也会因观念或条件的变化而呈现为不同的行为方式，例如封闭式的传统观演空间有可能转变为开放式的形态。这些功能使用行为在时间维度上的多样差异，其中许多具有周期性规律，有些则是随机的、间隙性的。关于空间功能的动态性讨论由来已久。现代主义设计中的"通用空间"及结构主义提出的弹性空间[12]，主要是针对空间与功能的形式议题。建筑功能的动态性客观上导致功能空间、气候性能和建筑能耗之间的具体关联特征必然发生不同程度的变化。

3.4.2 建筑空间形态因时而变的策略

自然气候是建筑存在的前提性背景条件。一般而言，公共建筑的功能动态性比其他建筑类型更强。气候的时律差异、建筑功能和行为差异，及其相互间的关联耦合，客观上提出了建筑气候适应性设计中因时而变的命题。对此，既有的研究主要集中于设备技术的选用和建筑围护界面的技术

12　赫兹伯格 . 建筑学教程：设计原理 [M]. 天津：天津大学出版社 , 2003.

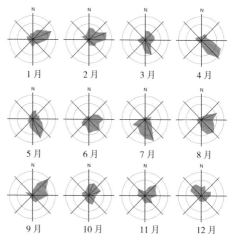

图 3-4　南京市域逐月风玫瑰图（1981—2010）

标准等[13]，而形体空间组织设计的时态适应性实则是更为重要的前提性基础。依循上述动因的不同，设计首先需要充分掌握不同地区气候的时态差异特征，继而从空间的分类与组织上提供适应性变化的举措。

1）自然气候的时态细分

许多建筑的气候适应性设计都是基于地方的年气候参数而展开的。值得注意的是仅仅依据年均气候参数未必能推导出恰当的气候适应性设计结果。就建筑的风环境而言，常年风玫瑰图未必能为适合采用自然通风的时节提供有效的风向信息（图 3-4）；同时，地区或城市风玫瑰图并不能准确反映建筑场地周边建成环境的风环境。因此具体的气候适应性设计需要掌握具体时节及微观场地的气候参数。从自然气候温度看，在不同气候区域，适宜的逐月温度分布是不均衡的。建筑设计对室外自然气温的利用就需要掌握相应的适宜时节信息。一般说来，利用自然通风降温的适宜室外温度范围是 10℃ ~26℃，如使用吊扇等小型机械辅助自然通风，则室外气温上限值可提高至 30℃。我国亚热带季风气候区主要大城市自然气温的适宜范围基本集中在 3 月到 5 月以及 9 月到 11 月两个区间（表 3-32）。对北亚热带（夏热冬冷）地区，春秋过渡季节是室内自然通风的最佳时节；在南亚热带（夏热冬暖）地区，冬季和过渡季月份的温度适合室内自然通风；而在温和地区，除较短的冬季，大部分时节都适合室内自然通风。由此可见，适宜室内自然通风的时节应根据所在城市和地段具体判断，而不能以"冬季防风、夏季采风"一概而论。就日照而言，不同季节和昼夜时态下的阳光入射方位始终是变化的。建筑对太阳辐射的需求则与气温的时态变化密切相关，冬季需要更多阳光，夏季却需要遮阳。不同季节对日照的吸纳或排斥与风、热环境的调节处理相互干预，形成了各气候要素调节措施在不同时间状态下或一致或矛盾的复杂状况。一些寒冷地区（如北京）在夏季同样需要遮阳；一些夏热冬暖地区在 1—5 月和 10—12 月期间需要良好的自然通风，但在 6—9 月的夏季却因空调制冷的需求而不得不排斥自然通风；夏热冬冷地区的绿建设计则更应侧重于化解两个极端气候之间的矛盾，探索随时节而变的动态调节策略和技术。对自然气候的时态细分是分析掌握其适应性调节设计所面对的条件及其矛盾的前提性工作环节。

13　钱晓倩, 朱耀台. 基于间歇式分室用能特点下建筑耗能的基础研究 [J]. 土木工程学报,2010(S2):392–399.

表 3-32　我国亚热带季风气候区主要城市常年逐月平均温度（1981—2010）（℃）

城市	1 月	2 月	3 月	4 月	5 月	6 月	7 月	8 月	9 月	10 月	11 月	12 月
南京	2.7	5.0	9.3	15.6	21.1	24.8	28.1	27.6	23.3	17.6	10.9	4.9
上海	4.8	6.3	9.8	15.3	20.6	24.4	28.6	28.3	24.6	19.5	13.5	7.3
杭州	4.6	6.4	10.3	16.2	21.4	24.7	28.9	28.2	24.0	18.8	12.9	7.0
武汉	4.0	6.6	10.9	17.4	22.6	26.2	29.1	28.4	24.1	18.2	11.9	6.2
重庆	7.9	10.0	13.8	18.6	22.6	25.1	28.3	28.3	24.1	18.6	14.2	9.2
长沙	4.9	7.2	11.2	17.4	22.8	25.8	29.2	28.4	23.9	18.4	12.8	7.3
南昌	5.5	7.7	11.4	17.7	22.8	25.9	29.5	28.9	25.1	19.9	13.7	7.9
福州	11.4	12.1	14.3	18.9	23.0	26.4	29.3	28.8	26.6	22.7	18.4	13.8
广州	14.1	16.4	18.9	22.7	26.4	27.9	29.4	29.1	27.9	25.1	20.2	15.6
南宁	12.9	14.5	17.6	22.5	25.9	27.9	28.4	28.3	26.8	23.6	19.0	14.7
昆明	8.9	10.9	14.1	17.3	19.2	20.3	20.2	19.9	18.3	16.0	12.1	9.0
贵阳	3.9	6.9	10.7	15.3	18.8	21.0	23.0	22.5	20.2	15.4	11.0	5.9

2）空间能耗分类的动态性与"可变能耗空间"运用

　　基于气候、空间和能耗的关联方式和程度，使用空间因其不同功能而产生气候性能的要素差异和等级差异。据此，可区分出"低能耗空间、普通能耗空间、高能耗空间"三种空间，以此对绿色建筑的空间形态组织进行能耗分类。在此基础上，加入时间维度的变化因素，包括气候变化和使用活动的变化，就会发现这三类空间有着随时态而发生相互转化的可能性。例如常见的办公空间是典型的普通能耗空间，在冬冷夏热地区，其冬夏季因供暖和空调而产生相对较高的能耗，而春秋两季，则可通过自然通风而成为相对的低能耗空间。可见建筑空间的能耗分类具有动态性。"可变能耗空间"概念的提出，其意义是在建筑空间的分隔或组合设计中应时态变化，动态地调节气候，以达到总体压缩用能空间和用能时间的目的。

　　日本某社区中心的"百变空间"设计充分展现出多功能灵活使用的特点（图 3-5）[14]。其底层外围护界面打开时，可与室外空间连通使用，使室内普通能耗空间转化为敞厅式的低能耗空间。室内灵活隔断更支持了使用功能上的灵活多变。顶部结构与设备的集成布置为空间的灵活性提供了基础，但结构和设备占据的顶部空间始终是连通的，仍无法灵活划分不同的

14　参见 https://www.gooood.cn/substrate-factory-ayase-by-aki-hamada-architects.htm。

a1 一层围合状态

a2 一层开放状态

b1 二层围合状态

b2 二层开放状态

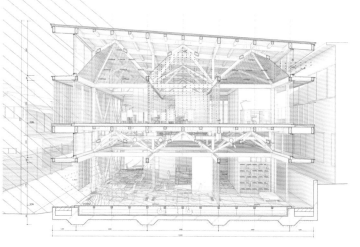
c 剖面图

图 3-5 百变空间—工厂改造的多功能社区中心，日本 Aki Hamada Architects 设计

能耗空间。鉴于此，此类可变空间设计仍有继续探讨的潜力[15]。

　　一般而言，影剧院中的观众厅和舞台、博物馆中的展厅和藏库、音乐厅或展演厅等厅堂空间常采用封闭的室内空间，以创造可控的高标准人工气候环境，是典型的高能耗空间。而当代一些新型功能策划正试图打破这种封闭性，通过更多的动态开放提升空间使用频率，从而避免这类单一功能空间因大量闲置所造成的资源浪费。舞台或观演厅采用可开启界面，或是通过界面性能和透明度的变化，适应厅堂空间的多功能转换利用，从而使原来的高能耗空间转换为普通能耗空间甚至是低能耗空间（表 3-33）。对于公共建筑中大量的普通能耗空间，同样可以利用界面的变化，应对不同的使用方式，使其转换为低能耗空间。

　　根据气候在时间维度上的变化或使用功能的应时性变化，拓展可变耗空间的运用，是促进空间能效提升的有效途径。如表 3-33 中的阳光房案例，阳光房与活动空间紧邻布置，展现了严寒地区适应昼夜变化的空间组织策略。阳光房日间受阳加热，与主空间连通，共同作为主要活动空间，

15　此案例借鉴了日本传统"书院造"中的"障子"，是一种灵活空间分隔。但在"书院造"中，上部多为水平的天花吊顶，"障子"在灵活分隔空间的同时也实现了灵活的气候分隔。

表 3-33　可变能耗空间的类型示例

可变能耗的区间分类	案例		实现可变的方式
高能耗空间与普通能耗空间之间的可变	案例 1. 多功能展演大厅，法国，CoCo Architecture 设计		可变的外围护界面，应对使用方式及能耗需求的变化
	推开展演厅的吸音不透光墙面，露出可开启的玻璃幕墙	平面图解	
普通能耗空间与低能耗空间之间的可变	案例 2. GEEMU 积木酒店，阳朔，梓集建筑设计		外围护界面与内部空间分隔的开合状态均可变化
	可全部打开的玻璃推拉门与可移动的内部隔墙	平面图解	
	案例 3. 阳光房		内部空间分隔方式的变化
	阳光房与活动空间可分可合	剖面图解	

可变能耗的区间分类	案例	实现可变的方式
高能耗空间与低能耗空间之间的可变	案例 4. Musis Sacrum 音乐厅改扩建，荷兰，van Dongen–Koschuch 设计 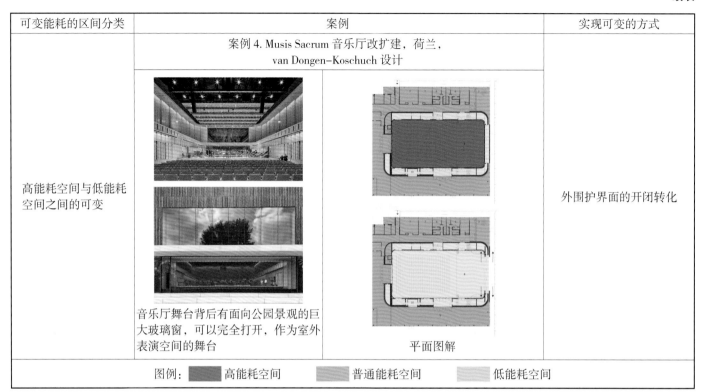 音乐厅舞台背后有面向公园景观的巨大玻璃窗，可以完全打开，作为室外表演空间的舞台 ／ 平面图解	外围护界面的开闭转化
图例： ■ 高能耗空间　　■ 普通能耗空间　　■ 低能耗空间		

使这种普通能耗空间利用日照降低了空间能耗；夜间用隔断与主要活动空间分开，成为无须供暖的低能耗空间。这一方法看似简单，却显示出可变能耗空间与不变能耗空间相互组合的潜力。再如阳朔积木 GEEMU 酒店设计，针对南方湿热气候，采取"紧凑的固定服务空间 + 灵活可变的大空间"方式，通过多重气候边界的灵活划分与组合方式，应对景区酒店游客高峰与低谷的变化，不仅提升了使用效率，也实现了该建筑用能空间和用能时间的整体压缩[16]。该案例对建筑设计中基于分时用能的空间组织方法同样具有启示性。

16　参见谷德设计网 https://www.gooood.cn/geemu-resort-china-by-fabersociety.htm。

3）基于"分时用能"的空间组织优化

根据时间维度下不同建筑空间的用能状况，从自然气候与使用活动两个变化因素出发，可进一步探讨"分时用能"的绿色设计潜力。从自然气候的历时变化看，不同季节、昼夜、阴晴雨雪意味着分时用能所对应的不同气候时节前提；从建筑空间所容纳的使用功能和活动变化看，可分为长期稳定的耗能空间（如文博库藏室、信息机房、特殊科学实验空间等）、周期循环的耗能空间（如普通教室、日常办公室等）、短期临时性耗能空间等多种状态。一般而言，公共建筑中的大量普通性能空间大都具有周期循环的特点。

公共建筑空间设计中的分时用能与功能分区具有一定关联性。例如，商业综合体中的购物区、餐饮区、影视区等等，这些不同的功能区域因不同的使用时间而带来分时用能的设计潜力，但传统的功能分区组织并不会自动产生分时用能的设计结果。建筑师应把空间能耗分级的概念与分时用能的理念联系起来，展开具有气候适应性的空间组织形态设计。分时用能的理念既包括不同时态下自然能的充分利用，也包括非自然能的有节制使用。

传统地方建筑中不乏这样的先例（表3-34）。中国江南庭院建筑中的"鸳鸯厅"，夏季厅朝北纳凉，冬季厅朝南向阳；西班牙地中海气候区传统建筑中，则有通过上下层分别适用冬夏两季的做法。这些以自然能的利用应对季节变化的传统智慧具有启示意义。

在当代公共建筑空间设计中，应对气候和多元使用活动的变化，可在细分用能时间的基础上，探讨更集约、高效和整合的空间组织方法（表3-34）。比利时的图尔奈（Tournai）小学设计，在基本使用空间相对固定不变的基础上，设置外侧的阳光室和内部的阳光中庭，细分不同季节的空间使用方式[17]。福州五四北泰禾广场，应对商业娱乐活动的时间差异，将电影院和24小时营业的餐饮商铺等，结合交通流线，组织为相对独立紧凑的区域[18]。以空间分区的手法实现分时用能。

17 布朗，德凯.太阳辐射·风·自然光 [M].常志刚，刘毅军，朱宏涛，译.2版.北京：中国建筑工业出版社.2008: 155–157.

18 参见 https://www.gooood.cn/fuzhou-wusibei-thaihot-plaza.htm。

表 3-34　分时用能的设计案例

类型	案例		空间组织方法
应对时节气候变化	案例 1. 留园林泉耆硕馆（鸳鸯厅），苏州（亚热带季风气候）		室内分隔为南北两部分：南边宜冬，北面宜夏
			利用平面朝向南北分区
	剖面	平面	
	案例 2. OE 双层住宅，西班牙，AIXOPLUC Fake Industries Architectural Agonism 设计（地中海气候）		夏季：主要使用一层 冬季：主要使用二层
			利用剖面上下分区
	夏季	冬季	
	案例 3. 图尔奈小学，比利时，Jean Wilfart 设计（温带海洋性气候）		设置外侧阳光室和内部阳光中庭，不同季节选择性使用
			综合利用平、剖面区分边界和内核

类型	案例	空间组织方法
对应使用时段	案例4.五四北泰禾广场，福州，SPARK Architects 设计（亚热带季风气候）	影院（及24小时商铺）与主商场各自形成相对独立的区域
		独立24小时流线及相关线性使用分区

因时而变的建筑空间组织，是绿色建筑空间形态组织设计在时间维度上的延展，展现了重新诠释建筑学本体空间问题的新维度。对自然气候的时律变化的把握是适时性气候调节设计的基本前提。我国现有可获取的时节气候参数普遍有限，已经成为气候适应型建筑设计的主要障碍之一。基于时节变化的气候监测及信息发布需要改变目前的粗放模式，而转向各气候要素信息的精细化分时量化。因时而变的外因在于气候的历时变化，内因则在于建筑使用功能的多样性和动态性特征。公共建筑的空间能耗分类具有动态性，由此而产生的"可变能耗空间"概念在空间形态的组织设计中具有现实的运用价值。因时而变的设计理念最终在设计实践中落实于建筑空间动态组织设计中的分时用能措施。这些措施涉及与空间使用方式相联系的区域划分，并表现为弹性能耗空间形态及界面设计的灵活性与动态性。建筑空间用能的动态性还可拓展到自然能量在不同时间中的储蓄和转化，例如在昼夜自然温差较大的地域和季节，可以通过建筑内外界面开闭状态的调节，经由建筑形体空间的蓄冷或蓄热，实现自然能源在昼夜之间的互惠转换。因时而变的绿色建筑设计具有持续探索的意义和潜力。

项目实例 8——哈尔滨华润万象汇

项目借助原有场地风环境、日照辐射进行模拟，合理规划场地与建筑的位置、空间关系，减少对周边环境的不利影响。建筑建成后较为低矮，建筑形体不会对北侧住宅形成大面积遮挡，同时建筑与北侧原有住宅形成合院空间，能够有效降低冬季冷风渗透作用。基于建筑防寒保温的设计要求，通过设计口部与中庭的缓冲区、北侧缓冲区，组建气候缓冲区体系，减少建筑内部热量散失。针对严寒地区冬季室内外温差较大的问题，在建筑主要入口前设置下沉庭院，避风向阳的下沉庭院空间能够形成一定范围的气候缓冲区，阻挡寒风渗透，降低室内外环境差异。

总建筑面积	133 500 ㎡
建筑设计单位	哈尔滨工业大学建筑设计研究院有限公司
气候分区	严寒地区
功能类型	商场
绿建特色	下沉广场、紧凑体型、矩形平面、走廊组织、内院、中庭

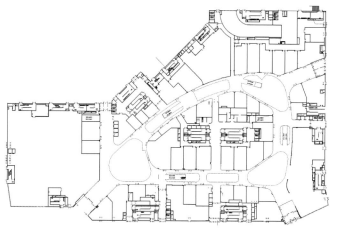

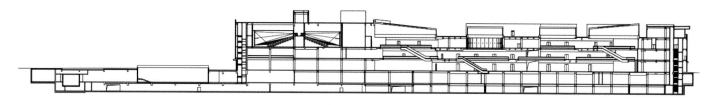

项目实例 9——内蒙古工业大学建筑设计院办公楼

项目场址为方形用地，为了缓冲由街道进入时的紧张感，抽取角部挖出一入口边院作为缓冲，下沉院落也增加入口空间的领域性和归属感。建筑内部空间用中厅将剩余的 L 形平面进行切分，并由此形成三个功能区块。中厅引入阳光，组织通风，形成公共核心，同时增加空间的识别度和场所感，上空以桥体连接三个体量。在地寒冷的气候决定了建筑界面"南虚北实"的基本形态：南侧开大窗，北侧开小窗，这也是当地民间应对气候的一种策略方式。建筑界面也利用太阳高度角的四季变化而采取相应的遮阳措施以及挡风侧墙等方面的在地生态策略。

总建筑面积	5 976 ㎡
建筑设计单位	内蒙古工大建筑设计有限责任公司
气候分区	严寒地区
功能类型	办公楼
绿建特色	下沉庭院、矩形平面、厅堂组织、中庭

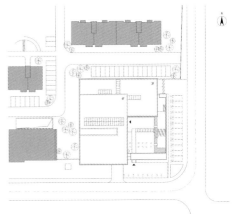

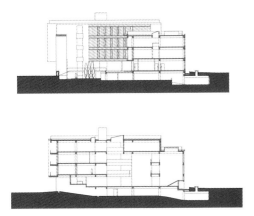

项目实例 10——瑞典怀特建筑师事务所办公楼

  项目采用了高标准的环境要求，维持着低能耗目标。建筑共 5 000 平方米的混凝土楼板充当了蓄热体量，成为建筑室内的温度调节器。白天空气与混凝土的温差激发了楼板的制冷效果；夜间楼板中的热量释放出来，加热较冷的空气。楼板中还浇筑水管并引用临近的哈默比运河的水源，加强建筑的被动式效应。此外，建筑采用循环流动的通风系统，结合"末端压力"原理，出风口无须节气闸，减小了空气压力在管道输送中的能耗损失。

  为了保证对室内温度的有效控制，建筑的外立面上设计了由垂直遮阳幕帘构成的外遮阳系统。内部空间上，建筑备有智能化电气设备，可以根据日光的强度自行调节办公空间的照度，结合高质量的声学设计，创造舒适愉悦的办公环境。

总建筑面积	6 700 ㎡
建筑设计单位	怀特建筑师事务所
气候分区	严寒地区
功能类型	办公楼
绿建特色	矩形平面、走廊组织、气候调节空间、双层表皮

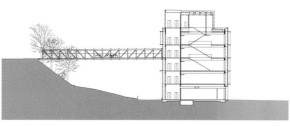

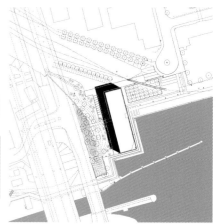

项目实例11——瑞典皇家工学院南校区综合教学楼

　　建筑主要使用自然通风,简单实用。建筑设计与自然通风系统紧密结合,在高度、开窗、开孔和表面设计等上体现功能和形式的整合。新鲜空气从室外庭院引入,并先在建筑地下室的空气预处理房间,进行温度调节和除尘,再通过一排风口进入光庭。建筑的办公室通过设在顶部和底部的通风窗直接面对光庭通风。教室有独立的风道也有面对光庭的通风窗以得到充足的通风。冬季,建筑有特别的系统回收热空气循环使用,楼梯间被当成连接地下层的风道,在地下层回收的热空气与新鲜空气混合后再利用,使得这栋建筑每平方米所需要的能耗只有常规建筑的一半。

总建筑面积	14 000 ㎡
建筑设计单位	TEMA 建筑师事务所
气候分区	严寒地区
功能类型	教学楼
绿建特色	矩形平面、走廊组织、中庭

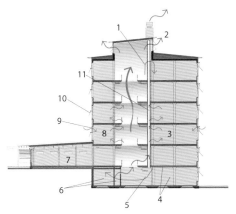

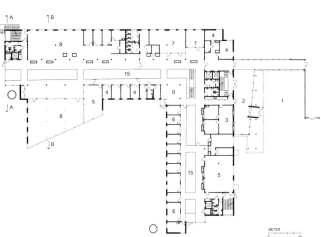

项目实例 12——北京中国建筑设计研究院创新科研示范楼

建筑综合考虑西侧住宅和北侧宿舍等建筑的日照条件以计算形成基本形态。出于能效最优化等多种考虑，建筑顺应形态在各层形成不同平台，改善了传统办公建筑的模式。

建筑内部将大开间办公区占据南向和东向，将服务空间布置在西侧，以减少西晒对使用空间的影响，并在北侧植入顺应平台的中庭空间，充分利用自然采光及通风，极大地降低了过渡季空调与照明能耗需求。建筑立面设计则遵循建筑各个面不同的采光通风需求。结合平面位置和高度因素，将陶板和陶棍组合形成非线性的立面形态趋势。南立面结合遮阳反光百叶设计了垂直攀缘绿化，使建筑在四季的变化中呈现出不同的特征。

总建筑面积	41 434 ㎡
建筑设计单位	中国建筑设计研究院有限公司
气候分区	寒冷地区
功能类型	办公楼
绿建特色	矩形平面、退台、中庭、外遮阳

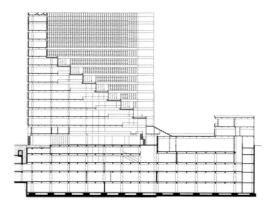

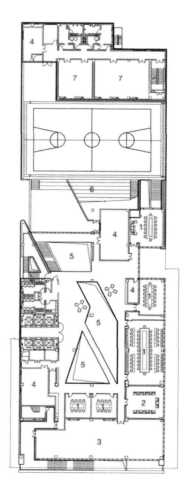

项目实例 13——雄安设计中心

项目以"微介入"原则最大化保留老厂房，实现新旧的共生。有效梳理城市界面环境，形成内聚空间，用现代手法延续中国传统院落空间和集群组合的意念，营造优质的办公环境与氛围。改扩建采用钢结构装配模块化快速建造，空间做到灵活分隔，功能自由转换，未来全部可回收和再循环。利用挑台、连廊、院落引导室外步行活动，形成多种立体化生态交往空间。创新利用室内外过渡空间形成阳光外廊，做到使用节约与节能。建筑也充分利用可再生能源，形成光—电—水—绿—气循环的自平衡。建造石笼围墙和雨水景观池，实现能量循环与所有拆解废物的再利用。

总建筑面积	12 394 ㎡
建筑设计单位	中国建筑设计咨询有限公司绿色建筑设计研究院
气候分区	寒冷地区
功能类型	办公楼
绿建特色	矩形平面、走廊组织、退台、钢结构模块建造、暖廊

项目实例 14——上海新开发银行总部大楼

项目建筑构思用三叶形体量旋转堆叠的手法，塑造银行持续创新的建筑形象。从节能的角度，较小的表面积包裹同等建筑体量，同时减少了建筑角部风荷载。建筑外表皮由采光单元和通风单元间隔组合，保证了整个大楼的均匀采光和通风。采光单元集成了太阳追踪电动遮阳帘，使室内自然光线均匀柔和；通风单元集成了电动开启窗，让每个办公单元都能与自然呼吸，具备特殊疫情下的运营可能。建筑还采用了太阳能光伏发电系统、太阳能热水系统、雨水收集系统等成熟的绿色节能技术；项目局部楼层实验性地采用低压直流供电技术，保证安全用电，减少室内灯光频闪带来的影响。

总建筑面积	126 423 ㎡
建筑设计单位	华东建筑设计研究院有限公司
气候分区	夏热冬冷地区
功能类型	办公楼
绿建特色	紧凑体型、楼层组织、气候过渡空间、遮阳、屋顶绿化

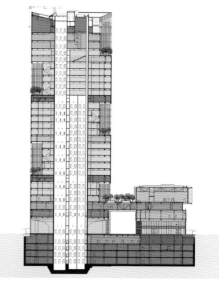

项目实例 15——上海巴士一汽停车库改造——同济大学建筑设计研究院新办公楼

项目改造设计根据当地光照、通风、温度等气候条件选择适宜的绿色技术。改建基本保留了原有的三层混凝土结构，并通过钢结构加建两层作为中小型办公区域。原停车场体量厚实，进深达 75 米，设计拆除老建筑原有的局部楼板，形成两个大的围合庭院及办公单元内的多个采光井，实现自然采光，提升空间品质，更通过其产生的"烟囱效应"有效地促进了室内的自然通风。

在大楼改造设计中加建的锯齿状屋面与多种形式的太阳能光伏板一体化设计，使其获得高效的日照角度。建筑立面则创新地使用了具有一定透光性的非晶硅太阳能光伏板作为遮阳材料。在设备机电方面运用了雨水回收、空调热回收、电力能源管理、照明智能控制等多种节能技术。

总建筑面积	64 522 ㎡
建筑设计单位	同济大学建筑设计研究院（集团）有限公司
气候分区	夏热冬冷地区
功能类型	办公楼
绿建特色	矩形平面、厅堂组织、中庭、内院

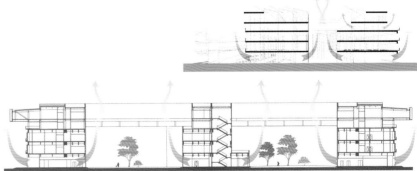

项目实例 16——遂宁宋瓷文化中心

项目平面布局延续原荷塘地形地貌,设置下沉广场并保留微地形变化,增加地面步行系统联系。建筑与城市公园景观融为一体。屋顶步道通过人行天桥和涪江城市公园相连,兼有观景平台的功能。建筑整体呈现绿色、开放的建筑姿态,五个相互内聚的体量创造不同室外中庭与庭院,锥形的形体处理形成了遮雨与遮阳空间,使建筑更好地适应当地夏季炎热多雨、冬季低温少雨的气候环境。各个场馆之间增加的层板与活动平台,提升空间开放性与舒适性。屋面通过变形与错层形成屋顶花园,结合地景设计形成立体的户外空间。

总建筑面积	121 600 ㎡
建筑设计单位	中国建筑设计研究院有限公司
气候分区	夏热冬冷地区
功能类型	展览馆、博物馆、图书馆
绿建特色	自遮阳体型、下沉广场、组合平面、内院组织、气候过渡空间

项目实例 17——常州港华燃气调度服务中心

项目以最大体量适应基地，节约用地。根据建筑内部空间能耗等级的差异性合理组织低性能空间和普通性能空间，降低建筑能耗总量。西侧布置卫生间等低性能空间遮挡冬季西北风和夏季西晒；南北侧布置办公空间等普通性能空间，朝向良好；中庭作为过渡空间，朝向东南，导入阳光和夏季主导风；设置三个可调节边界的花园中庭与边庭，东南侧两个水池，利用水分蒸发增加空气湿度，降低温度。通过中庭可开启天窗、玻璃幕墙底部开窗、花园边庭开窗，在中庭内形成适应不同季节的三种状态，形成对应夏、春秋、冬三种不同能耗机制，充分拓展其融入自然的低能耗空间潜力。

总建筑面积	31 470 ㎡
建筑设计单位	东南大学建筑设计研究院有限公司
气候分区	夏热冬冷地区
功能类型	办公楼
绿建特色	矩形平面、厅堂组织、气候过渡空间

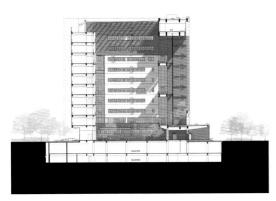

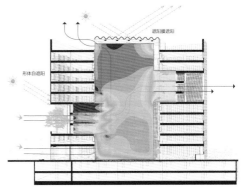

项目实例 18——苏州唐仲英基金会中国中心

项目位于苏州吴江滨湖新城东太湖生态园湿地公园内部，柔性边界的开放性使建筑变得更加人性化，让生态绿地在城市空间中延续开来。屋顶花园将建筑与整个生态公园的边界模糊了，把绿化"还给"公园。使建筑不再是一个孤立的存在，而是真正地融进城市的环境空间。

建筑优先利用被动式手段满足室内外声、光、热物理环境要求，营造健康舒适的办公和展厅环境。设计充分利用自然采光，在光照不利处采用屋顶导光管改善；同时对照明系统进行分区、分组、分散、集中、手动、自动，经济实用，合理有效。室外排水采用雨、污分流，屋面雨水经有组织重力排水汇集后接入雨水收集池，回收用作绿化浇洒及道路广场冲洗。材料以生态和节能为出发点，选用可循环材料以及无大量装饰性构件，通过土建装修一体化设计施工，避免了因空间重新布置造成的对建筑构件的破坏和重复装修带来的材料浪费。

总建筑面积	17 300 m²
建筑设计单位	浙江大学建筑设计研究院有限公司
气候分区	夏热冬冷地区
功能类型	办公楼
绿建特色	组合平面、厅堂组织、气候过渡空间、外遮阳、立体绿化

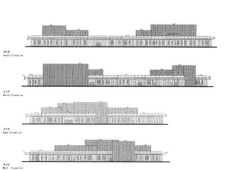

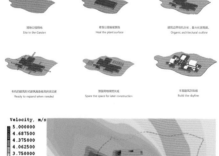

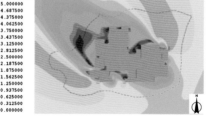

项目实例 19——武汉盘龙城遗址博物馆

　　项目规划设计采用聚落式布局，结合功能与场地特征，将展陈、科研办公和文物保护三大功能分解、重构，尽量保留原始地形地貌，因地制宜地分散嵌入场地的自然高差与坡地起伏中，令建筑融于环境，如同从坡地中自然生长而出。综合不同功能需求，以人为本，针对性地采用适宜技术策略，一体化综合设计。以人工环境为主的展厅、馆藏等功能被嵌入坡地，处于地下、半地下空间，注重开放和交流的公共空间则环绕庭院设置。运用高低错落、收放有度的公共廊道、节点空间组织串联，构成独具特色、气候适应性良好（自然通风、采光条件）的观展体验空间。

总建筑面积	18 000 ㎡
建筑设计单位	中南建筑设计院股份有限公司
气候分区	夏热冬冷地区
功能类型	博物馆
绿建特色	坡地、组合平面、内院组织、内院

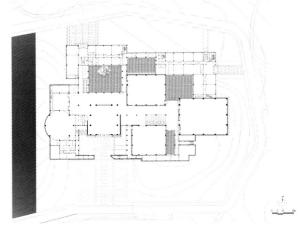

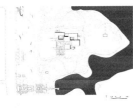

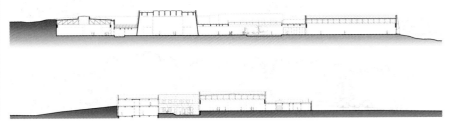

项目实例 20——武汉天河机场 T3 航站楼

项目通过对外围护幕墙、屋面，室外花园、庭院、室内边庭、饰面材质色彩的合理设置，令建筑自然、健康、舒适、宜人、透明、纯净，适应武汉当地气候。建筑整体采用统一的暖白色，纯净明快、柔和均匀；同时，白色具有较好反射热量的作用，是对以防热、隔热为主的武汉气候的良好回应。线性的功能流程自然围合出东、西两大两小规整空间，设计中创新性地将其布置为两处 115 m × 100 m 的大型花园和两处 140 m × 30 m 的庭院。根据武汉气候特点，突出四季及本土植物特色，并运用几何与自然相融的手法烘托航站楼的优美环境，与建筑有机相融，改善建筑的自然采光与通风条件。

总建筑面积	495 000 ㎡
建筑设计单位	中南建筑设计院股份有限公司
气候分区	夏热冬冷地区
功能类型	航站楼
绿建特色	组合平面、厅堂组织、庭院、中庭

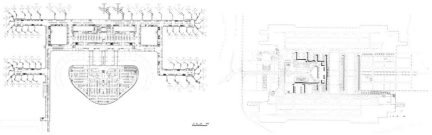

项目实例21——华南理工大学材料基因工程产业创新中心

项目采用南北向或接近南北向布局,利于避免夏季日晒,充分利用自然通道改善室内热环境。建筑的主体塔楼以不同体量的灰色盒子组成,盒子之间错动以形成错落的空中平台,有利于通风并为师生提供非正式交流空间。塔楼立面注重遮阳设计,采用水平遮阳、垂直遮阳和百叶遮阳相结合的综合遮阳措施,屋顶设置顶板,避免太阳直射,有效地解决屋顶隔热问题。裙楼的造型以首层作为基座,二层形成连续的平台,成为公共活动的空间,屋面部分局部设计种植屋面解决隔热问题。部分立面以竖向百叶作为肌理,根据各方向的阳光照射角度做相应的变化,起到良好的遮阳效果。

总建筑面积	100 000 ㎡
建筑设计单位	华南理工大学建筑设计研究院有限公司
气候分区	夏热冬暖地区
功能类型	教学楼
绿建特色	矩形平面、垂直空间组织、室外架空、气候过渡空间、外遮阳

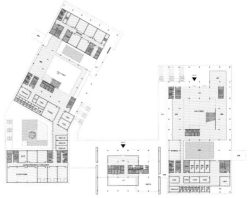
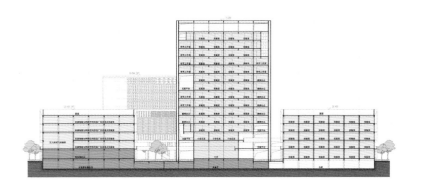

项目实例 22——深圳建科院大楼

项目基于当地气候、地形、声光热环境和空气品质，以集成提供自然通风、自然采光、隔声降噪和生态补偿条件为目标，进行建筑体型和布局设计。

建筑体型采用"凹"字形，凹口面向夏季主导风向，背向冬季主导风向，同时合理控制开间和进深，为自然通风和采光创造基本条件。建筑中底层局部采用架空绿化层，对场地进行生态补偿，也为城市提供良好通风廊道。中高层主要布置为办公空间，以获得良好的风、光、声、热环境和景观视野，充分利用和分享外部自然环境，增大人与自然的接触面。建筑的立面利用窗洞依据室内外不同空间需求采取适宜的设计，同时结合立体垂直绿化与光电板遮阳，即强化遮阳隔热，又同时起发电作用。

总建筑面积	18 000 ㎡
建筑设计单位	深圳市建筑科学研究院有限公司
气候分区	夏热冬暖地区
功能类型	办公楼
绿建特色	矩形平面、垂直空间组织、室外架空、气候过渡空间、中庭、立体绿化

项目实例23——海口市民游客中心

项目考虑海口闷热与多雨的气候特征与场地条件，建筑下部体量与湖边保留山体展开联系，部分体量置于山体之中，体量内部之间相互交错形成内外街巷与丰富的立体骑楼空间，结合下沉庭院纳凉，营造内部层次丰富、外部严谨有序的空间氛围。建筑上部采用大屋檐如遮阳罩包覆底部不同错落体块，为下部空间创造良好的隔热效果，也体现海南的地方特色。建筑遮阳罩减弱西晒对建筑内部热舒适的影响。屋顶高低错落，有利于风的穿过，有效带走室内热量，达到自然通风的效果。

总建筑面积	28 976 ㎡
建筑设计单位	中国建筑设计研究院有限公司
气候分区	夏热冬暖地区
功能类型	文化馆
绿建特色	组合平面、廊道组织、气候过渡空间、内院

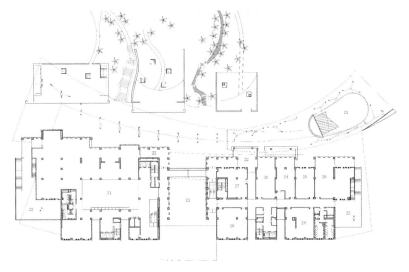
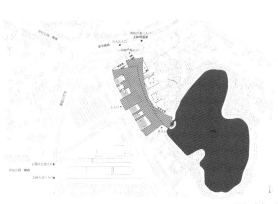

项目实例24——昆明市工人文化宫

项目各建筑采用化零为整的方式,以温和地区传统的合院空间为原型,组成完整又通透的合院建筑群体,中心庭院模拟自然山水的人造台地,平台高低错落,可作为活动的场地,也可设置为景观台地,为庭院空间带来变化。建筑西侧局部有下沉院落,若干廊桥从院落上跨过,经过架空层的展览空间到达文化宫内部的林荫大道。在整体的屋盖形系中,分布着尺度各异的矩形院落、天井和开放场地,延续传统建筑文化的空间意象和历史纵深,并塑造当代城市公共空间的内涵和气质。建筑立面以24 m高的垂直片墙构成通透的外围界面,其中一些片墙随朝向转动角度,暗示内部道路入口,为立面带来生动的光影变化,也起到温和地区建筑遮阳的被动式节能作用。

总建筑面积	61 029 ㎡
建筑设计单位	云南省设计院集团有限公司
气候分区	温和地区
功能类型	文化建筑
绿建特色	合院平面、厅堂组织、内院、遮阳

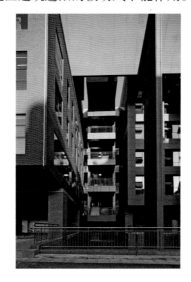

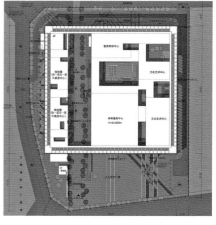

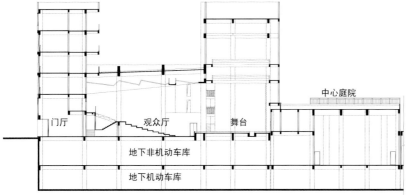

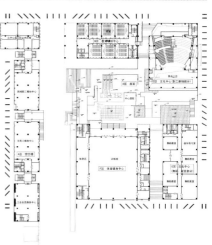

4 单一空间的气候优化设计

单一空间是建筑空间组织的基本单元，也是建筑能量管理和控制的基本单元。公共建筑的气候适应性设计最终要在单一空间的层面得到落实。公共建筑规模尺度不均，由一系列不同尺度不同类型的空间单元构成的复杂空间组织已成为现代公共建筑发展的趋势之一，其中的单一空间通常只是建筑的一个组成部分，所面临的外部条件与空间构成相对简单的传统建筑或居住建筑有很大不同。在这种复杂的空间组织中，空间单元的各个界面要都想以自由的开窗实现自然通风采光几乎不可能，很多情形下能保证建筑中每个空间有开窗面已殊为不易。因此，单一空间的气候性能优化必须置于整体空间形态组织的相互关系中予以考量，并探寻具有针对性的设计对策。

4.1 单一空间气候优化设计的基本原则

4.1.1 普通性能空间是单一空间气候适应性设计的重点

通常情况下，公共建筑中的普通性能空间占比最大，使用最频繁。低性能空间通常是建筑的辅助空间，其性能要求相对较低，所需能耗也相对较低，这些低性能空间往往可布置在难以利用自然气候的位置，或作为室外气候与室内主要使用空间之间的缓冲或屏障；高性能空间的性能要求最高，功能针对性最强，通常需要依赖建筑机电设备实现人工照明和温湿度调节，其基本策略是气候隔绝，从气候适应性设计的角度来说潜力有限。与上述两种空间相比，普通性能空间的气候性能要求弹性更大，具有多种应变设计的可能性，适应性更强，可以有效利用建筑设计手段，结合环境条件，充分利用自然气候资源，为实现公共建筑整体实现降能减排发挥核心作用，是本章讨论的重点。

4.1.2 "量—形—性—质—时"统筹设计

单一空间的气候适应性设计可以从量、形、性、质、时五方面进行把握。"量"是指空间的规模尺度，通常表述为平面面积、空间三维尺寸和容积等可度量指标，空间尺度与其所承载的人群活动和设施规模相对应。"形"是指空间的几何特征及其内部次一级的空间构形。"性"即空间所支持的功能属性及其相关要求，并与使用者行为和心理密切关联。"质"不仅是指视觉触觉等品质，还应包含两种彼此关联的绿色品质，即与舒适度相关的空间性能品质和能耗品质。"时"是指空间及其所承载活动的时态特征。建筑生命周期内，不同空间的使用频率不同，并随时间而发生周期性或随机性变化。这五个方面中，与气候适应性直接关联的是空间的"质"，也是绿色建筑的一个关键点。在满足功能属性的前提下，量的配置与形的设计都是为了"质"的实现。空间容量控制对能量控制具有基础性意义；形的设计则是体现气候适应性的核心策略。"时"作为绿色思维的一个必要维度，提示了空间量、形、性的动态性和质的相对性。量、形、性、时，彼此影响互动，且无一不与"质"的确立密切相关。

公共建筑设计中，面广量大的普通性能空间设计应提倡气候驱动下的"量—形—性—质—时"一体统筹，积极探索不同地域条件下，选择性利用或控制不同气候要素的策略。例如，功能单一的小尺度空间（如办公室）通过自然采光通风就可能满足基本性能需要。而大进深集合办公空间，仅靠边界的自然采光通风，难以保证全部区域达到要求，应优先保证人群集中且高频率使用的区域实现自然采光和通风。教育建筑中，普通教室宜采用长宽接近的矩形空间，并尽量双侧开窗。而使用频率较低的实验室等则可采用更灵活的长宽比例，并可单侧开窗。量形统筹方法有助于优化空间的气候性能，炎热地区可借助高耸的风塔带动热空气向上排出；而在寒冷地区，过于高敞的空间则会降低人群活动区的热舒适性，或提高能耗。同类建筑因"质"与"性"的标准差异,在设计中应采取不同的气候适应措施。例如,竞技类体育馆大空间,需要严格控制比赛空间的物理性能,但健身和训练场馆则应尽量选择可控的自然采光和通风。同类公共建筑的"质"的标准及其设计措施也因地域不同而显现差异,北方地区优先需要纳阳和增湿,南方地区却更需要纳阴和排湿。不同类别的公共建筑在使用时态上也同样具有差异性。有调查研究表明,大量的商业建筑和文化休闲建筑,其客流量最大的时段往往是在傍晚后的四小时区间,因此其性能化设计可在白昼与夜间的转换间做出有针对性的气候适应性设计,从而有效压缩用能时间[1]。

4.2 单一空间气候优化设计的一般方法

建筑空间除了功能行为和精神要求以外,同时也具有性能要求。空间的合理设计有助于气候性能优化,反之不合理设计也会成为空间性能的障碍。现代大型公共建筑空间功能复杂,单一空间受制于建筑的整体空间组织形态,不可能像传统建筑或小型建筑那样具有较大的自由度。在这些限制性条件下,单一空间性能优化设计的讨论可以从以下三个方面着手:空间形状、增设气候调节空间以及空间的开口。通过三个方面的综合设计实现单一空间通风、采光和热工性能的提升。

4.2.1 空间形状

1)平面形状

矩形是建筑单一空间最常见的平面形状,功能适应性强,利用率高,利于多个空间的系列拼接,结构上也较为经济易行,同时也便于未来建筑改造中重新划分空间。决定矩形平面的主要参数是开间和进深,在没有特殊功能要求的情况下,通常单侧采光空间进深不大于 8 米时可以完全依靠自然采光通风。进深过大会造成空间纵深部位采光通风条件过差,需要增

1　Chao Wang, Yue Wu, Xing Shi, et al. Dynamic occupant density models of commercial buildings for urban energy simulation [J]. Building and Environment, 2020 (169): 106549.

加机械设备来补充调节，因此应尽量控制空间进深在合理范围。在可能的条件下，北方地区宜采用大面宽浅进深，有利于采光和得热，南方地区可采用小面宽大进深，有利于避光和遮阴。

除了最常见的矩形，平面设计中也会出现多边形或不规则形。不管采用何种平面形状，对控制采光进深，尽量减小无法实现自然采光通风区域的面积，仍然是基本原则。对于进深过大的大空间除了侧面采光，可利用天窗补充采光和通风。与此同时，北方地区需考虑保温，应尽量采用外围护墙体周长较小的凸多边形，南方地区可采用轮廓相对复杂的多边形（表4-1）。

2）空间高度

多层或高层建筑楼层沿垂直方向层叠排布，从经济性角度出发，建筑层高总是希望在满足基本需求的情况下尽量低，降低建筑的总高度有利于控制建设成本，但基本楼层净高对空间性能的实现具有重要影响。低层公共建筑的空间高度有更大的选择弹性，尤其是航站楼、高铁站房、会展、博物馆、体育场馆等拥有高大空间的公共建筑，建筑的空间高度对性能和能耗影响甚大。

对普通的使用空间来说，建筑室内高度达到3米左右即可满足一般要求，而公共建筑的空间除了满足基本使用，还要考虑空间比例、使用人群的规模及其心理或审美诉求，所以空间高度往往会发生各种变化。由于热空气上浮，冷空气下沉，对于需要采暖的空间来说低矮空间的热舒适性更优，可以保证热空气不至于升到过高；对于需要空调制冷的空间来说，高大空间热舒适性更优，热空气升到高处可以带走近地面的热量。因此，寒冷和严寒地区一般性公共建筑中的主要使用区域宜尽量降低不必要的空间高度，以保证热空气不会因为集中在空间上部区域而浪费，减少采暖能耗。而炎热地区建筑空间则可适当提高，形成人员活动高度区域的凉爽气候。在建筑层高相同的情况下，北方地区可采用吊顶压缩净高，而南方地区更宜采用裸顶或透空的格栅吊顶。以机场航站楼为例，北欧地区的机场航站楼普遍采用较低矮的室内空间高度，而中东和东南亚等炎热地区的航站楼则趋向较高的室内空间高度（表4-2）。

表 4-1　单一空间的平面形状

严寒地区	寒冷地区	夏热冬冷地区	夏热冬暖地区

Stenhöga 瑞典可持续办公楼 索尔纳，瑞典	北京恒基中心 北京，中国	南京栖霞山石埠桥中心学校 南京，中国	香港中环太古广场万豪酒店 香港，中国

表 4-2 适应不同地域气候的机场航站楼空间高度

严寒地区	寒冷地区	夏热冬冷地区	夏热冬暖地区

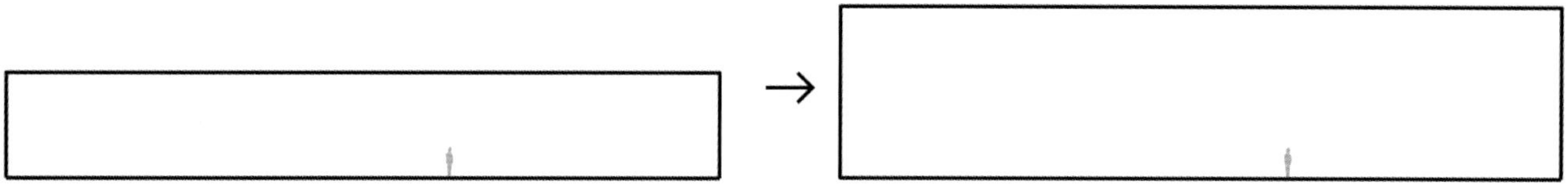

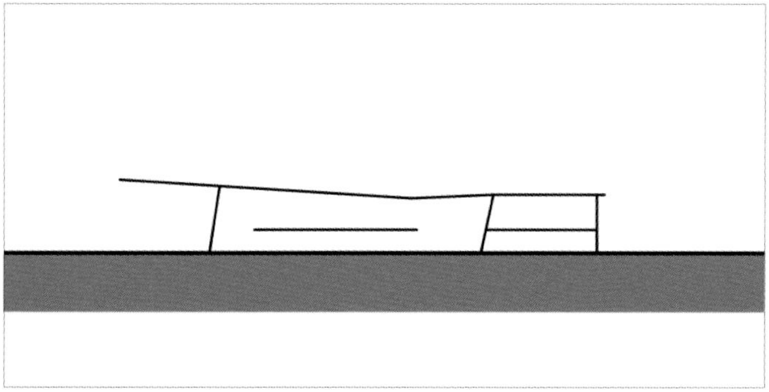

挪威卑尔根国际机场
卑尔根，挪威

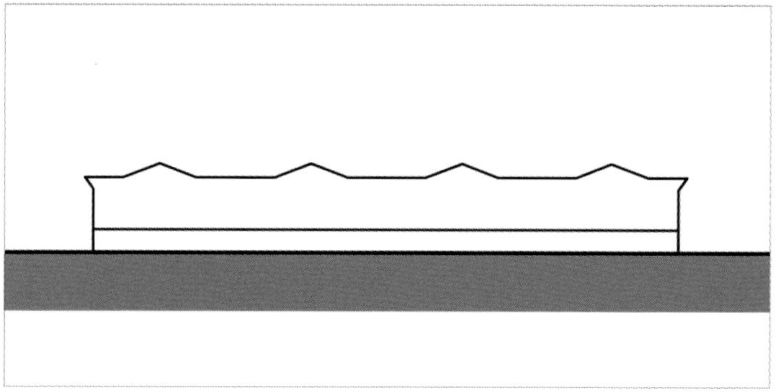

希瓦吉国际机场 2 号航站楼
孟买，印度

3）气流组织

为了保证建筑室内空气质量，需要满足基本的通风换气要求。依据《民用建筑供暖通风与空气调节设计规范》（GB 50736-2012），一般公共建筑的最小换气次数为 2~5 次 / 小时，居住建筑最小换气次数仅 0.7 次 / 小时，满足这一要求建筑仅需较小的开窗即可达到。上述标准以保证室内空气质量为主，较少考虑通风散热问题。当环境温度达到 26℃以上时，如果室内人员及设备产生的热量无法及时排出，会造成室内温度上升，随之人体会感到炎热不适，温度越高，不舒适程度随之增加。采用机械通风设施提高换气次数，或者用空调降低环境温度，都会增加相应的能耗。在南方炎热地区，很多建筑环境温度低于 29℃时，仅依靠自然通风就可以控制室内温度升高。在 29~33℃之间时也可以通过电扇辅助降温，只有大于 33℃时才需要利用空调降温[2]。因此即使在空调设备普及的今天，有利于自然通风的空间形状依然有积极意义。对于寒冷地区的夏季、夏热冬冷地区的春秋季以及夏热冬暖地区的冬季，通过自然通风排出室内湿热可以大幅降低建筑空调能耗。

自然通风可分为风压通风和热压通风两类。风压通风要求空间的进风口面向主导风向，同时在下风侧墙面设置开口，以形成穿堂风。公共建筑设计中，当单个空间仅有一个面朝向室外时，要形成穿堂风就需要依赖于相邻空间。在典型的内走廊式空间组织中，使用房间即使朝向走道设置气窗，如果对侧房间不同时开启面向走道的气窗和外围护墙体上的窗口，也难以形成穿堂风。如果在走道空间中每隔一段距离能设置一个直接对外的可开启洞口，即可部分解决这一问题，而不再依赖于对面房间通风口的开启。

热压通风是利用不同高度空气温差形成的气压差而产生的通风。由于空气在垂直方向的温差分布变化比较平缓，因此需要较大的高差才能形成有效的热压通风，通常这个高度不小于 10 米，远高于普通单层建筑层高，因此使用受限较大[3]，通常用于体育馆、展览馆、机场、车站等高大空间，或商业、办公、宾馆建筑的中庭空间。对于普通公共建筑来说，由于单层

2　林宪德. 绿色建筑——生态·节能·减废·健康 [M]. 2 版. 北京：中国建筑工业出版社，2011.

3　萨克森. 中庭建筑：开发与设计 [M]. 戴复东，吴庐生，等译. 北京：中国建筑工业出版社，1990.

建筑高度有限，完全采用热压通风有一定困难，可采用设置烟囱的方式来实现热压通风（图4-1）。

根据流体力学原理中的"文丘里效应"[4]，当气流通道收窄时，流速加大，压强变小，形成负压，进一步产生抽风作用。建筑顶部的出风口可以通过设置风帽或风塔来形成文丘里效应，带动室内的热污气流排出室外。风帽有两种基本类型：一种是倒漏斗形，通过风道截面收窄增加风速，进而降低风压，形成抽风。另一种是在出风口覆盖盖板，室外水平气流经过此处时被收窄加速，形成负压，进而形成抽风（图4-2、图4-3）。

表4-3总结了适应地域气候的单一空间气流组织方式。

4.2.2 增设气候调节空间

在主要使用空间外侧增加气候调节空间是提升主要使用空间性能的重要手段。这些空间本身也具有使用功能，通常是廊道、阳台等辅助性功能，性能要求不高，因此可以成为纳阳或遮阳的空间，进而为相邻的主要使用空间提供更佳的气候舒适性。这一策略的本质是以空间换性能。

在材料技术不发达的古代，这一做法非常普遍。严寒地区建筑设置暖廊，利用温室效应集热。炎热地区建筑设置敞廊或骑楼，为主空间遮阳，

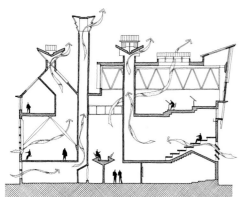

图4-1 莱斯特德蒙福特大学皇后楼的热压通风示意

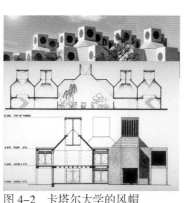

图4-2 卡塔尔大学的风帽

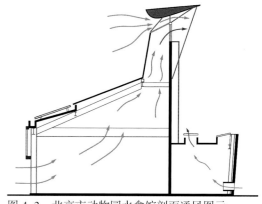

图4-3 北京市动物园水禽馆剖面通风图示

---

4 该现象以意大利物理学家文丘里（Giovanni Battista Venturi, 1746—1822）命名。

表 4-3　适应地域气候的单一空间气流组织方式

严寒地区	寒冷地区	夏热冬冷地区	夏热冬暖地区

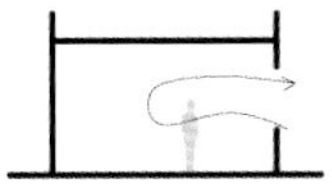

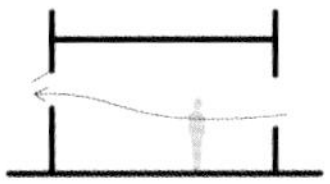

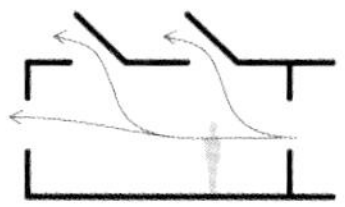

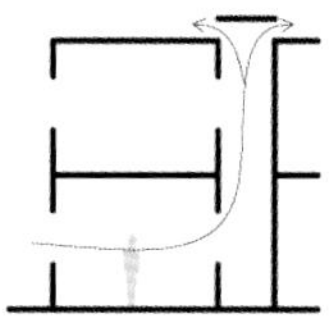

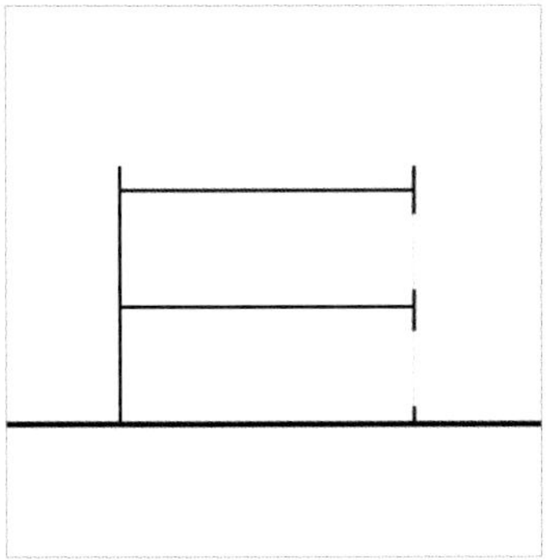

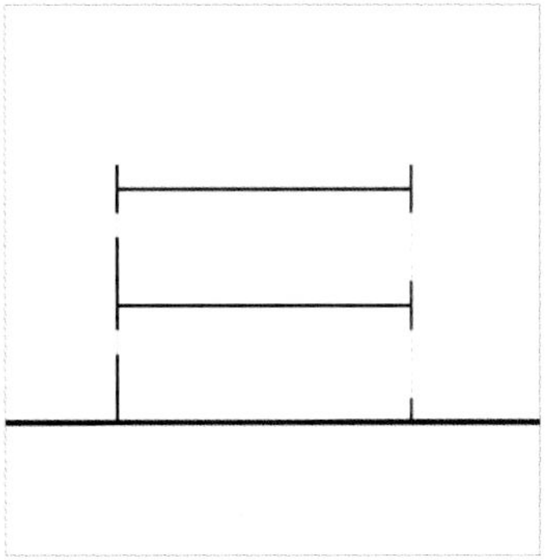

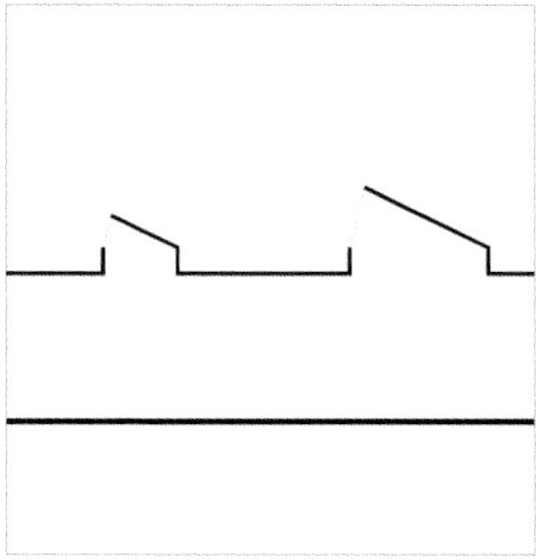

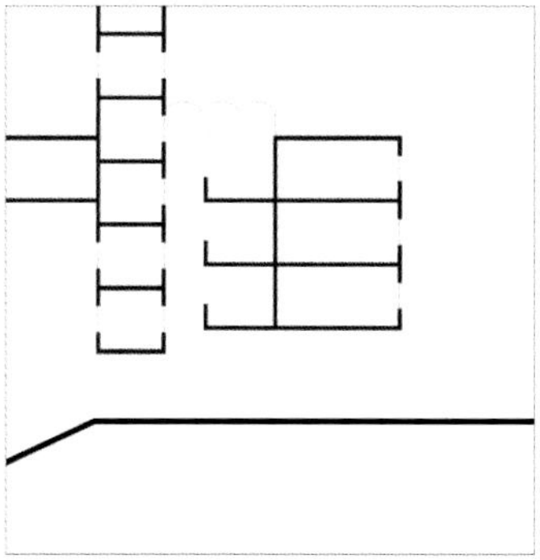

Remise Immanuelkirchstrasse 办公楼
柏林，德国

北京一六一中学回龙观学校
北京，中国

武夷山竹筏育制场
南平，福建

荔园外国语小学北校区
深圳，中国

图4-4 2017年6月14日，英国伦敦高层住宅发生火灾，由于外墙保温材料燃烧后迅速竖向蔓延，造成整幢建筑着火，最终死亡80人

图4-5 高层住宅外保温层脱落

减少太阳辐射，同时利于凉风进入室内主要使用空间。夏热冬冷地区则需要兼顾两种情况，可开启的外廊成为一种合理选择，冬季门窗关闭，形成暖廊，夏季门窗打开，变为敞廊。这些做法的广泛采用证明了其有效性。

在当代，随着外墙保温隔热性能的标准提高，建筑空间直接对外的做法日益普遍，其背后的逻辑是经济性（尽量提高建筑使用面积占比）。但这一做法始终面临一个难题需要解决，即在外部环境条件不断变化的情况下如何保持室内相对稳定的性能环境。目前最主要的手段是增加建筑外墙保温，但这种做法存在很多问题。第一是外保温材料问题，有机材料的保温性能好，但难以解决防火问题，国内外时常发生外墙保温材料着火造成的灾害（图4-4），无机材料易于防火达标，但热工性能不佳，更糟糕的是无机材料并非憎水材料，吸水后热工性能大幅下降，其所吸附的水分在冬季反复融冻，对材料造成风化作用，影响材料寿命，甚至造成保温层脱落（图4-5）。第二，为了提高外墙的热工性能就需要提高建筑的气密性，而过高的气密性导致建筑必须增设机械通风设备来满足室内的换气要求，这又造成了额外的能耗。当机械设备维修或者出现故障时，建筑室内的空气质量就无法得到保障。第三，当室内外温度差异过大时，有可能出现结露，尤其是在我国南方潮湿地区，空气湿度大，极容易发生结露，造成墙体霉变。第四，仅靠提高围护结构热工性能的被动式设计通常无法完全满足需要，最终还是要借助于机械设备手段来维持室内环境的适宜温度。

既有的经验和教训表明，通过附加气候调节空间来实现主要使用空间热工性能的做法仍然具有积极意义。在北方严寒地区通常采用玻璃暖廊，白天利用温室效应集热，夜晚阻止室内热量散失；在南方炎热地区可采用带有格栅遮阳的外廊，外廊本身也是一种水平遮阳，这样可以在不影响通风的同时，阻挡热辐射进入室内；而在寒冷地区和夏热冬冷地区则可兼顾两种情况，采用可开启外窗的走廊或阳台，夏季开启外窗通风，冬季关闭外窗集热（表4-4）。

表 4-4　通过附加气候调节空间实现对主要空间的性能调节

严寒地区	寒冷地区	夏热冬冷地区	夏热冬暖地区

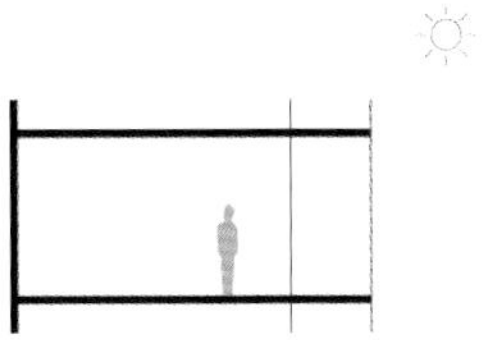

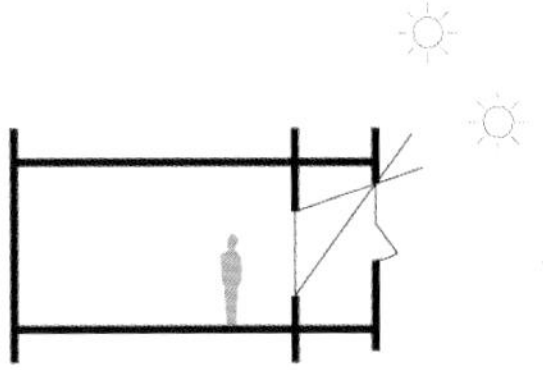

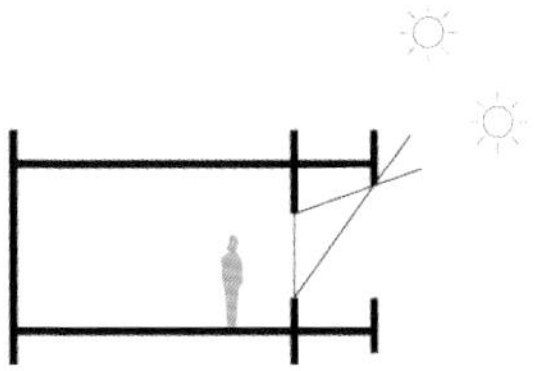

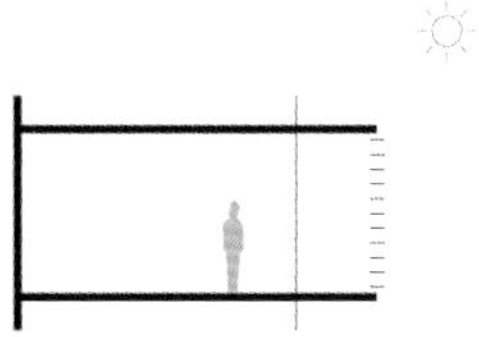

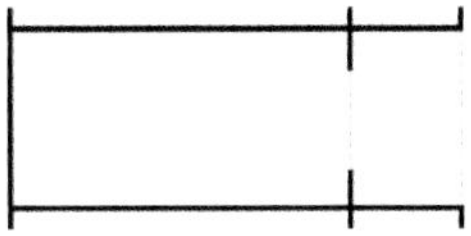

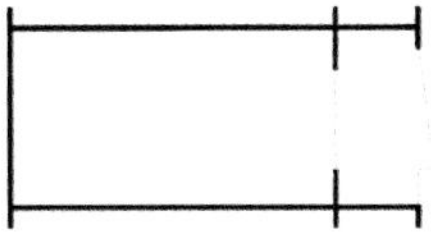

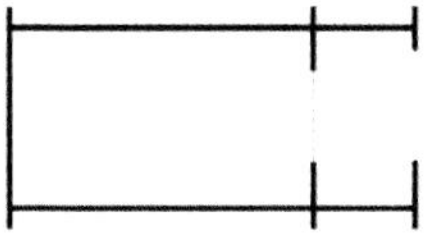

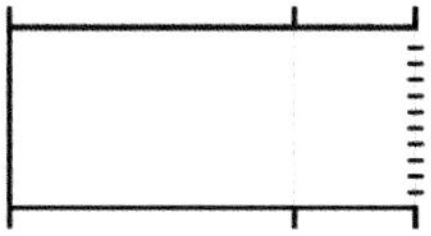

Gårdsten 公寓楼改造
哥德堡，瑞典

法国国际学校
北京，中国

江心洲临时安置学校
南京，中国

Thazin 中学校
内维桑，缅甸

4.2.3 门窗洞口

1）位置及大小

门窗的保温性能往往不如墙体，原则上面积宜小。全玻璃幕墙是典型的高能耗建筑做法，许多学者对此难以认同[5]，但窗口同时提供采光通风，又是必不可少的。窗的位置和大小是一个需要综合权衡的设计问题。通常情况下，我国大部分地区应首选南北向开窗，其次东西。因为夏季太阳方位角和高度角的原因，东西向开窗导致夏季遮阳的难度较大，阻挡西晒困难，宜尽量避免。为了形成穿堂风，宜对侧开窗，迎风口尽量靠近楼地面，背风口适当提高。

侧窗是最常见的开窗位置，靠近人体使用高度，采光效率高，人工开启操作方便。除了侧窗以外，地窗和高侧窗也各有特点。地窗靠近地面，采光效率较低，主要用于通风，近地面空气温度低，地窗有利于吸引空气进入；高侧窗在采光上利于避免眩光，同时由于上层空气温度高，有利于排出空气，但不便于人工开启操作（表4-5）。

在单层建筑或多层建筑的顶层还可以开设天窗。天窗的采光效率是侧窗的三倍，是大进深空间常见的光照补充手段。同时天窗可以作为热气流的上部出口，有利于自然通风。天窗的温室效应明显，在北方严寒地区有利于吸收太阳辐射，但在南方炎热地区，须采取更为有效的遮阳措施，避免大幅增加的夏季制冷负担远超过由自然采光节省的能耗，通常需要将天窗洞口朝北，以避开南侧的直射光（图4-6）。

保温需求高的北方建筑，门窗洞口宜小，以减少热损失，南方则不受此限制。同时，朝北房间冬季无法接受日照，建筑北侧门窗面积限制理应趋于严格，严寒地区北侧门洞尤需加设门斗。越往南方，门窗开口限制越弱。至夏热冬暖地区，北墙窗口甚至比南墙窗口面积更大，成为主要开窗面（表4-6）。

2）洞口形式

建筑空间界面上的窗洞口的主要功能是采光和通风。采光取决于窗洞的透光面积和遮挡情况，通风取决于可开启面积。通常情况下，公共建筑

图4-6　伦佐·皮亚诺设计的洛杉矶县立艺术博物馆，展厅天窗朝北打开

5　林宪德.绿色建筑——生态·节能·减废·健康[M].2版.北京：中国建筑工业出版社，2011.

表 4-5　适应地域气候的门窗洞口垂直位置及大小

严寒地区	寒冷地区	夏热冬冷地区	夏热冬暖地区

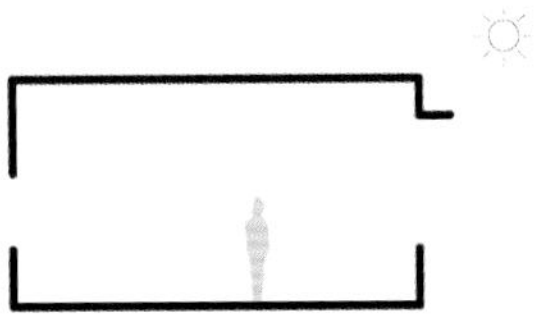

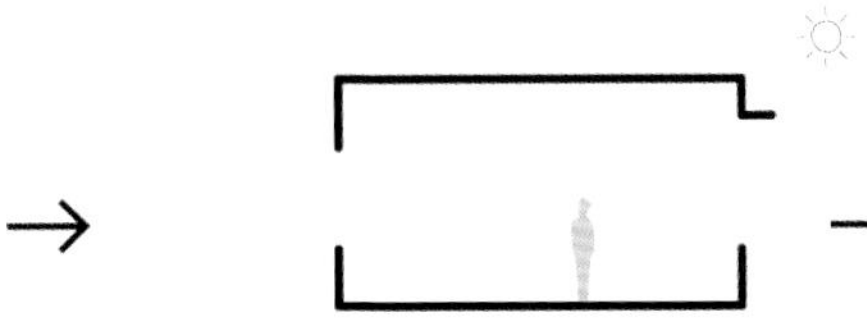

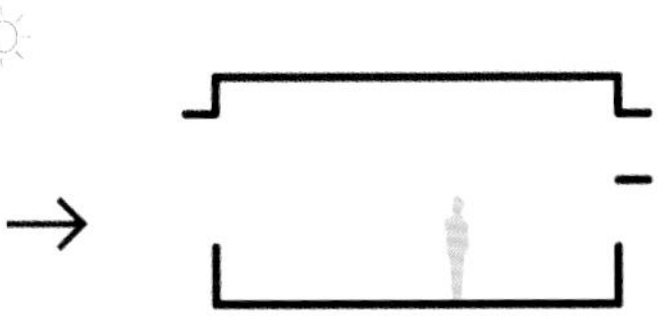

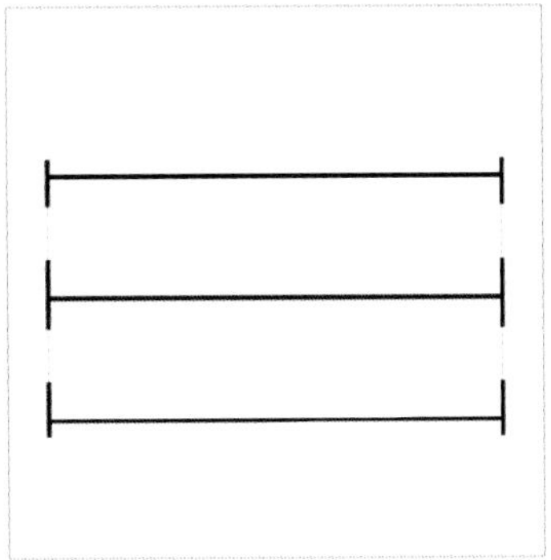

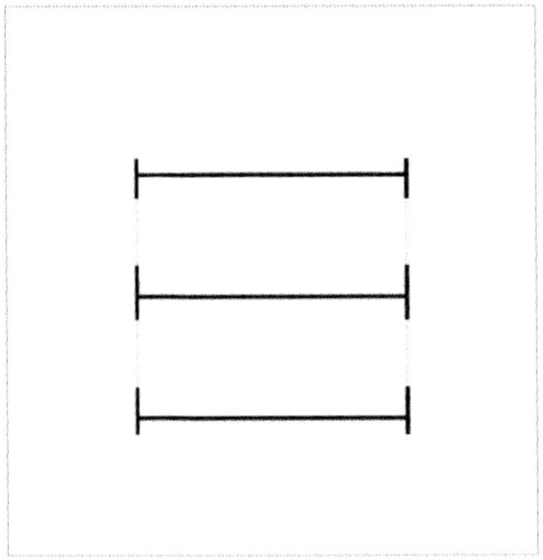

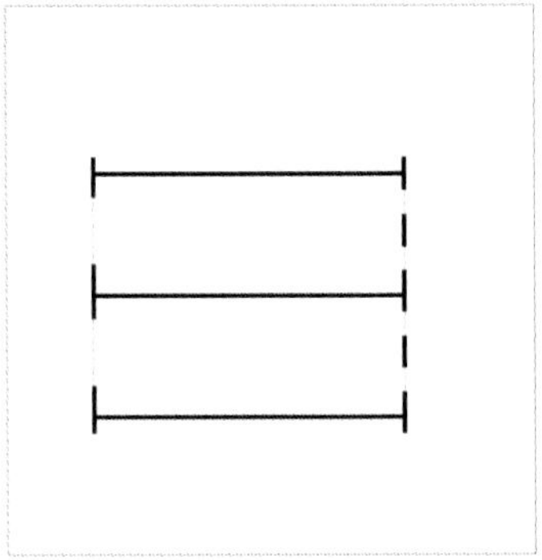

北大附中朝阳未来学校
北京，中国

上海理工大学国际合作教育大楼
上海，中国

华南师范大学大学城校区教学楼
广东，中国

表 4-6　适应地域气候的门窗洞口水平位置及大小

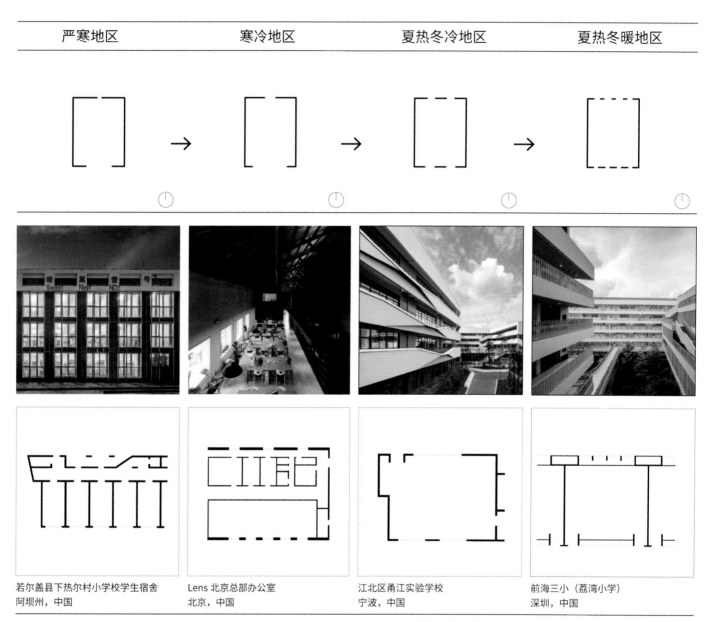

| 严寒地区 | 寒冷地区 | 夏热冬冷地区 | 夏热冬暖地区 |

若尔盖县下热尔村小学校学生宿舍
阿坝州，中国

Lens 北京总部办公室
北京，中国

江北区甬江实验学校
宁波，中国

前海三小（荔湾小学）
深圳，中国

表 4-7　不同气候区的外遮阳策略

严寒地区	寒冷地区	夏热冬冷地区	夏热冬暖地区

北欧五国驻柏林大使馆
柏林，德国

北珀里克学校
波城，法国

丁家庄第三小学
南京，中国

国家商业银行总部
吉达，沙特阿拉伯

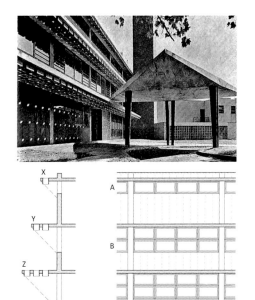

图 4-7 路易·康设计的费城精神病医院塞缪尔·拉德比尔（Samuel Radbill）楼，根据窗的不同高度设置外遮阳尺寸

图 4-8 集成了通风器的外窗

中的单一空间的外墙面积有限，洞口数量也有限，往往需要在同一个洞口上实现多种功能。为了保证门窗的气密性能，平开门窗优势明显。推拉门窗有打开时不占据空间的好处，但不能全部开启，气密性较差。

遮阳是重要的调节采光的手段。在南方太阳辐射强烈，外遮阳的必要性很高，通过遮阳构造避免直射光。建筑遮阳与采光有一定的矛盾，在北方冬季不需要遮阳，夏季仅部分时段需要遮阳，活动外遮阳可适应多种需要，是较为常见的选择（表 4-7）。外遮阳的设置与采光洞口具有较强的相关性，理想的遮阳设计应该是能正好覆盖采光洞口，这样既不会产生遮阳不足，又不造成建造浪费（图 4-7）。

自然通风主要依赖于可开启扇。如前所述，仅为满足室内空气质量的通风口面积不需要很大，因此在严寒地区大量存在整扇窗都不开启的设计，仅保留通风口。通风口可以在窗台下独立设置，也可以整合在窗框部分，部分窗扇可以翻转，便于擦拭外表面玻璃。从北往南，室内通风的要求逐渐提高，可开启扇的面积也越来越大。许多南方园林建筑都采用可完全打开的通高隔扇门，以便室内通风散热（表 4-8）。

在炎热的夏季，完全依赖自然通风并不现实。在有必要开启空调的情况下，为了减少热散失，窗户关闭后应充分保证隔热性能。这就对窗户提出了更高的要求：一是可开启扇关闭时的气密性，并且不能有冷桥；二是可开启扇的可操作性，过分大或远离地面的高度都会对开闭窗扇造成困难；三是关闭窗扇后提供独立的进气口，不能因为过于气密且无进气口造成室内换气不足，导致空气质量恶化。现实中经常出现当室内二氧化碳浓度过高时，使用人员在暖气或空调开启的情况下仍然开窗透气的现象，造成能耗浪费。在这种情况下，就有必要采用带有通风器的窗（图 4-8）。

4.3 建筑结构、设备及部分使用空间的集成

集成化提高了空间的利用效率，有助于实现整体空间资源占用的最小化。集成化有助于细分不同能耗空间，强化内外之间及不同能耗空间之间的过渡和分隔，提高用能效率。集成化为公共空间的灵活划分、功能复合及动态调整奠定基础，从而有助于进一步整体实现用能空间和时间的最小化。

表 4-8　不同气候区窗的可开启面积比较

严寒地区	寒冷地区	夏热冬冷地区	夏热冬暖地区

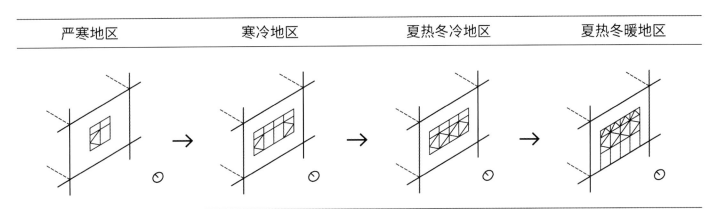

Nötkärnan 难民中心
哥德堡，瑞典

北京四中房山校区
北京，中国

南京栖霞山石埠桥中心学校
南京，中国

华润小径湾贝赛思国际学校
深圳，中国

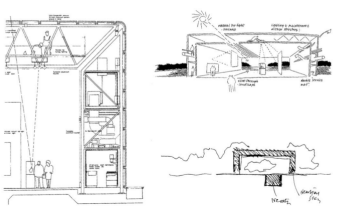

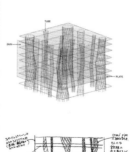

图 4-9　桑斯柏瑞（Sainsbury）视觉艺术中心　　　　　　　图 4-10　仙台媒体中心

图 4-11　南京江宁淳化纪念堂

4.3.1　结构与设备空间的集成

　　利用结构空间集成布置设备管线等，缩减了整体空间和物质系统的总量，提高用能效率。此外，结构与设备可集成共同构成服务层/空间，可作为低能耗空间或能耗过渡层/空间，强化其对气候调节的分隔、过渡作用。

　　诺曼·福斯特（Norman Foster）设计的桑斯柏瑞（Sainsbury）视觉艺术中心，将设备管线安放在屋顶及两侧的结构桁架之中，留出中间大空间，可适应各类活动灵活布置和使用维护（图 4-9）。

　　伊东丰雄设计的仙台媒体中心用钢管组成的十三根螺旋状"管状体"支撑起七层水平楼板，半透明的"管状体"内空间容纳技术设备、楼电梯等设施，同时还可从顶部将光线和空气引入下来（图 4-10）。

　　在南京江宁淳化纪念堂建筑设计方案中，设备管线被集成在格架上方的吊顶空间内，最大化保证骨灰寄存间的完整简洁（4-11）。

4.3.2　结构、围护与部分辅助性空间及家具的集成

　　结构空间也可以容纳部分服务性空间，除了设备之外，还可成为储藏、楼电梯以及厕所等服务型空间，从而整体提高空间利用效率。对此，路易·康提出了"服务与被服务空间"的概念。在他设计的屈灵顿社区中心浴室中，

分布在四个矩形角部的空心结构体作为垂直结构支撑起屋顶，空心结构的内部则整合了入口过渡区、更衣室、卫生间等服务性功能（图4-12）。

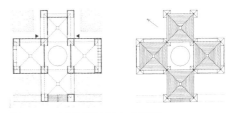

图4-12 屈灵顿社区中心浴室

在一般情况下，上述这些集成的服务层或空间可以作为低能耗空间或能耗过渡层/空间，从而进一步强化其对气候调节的分隔、过渡作用。贝聿铭设计的MIT（麻省理工学院）化学楼将实验室空间放在中间，两侧留出外廊。外廊顶部集中设置管道设施，中间的实验室两两之间集中布置服务性的实验设备和设施。这样做不仅使内部实验室空间更加完整，还利用外廊改善采光通风条件，流线组织也变得开放自由（图4-13）。

与此相应，在下一个层级上，在一些建筑和家具一体化设计案例中，结构、围护（包括室内分隔）还可以和收纳乃至格架家具等固定的储物空间进行集成，以获得更佳的整体空间利用效率和气候调节的功效。在南京浦口二龙山骨灰纪念堂设计中，设计师尝试将承重墙设计成混凝土整浇的格架形态，实现结构与骨灰寄存格架的一体化设计（图4-14）。

日本建筑师山下保博（Atelier Tekuto）设计的细胞砖宅，将尺寸为450 mm×900 mm×300 mm的空心薄钢盒子作为"细胞砖"堆积构筑成建筑的承重兼外围护墙体。开口朝内的空心"细胞砖"同时扮演储物架的角色，它们之间的空隙成为窗户的开口，300 mm的径深能够遮挡夏天的阳光，冬天亦能将阳光引入室内（图4-15）。

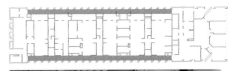

图4-13 麻省理工学院化学楼

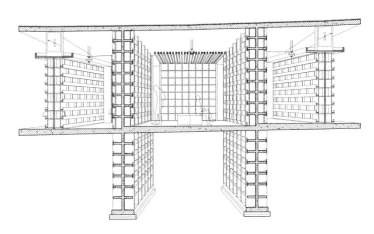

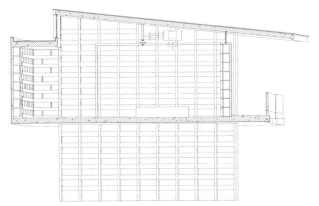

图4-14 南京浦口二龙山骨灰纪念堂设计

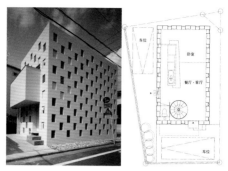

图 4-15　Atelier Tekuto 细胞砖宅

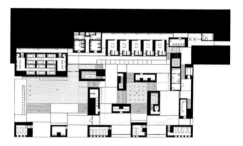

图 4-16　瓦尔斯温泉浴场

4.3.3　响应气候的集成化设计策略

结构、设备和辅助性空间（家具）的集成，可以有不同的方式方法，多层系统可以是交错叠加，呈现疏松通透的特质，也可以是致密合一，呈现紧凑密闭的特质。对不同地区，需要针对气候适应性，采取不同的集成方法。在寒冷地区，结构、设备、部分服务家具（收纳）等与保温围护的集成，采取一种紧凑、密闭的方式，在集约利用空间的同时，强化了气候的分隔过渡。

彼得·卒姆托（Peter Zumthor）设计的瓦尔斯温泉浴场位于瑞士格劳宾登州，冬季气候寒冷，由大型厚板状石块砌筑成分散的小房间，起到良好的保温效果，其内整合储存室、更衣室、卫生间等功能（图 4-16）。

在夏热冬暖地区，结构、设备与通风层的集成，同样强化了气候的过渡，但可采取更为疏松、通透的方式。由勒·柯布西耶设计的印度昌迪加尔议会大厦和秘书处大楼地处热带，为夏热冬暖气候。设计师利用架空悬挑的混凝土屋顶及外立面上柱板墙等建筑构件充当遮阳构件，镂空的形式也促进了空气流通，达到通风降温的效果（图 4-17、图 4-18）。

图 4-17　昌迪加尔议会大厦

图 4-18　昌迪加尔秘书处大楼

项目实例 25——玉树康巴艺术中心

项目将大剧院的功能化整为零，打散成多个与周边城市尺度相协调的方形体量，在平面上错动与围合形成不同的庭院与街巷空间，有助于改善建筑适应在地的日照与通风要求。建筑立面造型以窗洞为主，其开窗组织随层数的上升逐渐加密，在顶层空间采用连续带型窗。

建筑的材料蕴含康巴藏区建筑粗犷、纯朴的感觉，也体现强烈的整体性，反映在地地域特征。主体外墙装饰材料采用不同模数的混凝土空心砌块砖，通过钢筋拉结自由叠砌，表现出与传统石材垒砌墙面在构造方面的契合：一方面再现了藏式建筑粗犷的表面肌理；另一方面减轻了外墙材料的自重和构造难度，同时也降低了造价。

总建筑面积	20 610 ㎡
建筑设计单位	中国建筑设计研究院本土设计研究中心
气候分区	寒冷地区
功能类型	影剧院、图书馆、文化馆
绿建特色	组合平面、厅堂组织、中庭、重质外墙

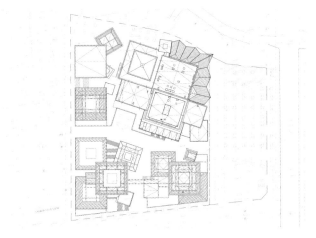
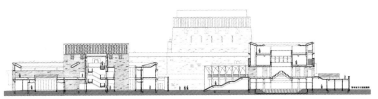

项目实例 26——瑞典皇家工学院新图书馆

建筑以老实验楼改造而成，原建筑的两翼夹着的庭院正对着校园主楼的西侧，新方案在庭院上方加盖平顶成为中庭，并增加第三翼围合中庭。新图书馆是以中庭为核心进行功能和空间组织，有助于适应当地气候与布置不同性能空间。建筑加建的部分一层为图书馆主入口，二三层为办公空间，地下一层为卫生间、机房、储存等服务空间，两翼老建筑的空间改造为各种尺度的阅览室、研究室和教室等。新图书馆同时混合不同种类的光源，中庭以光带采光为主，柱子和檐口处以低照度的投射灯为辅，不仅节约了能源，也获得了良好的空间氛围。此外，新图书馆的天花和地板内也预留铺设了各种技术管线和设备的空间，以备现在和将来的技术需要。

总建筑面积	14 500 ㎡
建筑设计单位	A&P 建筑师事务所
气候分区	严寒地区
功能类型	图书馆
绿建特色	合院平面、厅堂组织、中庭

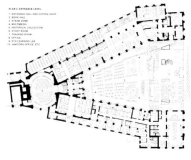
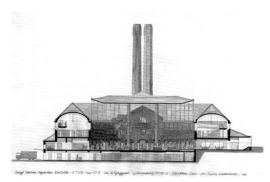

项目实例 27——若尔盖县下热尔村小学校学生宿舍

建筑通过软件分析对比不同朝向下的温度表现，依据实际项目的用地条件确定出最佳布局模式。方案构想了"暖区—次暖区"的概念，用辅助性的次要空间包裹住功能空间，在北面将室温要求低的楼梯空间作为宿舍与室外的缓冲区，实现现实空间要求下北立面的开放需求。建筑严格控制北面外墙洞口数量与尺寸，南面开大窗尽可能多的让太阳光射入房间，辅以蓄热墙体使建筑迅速升温，夜间则通过外墙体系严密地控制热量的散失，保持室内热环境的稳定。

总建筑面积	1 255 ㎡
建筑设计单位	中国建筑西南设计研究院有限公司
气候分区	严寒地区
功能类型	办公楼
绿建特色	矩形平面、走廊组织、气候调节空间、北面小窗洞、南侧暖廊

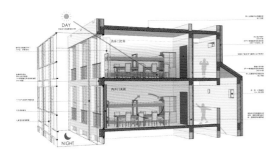

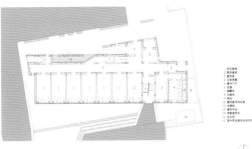

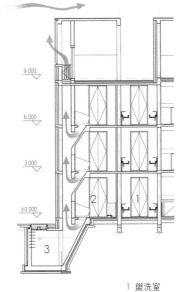

1 盥洗室
2 立体旱厕
3 保温化粪池

项目实例 28——北京动物园水禽馆

项目基于功能的需求，主要分为南侧鸟舍区与北侧人的活动区，两者通过围护结构形成双层嵌套的空间关系。建筑的外墙根据周边环境形成高低变化的折板形式，配合鸟舍区为促进热压通风而设计的两组覆斗状的拔高风塔，形成高低错落的形式，契合水禽岛上乔灌相间的景观特征。在材料方面，折形外墙采用人造再生的粗纹木板，廊桥围挡则就地取材，利用风干芦苇编织而成，从而在质感与色彩上使建筑进一步地融入环境。同时，在施工前对建筑周边的乔木进行精确的定位，确保其完整保留，从而起到荫蔽建筑的作用，形成视觉的"消隐"。

总建筑面积	335 ㎡
建筑设计单位	清华大学建筑学院、北京清华同衡规划设计研究院有限公司
气候分区	寒冷地区
功能类型	展览馆
绿建特色	紧凑体型、厅堂组织、拔风塔

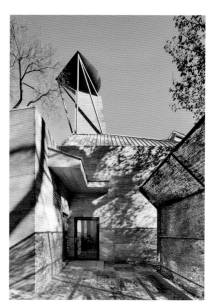

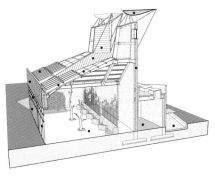
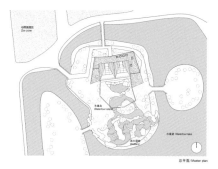

总平面/Master plan

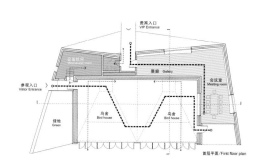

首层平面/First floor plan

项目实例 29——上海崇明体育训练基地一期项目 1、2、3 号楼

项目建筑群布局关注"气候响应"，采用环境整体生态模拟计算，将风、光、日照等作为基本参数，进行系统的性能评估与优化；采用顺势利导的保留策略，在三幢建筑之间创造一种柔性的界面，成为场地夏季主导风向的通廊。

基于对建筑通风、采光、热辐射的模拟，在建筑单体形态设计中，1号楼面向南向，建筑形态采用自下而上的扭转，最大化获得自然风的流畅与上部办公的南向日照；2、3号楼弧形的界面促进了夏季风的顺畅流动，在底层采用架空的格局。1号楼中庭空间利用热力学烟囱机理，借助空间竖井与顶部的太阳能加热板，实现自然通风组织。

总建筑面积	46 200 ㎡
建筑设计单位	同济大学建筑设计研究院（集团）有限公司
气候分区	夏热冬冷地区
功能类型	办公楼
绿建特色	矩形平面、走廊组织、中庭、气流组织

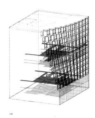

项目实例 30——扬州世界园艺博览会主展馆

项目主要体现山水格局和地域文化意象的表达；主展馆汲取扬州当地山水建筑和园林特色的文化意象，以"别开林壑"之势表现扬州园林大开大合的格局之美。建筑内部体现景观交融的展示序列；展厅从入口的集中空间到北侧转变为三个精致合院，游人的观赏序列随层层跌落的水面依次展开。在绿色建造示范和建筑持续利用上，主展厅建筑部分采用现代木结构技术。主要木构件均由工厂加工生产、现场装配建造，不仅是一种绿色建造，而且还有效提升了施工效率。

总建筑面积	14 300 m²
建筑设计单位	东南大学建筑学院 东南大学建筑设计研究院有限公司 南京工业大学建筑设计研究院
气候分区	夏热冬冷地区
功能类型	展览馆
绿建特色	组合平面、木结构、内院组织、气流组织

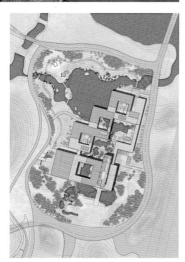
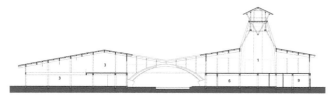

项目实例 31——岳阳县第三中学风雨操场兼报告厅

项目将自然通风和采光作为重要可持续策略，结合基本空间和形体进行了一体化设计。主席台的上部进行了拔高设计，高处设有一直敞开的通风口，通风口利用倾斜立面进行自遮雨设计，无须机械调节开闭。顶部设采光窗，塑造主席台的空间氛围。南北立面的底部，设置一排通长可开启的门扇，使用时可全部打开，利用风压与热压通风原理，最大限度地促进室内自然通风，降低湿度，改善室内环境。南侧的校园围墙与建筑之间设有窄巷，夏季可利用围墙遮阳适当冷却进入室内的空气。锯齿形的屋顶设有充足的采光天窗，保证阴雨天的室内自然光，每跨锯齿的立面上部均设通风百叶窗，避免热量聚集。

总建筑面积	1 368 ㎡
建筑设计单位	清华大学建筑学院 北京清华同衡规划设计研究院有限公司
气候分区	夏热冬冷地区
功能类型	体育馆
绿建特色	矩形平面、气流组织、天窗、拔风塔

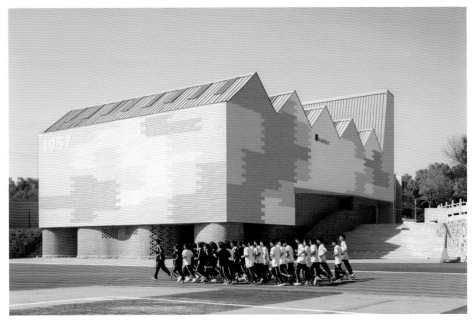

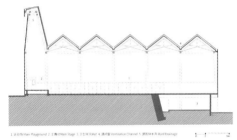

项目实例 32——贵安清控人居科技示范楼

项目设计目标为建成符合 BREEAM（英国建筑研究院环境评估方法）标准的近零能耗示范实验建筑，并采用多系统并行建造方式，建筑主体由木建筑系统、轻钢箱体系统、设备系统、外表皮系统这四部分构成。建筑采用被动式设计方法以回应当地的气候因素，如自然通风、太阳辐射控制以及自然光利用等等，并整合体现于建筑本体层面。建筑外表皮系统由首层的双层通风玻璃幕墙以及二层的藤编双层表皮组成，双层通风玻璃幕墙可根据外部环境昼夜性或者季节性的变化，通过对表皮通风口与开启扇的不同操作而达到预期的通风与热工性能表现。

总建筑面积	670 ㎡
建筑设计单位	清华大学建筑学院 北京清华同衡规划设计研究院有限公司
气候分区	温和地区
功能类型	展览馆
绿建特色	矩形平面、木结构、厅堂组织、气流组织、拔风塔、外遮阳

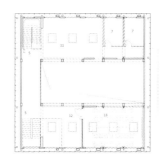

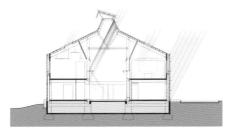
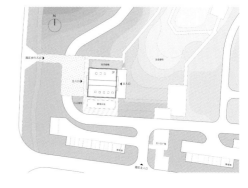
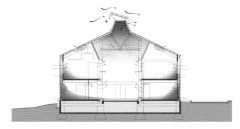

5　适应性导向的外围护介质与空间分隔

　　外围护介质是建筑内部与外部环境及能量交换的媒介。它包括建筑外墙、屋顶和地面等外围护结构与装置，也包括阳台、敞廊等室内外过渡空间。在工业化时代，建筑立面更多地被当作封闭外壳进行控制，以密封空间加设备调节获得室内环境的舒适度。但是在后工业时代，建筑立面设计概念更适合类比生物体的皮肤进行设计，像皮肤一样具有自动调节功能。根据室外环境的变化，动态的、智能的调节建筑外围护结构的控制模式，在满足室内舒适度要求的同时，与室外气候环境进行互动，充分利用和调节自然气候，达到节能环保的目的 [1]。在气候适应性导向下，建筑外围护介质不再是一个完全隔绝室内外的围护结构，而是根据内外差异及需求，利用可调节机制充分汲取有利条件的互动装置。

　　1970 年威廉·祖克（William Zuk）和罗杰·克拉克（Roger Clark）在《动态建筑》（*Kinetic Architecture*）一书中指出："如果一个建筑能够调解人的需求和外界环境的关系，那么内环境对物质能源的依赖就会减弱……，如果一个建筑能够满足我们的各种需求，那么它就要根据使用者的需求改变自身的形式。"许多既有的实践已经表明，通过可变化调节的建筑外围护介质及内部空间分隔可以实现建筑空间性能的变化。随着材料及加工工艺的日趋丰富与成熟，室内分隔也不局限于完全阻隔、静态的墙体，而更趋向于有针对性地对风、光、热、声进行过滤。根据不同的室内环境状况及活动需求，实时切换过滤的状态，从而最大限度地利用自然光、热及通风，减少对于建筑设备的依赖，达到节能减排的效果。

1　张雪松 . 高性能建筑立面设计研究 [J]. 建筑学报 , 2009(5): 81–83.

5.1 外围护介质的气候适应性设计

具有适应性变化能力的建筑外围护介质被称为自适应立面（Adaptive Facade），建筑和工程学科中也有用其他名称来表示其可变性的，如智能墙面（Smart Wall）、智能立面（Intelligent Facade）、互动立面（Interactive Facade）或响应墙面（Responsive Wall）等[2]。自适应立面最大的特征是可以随着时间的推移，对性能要求的变化和不断变化的边界条件，在不同的状态中做出反复和可逆的变化，以确保室内环境参数能维持在适宜区间。这种适应性变化可以体现在物质交换程度及速度的变化上，也可体现在不同能量类型间进行的转化上。

5.1.1 建筑外围护介质的基本功能类型

依据室内外能量物质交换的程度及方式，可将外围护介质的基本功能分为促进型、阻隔型、缓冲型、扩散型、回收型及储存型。

1）促进型

促进型外围护介质用来促进室内外能量的交换。当室外环境适宜或有针对性地加强能量交换时，常使用该类型。常用的设计手法如敞开或不设置封闭气候边界，通过热压或风压来提高通风效率，利用温室效应或深色墙面汲取更多太阳辐射等。例如深圳大学演会中心开敞式厅堂，根据当地气候条件，不设通高墙体（图5-1）。厅堂空间的四周围护只为防止强烈的阳光反射和改善音响效果而设，围护墙体设置洞口以利通风[3]。

苹果公司总部 Apple Park 是全世界最大的自然通风建筑之一，特殊的遮阳和百叶设计（图5-2）可使空气在建筑物内外部之间自由流动，一年中有长达9个月的时间不需开冷气。自然通风与冷却天花板相结合，再加上混凝土的高热容量，提高了建筑内的舒适度。通过自然通风空间降低了

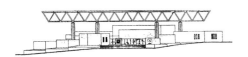

图 5-1 深圳大学演会中心东立面

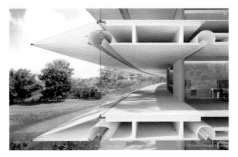

图 5-2 苹果公司总部 Apple Park 通风百叶节点设计

---

2 Romano R, Aelenei L, Aelenei D, et al. What Is an Adaptive Faade? Analysis of Recent Terms and Definitions from an International Perspective[J]. Journal of Facade Design and Engineering, 2018, 6(3): 65–76.

3 乐民成. 评析深圳大学演会中心的设计与构思 [J]. 建筑学报, 1989(9): 33–37.

感知温度，增加新鲜空气。

　　BRE Garston 新环境办公楼采用热压风压协同方式促进通风，其最显著的特征是五个独特的通风竖井［图5-3（a）］，也是自然通风和冷却系统的关键部分。夏季的阳光照进玻璃正面的竖井，加热里面的空气。受热空气从不锈钢"烟囱"中升起，带动室内空气流动。在有风时节，烟囱顶部的空气流动会增加"烟囱"效应，顶部的低能耗风扇可以提供更大的气流。在静风时节，空气从大楼北侧通过高层窗户进入。在温暖或有风的日子里（当有风时，北侧的空气不那么凉爽），空气通过弯曲的空心混凝土楼板中的通道被吸入［图5-3（b）］。由于混凝土的体积或热质较大，混凝土通过吸收进入的空气中的热量来冷却空气，并以冷水循环通过板坯来增强冷却。

　　2）阻隔型

　　阻隔型介质指可以阻断或抵消内外能量交换。最常见的如采用高效保温隔热材料来阻断热交换，采用浅色或反光材料来反射可见光中的热辐射，采用双层屋顶来阻挡阳光直射等。例如干热地区，墙体通常厚达50 cm，以利用其对外界环境变化的时滞性。在日照强烈的地区，很小的开窗就能为室内提供足够照明。在高温气候下，纯自然通风通常不受欢迎，所以小窗户通常更适用。外墙多用明亮的色彩，以减少对日照辐射的吸收。内墙一般也多用浅色，以利于创造漫射光。这些是相对静态的手法。

　　更积极的方法是采用主动抵消能量交换的方式，通过调节控制抵消程度来适应环境和需求的变化。NBF Osaki 大楼使用了世界上第一个外部蒸发冷却系统——BioSkin 系统。受传统竹帘的启发，室外使用了无釉多孔的陶质管道［图5-4（b）］。系统使用太阳能抽取收集的雨水，驱动水在管道内流过［图5-4（a）］。由于没有釉面封闭，水分会渗透出管壁蒸发，冷却建筑立面，抵消日照辐射热。在极端炎热天气使用 BioSkin 系统的情况下进行模拟的结果表明，整个外墙表面温度比室外温度低了10℃。微气候环境温度降低2℃［图5-4（c）］。该系统不仅可以降低室内空间的热负荷，同时也抑制热岛现象，为建筑周边微气候环境调节做出贡献。

　　3）缓冲型

　　缓冲型介质利用材料或者中间层相对外部能量变化的时滞性来延迟外部气候变化对内部的影响，从而调缓室内气候变化幅度，使之维持在相对

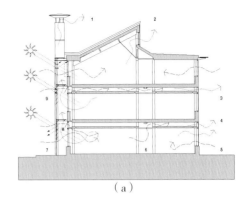

（a）

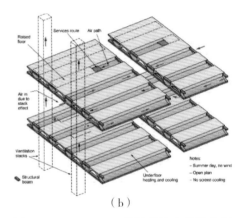

（b）

图5-3　BRE Garston 的新环境办公楼空气循环系统

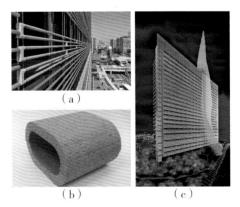

（a）

（b）　（c）

图5-4　BioSkin 系统

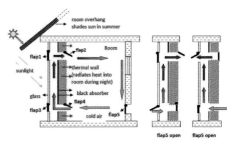

图 5-5　特朗伯集热墙空气流动原理

图 5-6　自然和环境学习中心（The Nature and Environment Learning Centre）集热墙设计

图 5-7　教室窗户中集成的太阳光反射板

舒适的区间。主要功能空间周边的外廊，热容量较大的外围护材料都能起到类似的作用。特朗伯集热墙（Trombe Wall）是一种依靠墙体独特的构造设计，无机械动力、无传统能源消耗、仅仅依靠被动式收集太阳能为建筑供暖的集热墙体[4]。集热墙是利用阳光照射到外面有玻璃罩的深色蓄热墙体上，加热透明盖板和厚墙外表面之间的夹层空气，通过热压作用使空气流入室内向室内供热，同时墙体本身直接通过热传导向室内放热并储存部分能量，夜间墙体储存的能量释放到室内（图 5-5）。

位于荷兰阿姆斯特丹的自然和环境学习中心采用集热墙设计，8 块深色的混凝土板被安装于南向墙上（图 5-6），其外是玻璃窗格，顶部留有狭长的木制悬窗。混凝土板在阳光照射下积累大量的热量。在玻璃窗格和热混凝土板之间的空腔中，通过自然通风来引导空气流动。悬窗将新鲜且被预热的空气引入教室。在一年中温暖的几个月里，悬窗会关闭，其他部分可以打开[5]。

4）扩散型

扩散型介质将外部能量更均匀或有指向性地扩散到内部更深入的位置。扩散型主要运用于室内光环境优化。建筑立面整合太阳光反射板（Light Shelf）、棱镜玻璃面板（Prismatic Panels）、全息玻璃（Holographic Optical Elements）、内遮阳反射百叶等技术，充分利用光的漫反射，加大自然光的入射深度[6]。除了传统的玻璃或金属作为透光或导光材料以外，ETFE（乙烯—四氟乙烯）等更轻质和柔性的透光材料的应用也逐渐增多，其材料特性更利于适应性调整。

在美国俄亥俄州瑟斯顿市小学（Thurston Elementary School）项目中，教室外窗集成了太阳光反射板，有效减少近窗口区域的阳光直射，同时将阳光通过反射板和天花板漫反射到教室更深入的区域（图 5-7）。对反射板曲率进行的精细化设计可使光线进入更为深入的区域。

因其轻质、高透射率，并可减少结构支撑，ETFE 越来越多地用于建

4　Jovanovic J, Sun X Q, Stevovic S, et al. Energy-efficiency gain by combination of PV modules and Trombe wall in the low-energy building design [J]. Energy and Buildings, 2017(152): 568-576.

5　Martijn A. Towards Adaptive Facade Retrofitting for Enegy Neutral Mixed-Use Buildings [D]. Delft: Delft University of Technology, 2018.

6　张雪松. 高性能建筑立面设计研究 [J]. 建筑学报, 2009(5): 81-83.

筑物。在可充气的中间缓冲罐上使用反光玻璃料动态改变屋顶的光学特性。巴塞罗那 Media-Tic 大楼的南立面即采用了类似系统，通过单元隔膜的控制来调节光照的扩散程度（图 5-8）。

5）储存型

储存型介质主要依赖大地作为大型蓄热体。在寒冷地区可利用地热和土的热惰性有效防止室内热量的散失。夏热冬冷地区，夏季地表温度远高于地下温度，也可通过地下空间为室内降温。

位于比利时科克赛德市的 Oostduinkerke 幼儿园，整体嵌入小山丘之中，大部分室内空间都由土层覆盖，通过天窗采光，利用屋顶作为主要活动场地，以此在寒冷的冬季能充分利用地热及土层的保温作用（图 5-9）。该建筑因其良好的隔热性和气密性，每年每平方米的供暖能耗低于 15 kW·h。

图 5-8 巴塞罗那 Media-Tic 大楼的南立面 ETFE 遮阳系统

5.1.2 适应性调节表皮的功能转换

外围护介质的适应性变化还体现在不同介质功能类型之间的转化或切换。目前，最常见的应用是通过机械或材料自身性质，控制外表皮的开启和闭合，从而实现促进型与阻隔型或促进型与扩散型的转换。

外部自适应遮阳的一个广受赞誉的案例是阿布扎比的 Al-Bahr 塔。这座 29 层高的建筑具有自适应折叠遮阳系统，该系统采用半透明聚四氟乙烯（Poly Tetra Fluoroethylene，简写为 PTFE）织物的三面伞形态。线性执

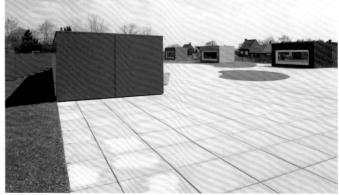

图 5-9 Oostduinkerke 幼儿园，左图为外部形体，右图为屋顶活动平台

行器由预编程的序列进行调节，该序列在白天发送不同的输入，激活从完全打开到完全关闭的五种不同操作配置的元件（图5-10）。根据设计估算，该系统将冷却负荷降低25%[7]。

麦地那清真寺广场的250个遮阳伞结合灯柱进行设计。平时为收起状态，广场完全是室外空间；在朝圣集会时，遮阳伞自动打开（图5-11）。其半透明质地将直射光转化为柔和的散射光，同时兼遮风挡雨的作用，使得室外空间快速转化为半室内空间，为朝圣者提供临时庇护。

5.1.3 适应性调节不同能量转化

室内环境对于物质能量需求类型与室外环境时常有不匹配的情况发生，适应性设计的另一个重要特征就体现在不同能量间的相互转化。其中最常见的是以电能为中介，将室外富余的光能、热能或风能转化为电能，

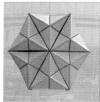

图5-10　阿布扎比的Al-Bahr塔遮阳伞系统不同的开关状态

图5-11　麦地那清真寺广场的遮阳伞闭合及开启状态

7　Barozzi M, Lienhard J, Zanelli A, et al. The Sustainability of Adaptive Envelopes: Developments of Kinetic Architecture [J]. Procedia Engineering, 2016(155): 275–284.

再为相关设备供电，获取室内照明或空调。也有直接利用热能转化为风能的，如热压通风；或光能转化成热能，如集热墙等。

1）光电转化

德国拜恩州兰茨胡特市的 Dr. Jockisch 大楼中，移动式光伏遮阳系统覆盖立面的 3/8，电动轮驱动装有 182 个光伏面板的结构跟随太阳旋转。在白天可获得最佳的遮阳，并发挥太阳能板的最大功效；在傍晚将电能提供给室内照明（图 5-12）。

2）热化转化

由太阳能产生的电量周期变化明显，如果峰值时产生的电量超过建筑本身的消耗量，则多余的电量需要储存或输入电网，相关设备的成本较高。如果转化成其他形式的化学能，临时存储起来，即可以避开电能作为中间形态的弊端。在名为 DoubleFace 2.0 的研究项目中，研究者将"相变材料"（PCM）作为缓冲热量的材料注入三维打印的墙体的一侧，另外一侧是 1 cm 的半透明气凝胶（图 5-13）。PCM 由于加热而变为液相，允许更多的光线穿透，并在其凝固时放热。墙在冬天白天吸收太阳的热量，并将其储存在相变材料中，晚上的热量释放到室内。DoubleFace 墙可实现约 36% 的采暖节能。在炎热的夏季，当双面墙以相反的方式放置时，DoubleFace 能够产生类似的冷却节能效果。

  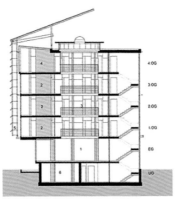

图 5-12　Dr. Jockisch 大楼中移动式光伏遮阳系统

图 5-13　DoubleFace 墙体

5.1.4　适应性调节的驱动形式

适应性调节驱动形式可以分为有源驱动（主动）和无源驱动（被动）。有源驱动指需要外部供电或驱动力来促使围护介质产生变化。无源驱动指无须外部电源或驱动力，围护介质从外部或者内外差异中自行获取产生变化的驱动力。

1）无源驱动调节

无源系统不需要动力和控制，并很少需要甚至不需要维护。其中一些系统会产生机械变化，比如依赖材料本身的性质或者内能的变化。常见的无源系统有双层表皮、木基响应性建筑表皮、光导向系统和Trombe集热墙、墙面绿植、静态太阳能系统、风动结构及一些智能材料等。

（1）木基响应性建筑表皮

气候反应装置艺术馆（Hygroskin–Meteorosensitive Pavilion）是一个能响应气候的建筑项目，通过表皮开口的收缩和扩张，自动地表现天气变化。起伏的凹形板采用木质塑料合成材料，它们向中心聚集成一簇簇形状像花一样的复杂的开口（图5-14）。这些开口与周围环境互动，会适应相对湿度的变化。周围的气候变化促成了一个安静的、关于材料特性的活动，通过表皮开口这一媒介进行传递，最后在内部空间中产生连续不断的闭合与光亮的波动效果。

（2）风动结构

布里斯班停车楼是被动式动态建筑表皮系统在调控环境舒适度需求较低的建筑上的首次尝试。当风触发约25万个悬挂的铝板时，停车楼的整个外部似乎都在流动（图5-15）。它为内部空间提供了遮阳和自然通风等实用的环境效益。

（3）立体绿植

立体绿化系统通过阻挡阳光辐射和阻隔进入墙面的热量，冷却建筑物内外部。加拿大国家研究委员会发现：垂直绿化系统可以极大降低空调负载，即室外温度降低5.5~8℃，减少空调能量消耗达50%~70%。

位于英国伦敦的诺斯伍小学（Northwood Primary School）设计利用自

图 5-14　气候反应装置艺术馆表皮

图 5-15　布里斯班停车楼外立面

身环境，教室面南使自然采光和通风、花园露台保证每个教室都与外部空间连通。该建筑利用木构架、生物质锅炉和平衡水池建造拼接的景观植物屋顶和绿色种植墙，减少二氧化碳排放和雨水径流（图5-16）。

图5-16 诺斯伍小学的绿化屋面

2）有源驱动调节

根据内外能量环境状态，主动提供驱动调节介质状态的驱动力来进行调节。这种调节可分为人为控制和系统控制两大类。人为控制如手动打开关闭通风设施、遮阳设施，适合调节频率较低、气象相对稳定的环境。系统控制由楼宇的自动化控制系统自动根据内外环境变化进行调节，如自动遮阳百叶等，适合调节频率较高、气象变化复杂的环境。

无源驱动调节介质不需要中央控制系统进行实时控制，就能根据环境变化进行调节，响应度高，后期运行成本较低，也不会产生额外的能耗，但是很难进行人为干预，可控性较弱。有源控制系统的人为控制类型成本较低，响应度较低。系统控制类型较为复杂，需要后期运行维护，但响应度高。值得注意的是，由于系统本身会产生能耗，当系统能耗大于节约能耗时，反而会产生浪费。

5.1.5 响应时节周期的适应性调节

对不同的气候时节做出适时变化是适应性外围护介质的一个重要特征。不同适应性界面的相应变化周期有所不同。有些外围护介质反应速度较快，可以做出实时反应；有些介质更适合季节变化的响应；有些则更适合于昼夜变化。

如图5-17中的集成式的可变模块可在建筑中根据四季环境变化切换相应模式：（a）在夏季白天切换为遮阳/空气过滤器模式；（b）夏季夜间切换为自然通风模式；（c）冬季白天切换为日光房模式；（d）春秋季节切换为日光房模式/空气过滤器模式[8]。屋顶蓄水或绿植，由于水和土的热容量较高，对气温的反应有一定的时滞性，因此可调节昼夜的温差变化。如土耳其博德鲁姆的发散别墅，建筑的屋顶覆盖着水池，用来收集

8　Li J, Lu S, Wang W L, et al., Design and Climate-Responsiveness Performance Evaluation of an Integrated Envelope for Modular Prefabricated Buildings[J]. Advances in Materials Science and Engineering, 2018: 1–14.

5　适应性导向的外围护介质与空间分隔 ｜ 165

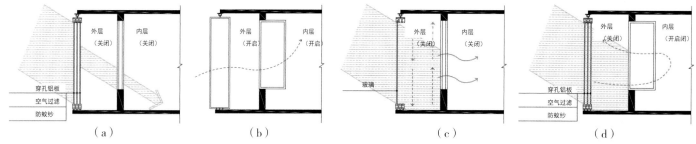

图5-17 集成模块在建筑物整个生命周期中的气候适应模式：（a）遮阳/空气过滤器模式（夏季）；（b）自然通风模式（夏夜）；（c）日光房模式（冬季）；（d）日光房模式/空气过滤器模式（春季和秋季）

图5-18 土耳其发散别墅

雨水。这些水从一个建筑物的屋顶流到另一个屋顶，如此循环流转，创建了一个在夏季的自然制冷系统（图5-18）。

5.1.6 不同气候条件下的介质类型及驱动方式

夏热冬冷气候区适合采用具备功能转化型介质，夏季遮阳通风，冬季采光防风；由于季节性温度变化较大，适合借助储存型介质，如利用覆土进行夏季降温或冬季保暖；在气象变化明显的情况下，可选择被动或系统控制的介质装置。

夏热冬暖气候区分湿热和干热两种。湿热地区宜采用光照阻隔型，用于遮阳，同时使用气流促进型，以利通风祛湿，并做好防潮处理；干热地区昼夜温差大，宜使用光照阻隔型，并以温度缓冲型介质来缓解。

严寒气候区的建筑南立面尽量采用光照促进型，北侧墙面选用热量阻隔或储存型，同时关注建筑室内外过渡空间，如门厅、楼梯间、阳台、地下室、屋顶平台、空中花园的热缓冲区域设计，使其成为良好的温度阻尼区，减少外围护体系热损失，提升室内空间热舒适度。

作为一种典型的大陆性气候，中国许多寒冷地区也具有冬冷夏热的特点，这就要求建筑表皮在冬季具有密闭、保温特征，而在夏季又有良好的隔热、散热性能。这种季节性和昼夜间的气候变化对建筑表皮做法提出矛盾性要求[9]。宜尽量使用光照促进型，热量阻隔介质，由于冬夏调节频率

---

9 张军杰. 寒冷地区住宅建筑动态适应性表皮设计研究 [J]. 新建筑, 2018, 20(5): 72-75.

较低，可采用人工调节控制方式降低成本。

综合各种建筑外围护结构策略，可以在各气候区形成一系列常用的建筑外表皮设计手段（表5-1～表5-5）。

5.2 室内分隔作为内部环境性能的调节介质

建筑室内环境性能的度量包括客观指标与主观感受。客观指标包括四个方面，即热环境、光环境、声环境与空气质量。其中，热环境包括室内温度、湿度、空气流速等；光环境包括照度与照度均匀度、眩光指数等；声环境包括噪声分贝、频率、回声等；空气质量包括二氧化碳等不同气体的浓度以及 PM2.5 等空气微粒物浓度。主观感受的内涵则更加多样化，既有人体对于冷、热、亮、暗等物理舒适度的感受，也有振奋、严肃、放松、紧张等心理层面的感受。这些度量的标准根据使用功能的不同，要求各异，既有各类场景普遍要求的共性，也有针对特殊使用场景的个性要求。

除供暖和空调等主动式调节设备外，室内环境的影响因素主要有空间布局与开窗方式等建筑设计要素，空间介质的颜色、材质、组织方式等硬装要素，以及家具等软装要素。建筑空间设计奠定了最为根本的性能设计基础。本节主要讨论室内空间分隔设计与内部环境性能调节的关系。

5.2.1 室内分隔介质的功能类型

空间分隔介质是建筑室内环境设计的重要物质载体，这些分隔介质包括墙面、隔断等垂直界面和楼地面、吊顶等水平界面。按其对室内空间气候环境相互间关联和影响程度的不同，可分为阻隔型、过滤型和通透型等。此外，设计师在功能、风格、空间效果等各方面的意图也往往通过空间分隔介质得到体现。

1）阻隔型

阻隔型介质起着空间隔离和性能隔离的作用，并对其限定的空间物理环境起到调节作用。在阻隔型介质中，不同材料与构造形式对热、光、声的控制效果不尽相同（图5-19）。在公共建筑室内空间的设计中，阻隔功

图 5-19　凹凸起伏的吊顶对光线漫反射和吸声的作用

表 5-1　不同气候区建筑外表面色彩变化趋势

严寒地区	寒冷地区	夏热冬冷地区	夏热冬暖地区

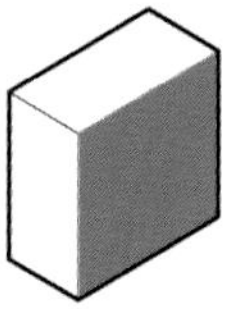

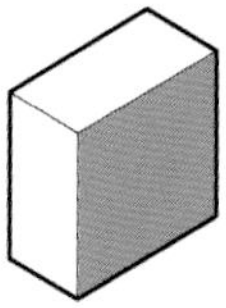

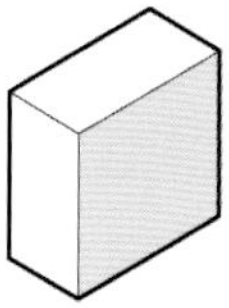

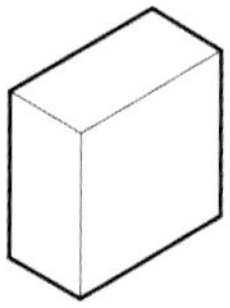

格萨尔广场建筑
玉树，中国

大同市博物馆
大同，中国

宁波图书馆新馆
宁波，中国

阿布扎比卢浮宫
阿布扎比，阿联酋

表 5-2　不同气候区建筑外表面反光性变化趋势

严寒地区	寒冷地区	夏热冬冷地区	夏热冬暖地区

 → → →

挪威人登山中心
翁达尔斯内斯，挪威

爱荷华大学视觉艺术馆
爱荷华城，美国

Kauffman 艺术表演中心
堪萨斯，美国

欢乐海岸设计博物馆
深圳，中国

表 5-3 不同气候区建筑外表面透光性变化趋势

严寒地区	寒冷地区	夏热冬冷地区	夏热冬暖地区

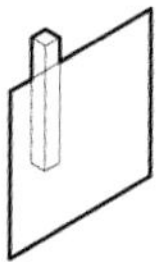

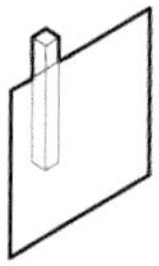

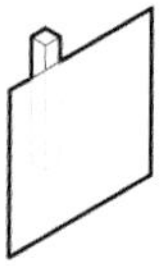

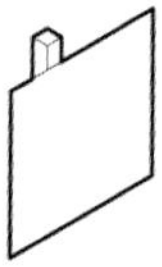

黑瞎子岛北大荒现代生态园
佳木斯，中国

卢浮宫朗斯新馆
朗斯，法国

良渚遗址保护与监测中心
杭州，中国

世界杯亚马逊竞技场
玛瑙斯，巴西

表 5-4　不同气候区建筑外墙保温层位置变化趋势

严寒地区	寒冷地区	夏热冬冷地区	夏热冬暖地区

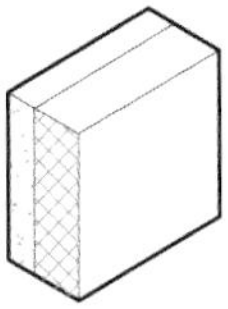

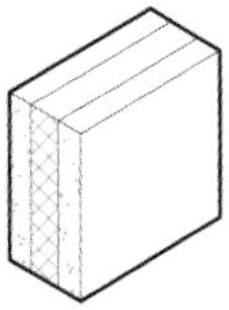

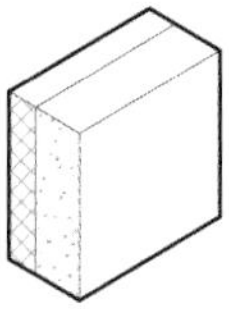

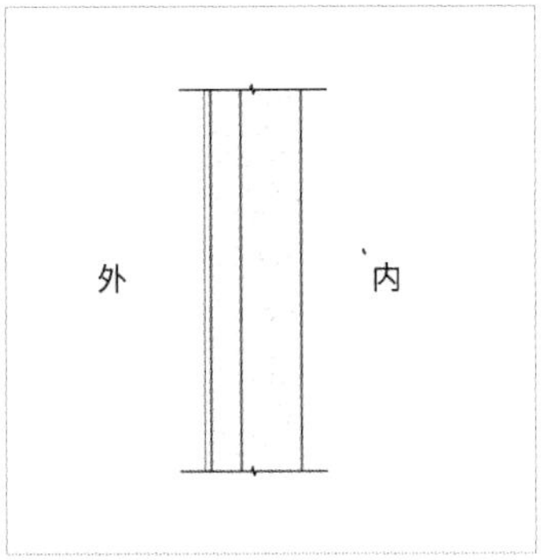

华润万象汇
哈尔滨，中国

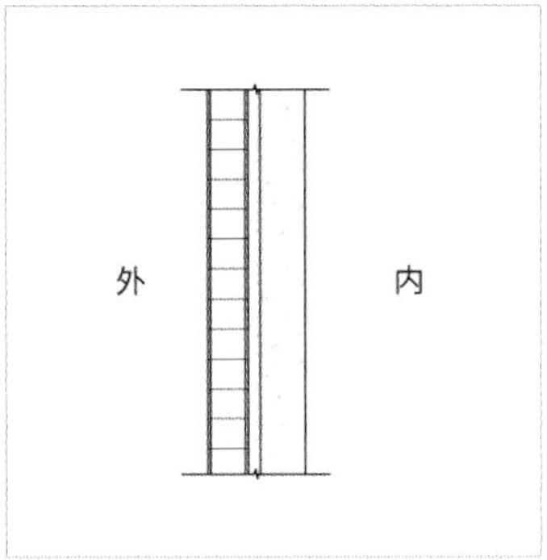

延安大学新校区图书馆
延安，中国

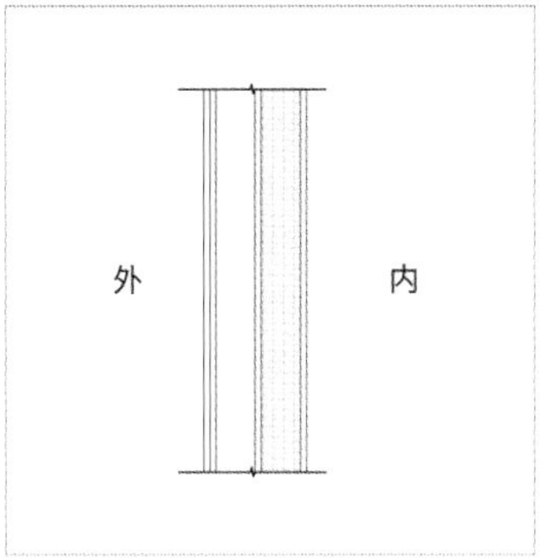

香港中文大学中央科学实验楼
香港，中国

表 5-5　不同气候区建筑外墙保温层厚度变化趋势

严寒地区	寒冷地区	夏热冬冷地区	夏热冬暖地区

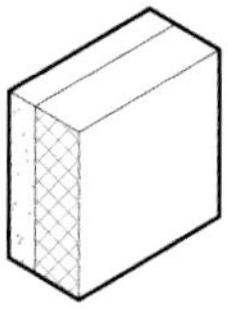

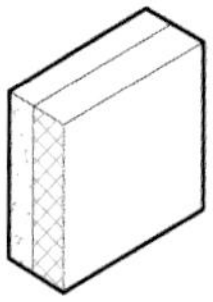

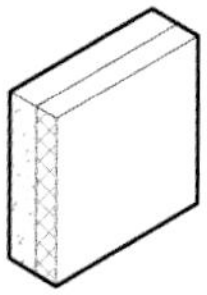

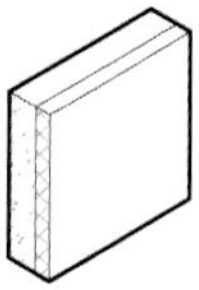

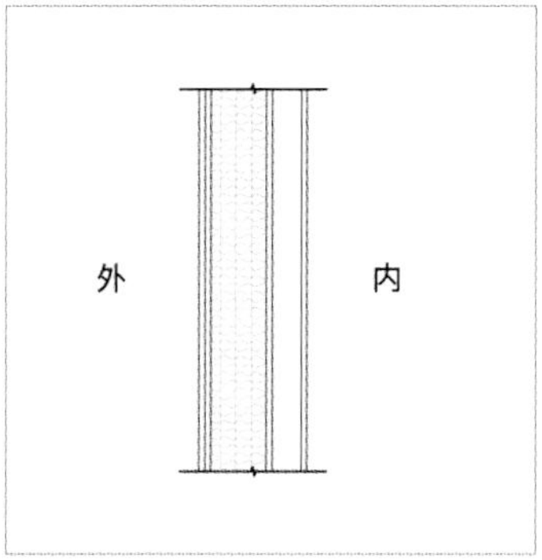 外　　内	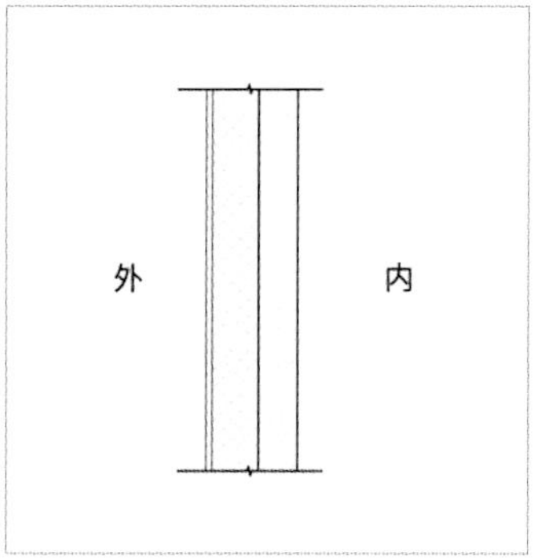 外　　内	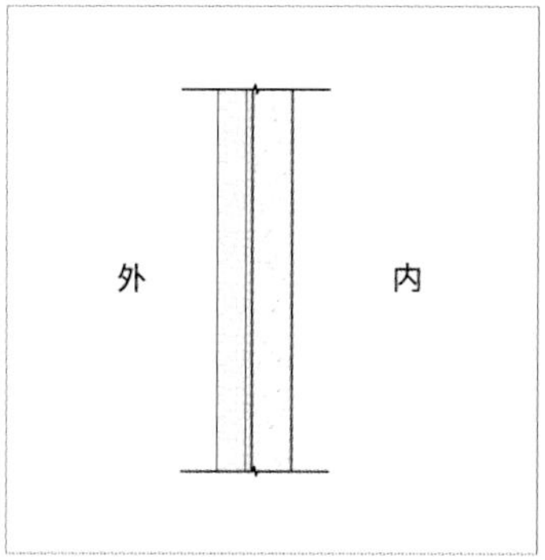 外　　内	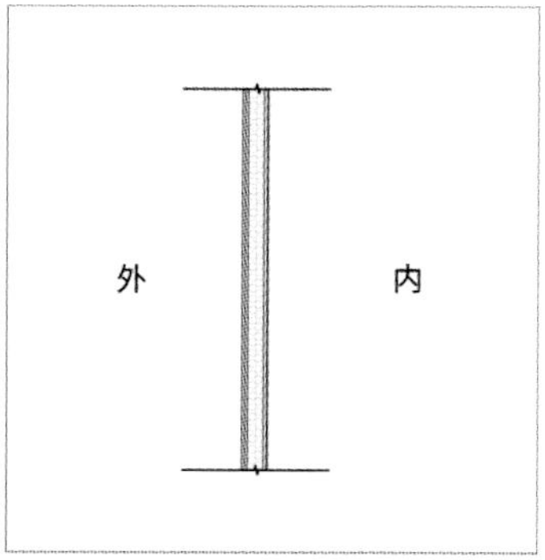 外　　内

扭曲博物馆
耶夫纳克尔，挪威

Bronckhorst 市政厅
布隆克霍斯特，荷兰

汤山矿坑公园游客中心
南京，中国

科技园路 5 号技术大楼
新加坡

能包括隔热、遮光、隔声等功能要素。在高性能空间、普通性能空间和低性能空间这些不同的气候性能区之间，通常应采用阻隔型介质。热物理性能不同的空间之间的分隔介质应选用低传热系数材料，或进行保温隔热处理，加强气密性，以防止热量流失。

2）过滤型

过滤型介质是指对室内空间中的物理环境要素具有选择性阻断或传导功能的分隔介质，通常适宜应用于公共性与私密性兼有的公共建筑空间内。这些建筑类型包括办公、学校、图书馆、展览建筑等；从空间来说，这些建筑共同的空间组织特征为大面积开放空间与小面积空间单元的并置。随着公共交往、开放办公、共享经济等理念的发展，这类建筑的室内隔断由以往的阻隔型为主逐渐发展为多样化的过滤型隔断。

各类过滤型介质对风、光、热、声的隔断功效各不相同。我国古代传统的屏风是一种典型的过滤型隔断。屏风的主要作用是阻挡视线、光线，还有挡风功效，对于温度和声音则无阻隔作用（图5-20）。在许多公共建筑中仍采用了类似手法，做出各式各样的风格与形态（图5-21）。

与玻璃隔断相反，栅格或镂空式的室内分隔介质并不阻隔热量传播，而过滤了部分的光和视线。空间彼此间的物理环境是联通的，只有在特定角度才有视线通透（图5-22）。

过滤型阻隔对于物理环境的不同标高可以具有选择性。随着高度变化，视线和空气性能等均有不同。不同的过滤方式影响了空气的流通方向。由于热空气上浮，冷空气、二氧化碳下沉，地热或暖气片、空调或供暖的不同方式会影响空气的循环流动方式，不同的过滤介质位置可起到不同作用。

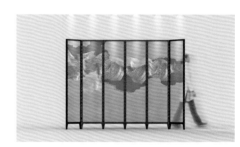

图 5-20　建筑中的屏风

图 5-21　屏风式样的隔断

图 5-22　大型家具展中的一个展位设计

图 5-23　上部隔绝视线下部
通透阳光的隔断设计

根据人的活动与声、光、热传播的过滤性要求，隔断介质可有不同通透形式的设计选择（图5-23）。

有些过滤型的隔断结合了置物功能，根据使用情况不同，隔断的通透程度也有所变化。在杭州首创阅书馆中，以木构架作为书架兼做空间的分隔墙体，同时吊顶、桌面、楼梯等形式也与之配合，营造出独特的光影效果（图5-24）。

3）通透型

玻璃或其他透明材质是通透型隔断最常用的材质。在室内，玻璃隔断发挥其隔声、隔热但不隔光的特性，既保证单一空间的私密性，又减少人工采光，环境通透明亮。因此，通透型也可以说是一种特殊的过滤型分隔介质。在办公类建筑中，已越来越多地采用玻璃隔断分隔房间，尤其是在小型办公室、会议室等空间与走廊、公共区域的分隔处。由于各空间单元占据了直接临外窗的面宽，这种分隔方式相当于延伸了靠窗面的进深，提升了自然光对走廊的照明作用，降低了照明能耗（图5-25）。同时，这种空间环境也促成了简洁明快、开放协作的办公氛围。

根据空间所处位置的不同，玻璃隔断起到活跃空间的调节作用。澳大利亚麦格理银行，其内部与中庭相邻的小房间，根据位置与朝向的差异，选用不同透明度的玻璃完成隔断，增强了间接采光，且活跃了空间氛围（图5-26）。

采用不同的装饰玻璃可以满足不同功能需求和空间效果。磨砂、雕花、热熔、玻璃砖等不同的装饰玻璃均具有隔声隔热功能，但对光线的过滤程

图 5-26　中庭的玻璃隔断增强采光
的同时活跃了空间氛围

图 5-24　以书架作为空间隔断

图 5-25　玻璃隔断办公提升自然光线对走廊
的照明

度不一。例如磨砂玻璃是对光线通透与视线遮挡的双重考虑下的设计结果（图 5-27）。

5.2.2　空间分隔介质的适应性调节方式

　　室内空间分隔介质的适应性调节包括两种主要方式。一种是充分利用隔断材料自身的适应性调节功能，例如玻璃隔断采用可控制光线、调节热量的新型材料的光感、热感玻璃等。另一种是通过隔断形式的改变，改变空间之间的关系，从而达到对室内性能的调控。

　　1）利用材质自身的调节特性

　　电致变色玻璃是一种典型的具有适应性调节功能的隔断材料。利用传感器进行控制的电致变色玻璃可以根据使用的需要选择透明、不透明两种状态，从而实现对空间的适应性分隔。电致变色玻璃可应用于不同场景。例如在特拉维夫的一所儿童医院，采用了这种智能玻璃。不仅使得空间通透明亮，且避免了窗帘带来的清洁问题，方便操作，对于病人的环境心理也有积极作用（图 5-28）。

　　2）以分隔方式的变化进行空间调节

　　隔断形式的适应性调节既包括若干传统的人工手动的构造形式，也有智能化开关控制等多种技术形式。可移动的墙面可以最大限度地发挥大空间的可变性，最大限度地在单一空间中满足不同使用场景的要求。可移动墙面可采用互锁的面板系统，根据使用要求进行全封闭、半封闭、全开敞

图 5-27　装饰玻璃的透光与视线遮挡功能

图 5-28　特拉维夫 Dana-Dwek 儿童医院中的电致变色玻璃隔断

图 5-29　移墙对空间分隔的调节作用

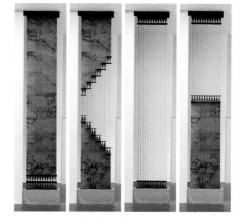

图 5-30　调节隔断程度同时改变造型的"扭梳"隔断装置

以及拆卸等不同处理，操作简单方便，节能快速有效（图 5-29）。

分隔方式的变化在传统的移门、旋转门等形式的基础上，可以有多种形式的变化。例如利用"扭梳（KUFtwist）"模块安装在垂直幕帘上，在上下移动时将幕帘材料扭绞以形成不同的开合状态，在改变空间隔断程度的同时实现了不同的隔断形态（图 5-30）。

5.2.3　室内分隔适应不同使用场景的动态设计

在不同使用场景下，室内空间的分隔类型与形式有不同的侧重。这里的不同使用场景既包括物理意义上的，例如根据气候的炎热或寒冷侧重于考虑通风、散热或是保暖、采光问题；也包括使用意义上的，例如根据使用人数、使用时段的差异进行空间体积大小、联通或隔断等空间组织问题。尽管不同的使用场景存在具体差异，室内空间分隔的绿色性能化设计已呈现出一些共同的发展趋势：

第一，鼓励空间的开放性。开放性空间能提供良好的采光、通风环境，增加建筑内部空气循环的质量。通达明亮的环境减少了压抑感，使空间给人的心理感受明快开朗，增强了人心理的舒适度，提升了人与人之间交往的频率，促进了公共空间活力。

第二，强调空间的灵活性。由于建筑室内空间所面对的功能与环境存在变化，既要面对物理环境指标，又要兼顾使用的个性化行为需求。因此，空间的适应性、可持续、可改变的特征往往决定了空间长远的使用效率与环境质量。提供空间灵活性的方式有很多，包括开敞、不设限定的空间尺度，可变的隔断形式与材料等。根据功能与环境变化的方式，可在建筑空间、隔断形式、选用材料等不同层面进行适应性设计。

第三，增强空间的智能性。良好的室内使用空间并不是一成不变的，而是应该随着实际的使用情况进行调整的。智能化的空间可以提高调整的时效性与合理性。传统的空间适应性产生于人对空间的主动调整，例如开关设备、推拉移门等，而现代的空间可以运用更多的对环境的精准测度、大数据分析、物联网与人机互动等软硬件技术实现空间环境的智能化调整。

上述发展趋势在不同的地域气候和不同的公共建筑类型中有着不同的

类型选择和方式方法及程度的差异。在气候温和且时节差异不大的地区，开放性灵活空间最易于被充分运用；在严寒地区，这种开放性灵活空间的设置就需要置于建筑内部合理的热工分区前提下；在炎热地区，需要结合空调制冷的合理分区而进行设计；冬冷夏热地区的开放性灵活空间则面临不同季节气候性能的矛盾需求。显然，适应性和适变性是一种更根本的设计理念和方法技术导向。室内空间分隔设计与智能化运维的有机结合正在开创一种新的绿色室内设计新风尚。

5.2.4　基于室内环境行为分析的布局优化设计

　　本小节通过一个案例例证公共建筑室内空间布局在气候性能与使用行为适应性的交织影响中展开精细化设计的可能潜力，以某高校图书馆中的一个阅览室为实验样本，以室内气候性能与使用者行为心理模式的交互影响机制为指引，引介了一种从数据的采集、整理和分析到设计改进的优化设计流程。这项研究借助高精度室内定位系统及无线传感网络，对阅览行为，室内照度、温湿度等物理参数进行精细粒度的采样。通过对采样数据的可视化及统计分析，发现不同环境条件下的行为偏好和规律，结合数字调查问卷，发现既有空间布局的不足。在此基础上提出流线、功能布局等设计层面的改进策略，并对阅览室空间进行了设计优化。

　　该阅览室平面呈矩形，南北长 16 m，东西长 18 m，净高 4 m（图 5-31）。东边为实墙，其余三面大面积开窗，并配有内部遮阳帘。阅览室主要出入口在东北角。室内均匀排布三排阅览桌椅，间隔以走道，东侧靠墙有一排书架。观测时段为 2018 年春季，室内采用自然通风，未开启空调。白天主要依赖自然采光，辅助灯光照明，南侧阳光较好时，遮阳帘常处于遮蔽状态，避免阳光直射。使用者主要是来自习或查阅资料的大学生。

　　研究采集了三种类型的数据，包括人员行为轨迹数据，室内物理环境数据及使用者个人背景信息数据。

　　人员行为轨迹数据采用东南大学建筑学院建筑运算与应用研究所研发的高精度室内定位系统。该系统基于超宽带 (Ultra-Wide Band, UWB) 技术，定位精度高（±20 cm），可实现多目标同时跟踪，具有可视化操作界面，

图 5-31　阅览室位置及内部环境

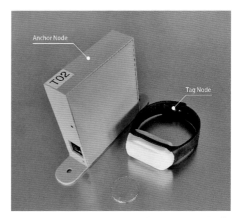

图 5-32 室内定位基站、标签及多功能传感器

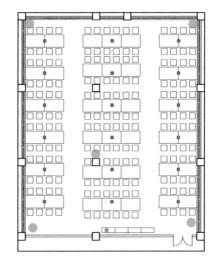

• 多功能传感器 ■ 数据终端 ■ 定位基站

图 5-33 监测设备安装位置

操作简便。设备主要由标签、基站及运行于笔记本电脑的服务终端组成（图 5-32）。基站设置在室内固定位置，标签由被监测人员随身携带，标签通过与三个基站间的三次测距，使用 TOA（Time of Arrival）[10] 算法来计算基站间的相对位置。标签定位频率 2 Hz。实验中，在阅览室的四角及中心位置放置了 5 个基站（图 5-32），固定在 2.5 m 水平仪三脚架上。标签由管理人员在阅览室入口处发放给被观测者，并在他们离开时回收，同时提供数字问卷获取背景信息。

室内物理环境通过 LifeSmart 的无线传感网络采集，其多功能传感器模块集成了照度、温度及湿度传感器，体积小，且可通过纽扣电池供电长期工作。本次试验在阅览室内均匀布置 18 个多功能传感器，以便采集到室内不同区域的环境参数（图 5-33）。

被监测人员的背景信息以数字问卷的形式获得，监测人员在离开阅览室归还标签时，用手机扫描问卷二维码进行填写。填写内容包括：所持标签序号；个人基本信息，包括性别、年级和院系等；行为偏好，包括同行人数、来图书馆的目的以及座位的选择偏好。

数据收集从 2018 年 5 月 10 日开始至 5 月 27 日结束，历时 18 天。共收集有效数据样本 473 组，定位数据包 180 000 余条。室内定位数据、建筑物理环境数据以及用户个人信息数据通过其时间戳一一对应，并录入 MySQL 数据库中储存，以便调取进行数据分析。

定位数据的可视化直观地呈现了空间中人的行为活动状态。数据实时反映了某一时刻空间中人群的分布状态和聚集程度，并可通过一段时间内空间位置数据的累积叠加，得出人群分布在时间维度上的变化。通过可视化程序，从数据库中调用定位点数据，并描绘出每日标签的活动轨迹。将数据收集期间的所有轨迹数据叠加，得到该空间内的流线密度分布图（图 5-34）。可以清晰地看出一条环形的主流线，并且这条环形流线靠近入口的半部人流经过次数较多，临近入口的南北向走道几乎承担了室内所有的南北向人流。而远离入口的西侧半部被使用次数相对较少，利用效率较低。

凭借足够的定位精度，依据行为与位置的关联性，定位数据进一步转译为空间中的行为数据。使用定位系统所在的坐标系，为该阅览室中的

---

10 到达时间算法，根据型号在空中的飞行时间来计算距离。

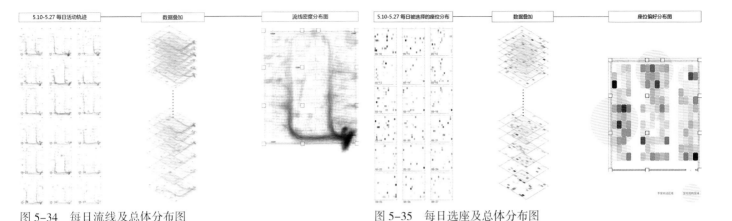

图 5-34　每日流线及总体分布图　　　　　　　　　　图 5-35　每日选座及总体分布图

168 个座位设定各自的坐标，使之与定位程序获取的位置数据相对应，并设定当定位标签在某一座位停留时间超过 10 分钟时，则认定持有该定位标签的同学选择了该座位。由此得到每一个定位标签全天所选择过的位置以及它在该位置所停留的时长，图中方块颜色越深，表示停留时间越长。进一步，通过将整个数据收集期间每天被选择的座位进行叠加，得到该阅览室的座位偏好分布图（图 5-35）。根据图中所示，阅览室南面靠窗中部、西面靠窗中部、东面中部是相对更受使用者欢迎的座位，而北面靠窗、阅览室中部以及入口以外的三个角落的座位，被选择的次数则相对较少。

通过在阅览室内均匀布置的环境传感器，可以得到各项环境指标分别在时间维度（一天中的不同时刻）和空间维度（不同空间位置的分布）上的变化（表 5-6）。其中，温度的成因比较复杂，同时受到人员密度、光照、室内外空气交换的影响。总体上有西侧和中部两个高温带，东侧靠墙位置始终是低温区域。但总体温度变化范围在 23.9~26.8℃之间，属于比较舒适的温度区间。湿度总体呈现西低东高的趋势，变化范围在 59.7%~78.1%之间。8 点阅览室开放时，经过一晚的积累，湿度较大。随后西侧的湿度逐渐降低。春季 50% 的相对湿度较为适宜，由于阅览室温度不高，即使湿度偏高也不会让人有闷热感。总体上看，湿度与选座的关联性也不大。照度的分布主要受朝向、自然采光和室内照明的影响，其变化范围在 39.3~116.3 勒克斯。既有研究表明，阅读所需最低照度是 30 勒克斯，最适合的照度约为 60 勒克斯左右。20 点以后的照明主要依赖室内照明，因此，

表 5-6　各时段温度、湿度、照度分布与选座的对照关系

	8	9	10	11	12	13	14	15	16	17	18	19	20	21
在位情况														
温度分布														
湿度分布														
光照分布														

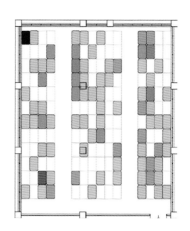

■　两人或多人同往用户选座
■　独自前往用户选座

图 5-36　独自自习与结伴自习选座分布图

阅览室灯光照明提供的照度相对偏低。白天阅览室南面靠窗中部、西面靠窗中部、东面中部的照度较为合适，而北面靠窗、阅览室中部照度偏低，入口以外的三个角落的座位白天照度偏高。这与选座信息产生了较高的耦合性，照度偏高和偏低区域的选座率都相对偏低。尤其是下午 17—19 点左右，因西晒，西侧靠窗座位出现大量空座。因此可以看出，光照是选座的主要影响因素。

除物理环境的影响，心理因素也会对选座产生影响。心理学家德克·德·琼治（Derk de Jonge）曾提出心理学中的"边界效应"理论，即人们喜爱逗留在区域的边缘，而区域开敞的中间地带是最后的选择。这是一种出于人的安全感和领域感的需求。这一原理解释了阅览室中部的选座率较低的原因。此外，个人偏好对于座位选择也有显著的影响。研究小组对独自和结伴而来的学生选座情况进行统计，图 5-36 中，紫色方块表示独往自习的同学所选择的座位，而粉色方块表示两人或多人同来自习的同

学选择的座位。可以看出，独自一人更偏向于选择更靠近入口的座位；而结伴而来的更倾向于离入口较远的对角位置，其原因可能是结伴而来的学生倾向选择更私密的位置进行交流。

经过观察和数据分析，可以发现既有室内布局的不足：第一，座位排布方面，阅览室中央部位的利用率明显偏低，光照不足以及中间部位缺乏安全感是两个主要原因。除入口区以外的三个角部空间，白天阳光直射，照度过量，影响了使用率。为避免阳光直射，室内遮阳帘不利于室外景观的引入。第二，流线组织方面，现有的两条平行走道末端使用率低，还占用了西侧较受欢迎的靠窗空间。第三，桌椅设计方面，桌椅均质排布，缺少空间分隔，导致不同的空间私密性、安全感需求难以得到满足。独自前来的学生往往相隔一个位子而坐，导致席位资源浪费。

针对上述问题提出了解决方案，并对室内阅览空间进行重新排布（图5-37）。在主要流线组织方面，将原有西端走道向东偏移，形成环路，留出更多靠窗座位，同时分担东侧南北向走道的人流。实验开始前，原本认为入口处由于人流较多，会降低此处座位的使用率，需要增加缓冲空间来降级影响，但实际上此处的使用率并不低，因为阅览室内学生走路都很安静，不会对阅读产生很大影响。有些进来短时间自习的同学，并不愿意深入阅览室纵深，临近出入口方便随时离开。因此，设计优化过程中，入口处无需放大缓冲处理。在平面布局方面，走道向内一侧布置低矮书架，在不影响采光的前提下为阅览室中央区域的座位形成围合感。在桌椅设计方面，提供了单人桌和多人桌等不同的组合方式，满足不同的需求（图5-38）。采光方面，南侧增设水平遮阳，西侧增设垂直遮阳，避免直射光。阅览室中部和东侧靠墙部位增加人工光源，弥补照明不足。

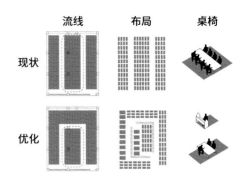

图5-37 室内布局设计优化

图5-38 设计优化后的室内透视

项目实例 33——上海花博园竹藤馆

项目根据气候特征,将绿色技术整合进场地景观、建筑形态与建造技术之中:镜面水池与编织结构构成良好景观的同时起到夏季蒸发散热,冬季蓄热,调节微环境温湿度的作用;置于水池底部的辅助用房则利用土壤的蓄热能力达到被动式节能目的;半围合的编织结构采用一种具有空间深度变化的编织方式,具有很好的夏季遮阳效果,结合下沉庭院,为观展人群提供躲避日晒且通风良好的室外休憩、活动空间,同时,编织结构采用复合竹材——高强度竹基纤维复合材料以穿插编织的方式固定于双层索网之间的建造方案,对新型绿色竹材进行了建构性的表达。

总建筑面积	350 ㎡
建筑设计单位	华东建筑设计研究院有限公司
气候分区	夏热冬冷地区
功能类型	展览馆
绿建特色	圆形平面、下沉庭院、外遮阳

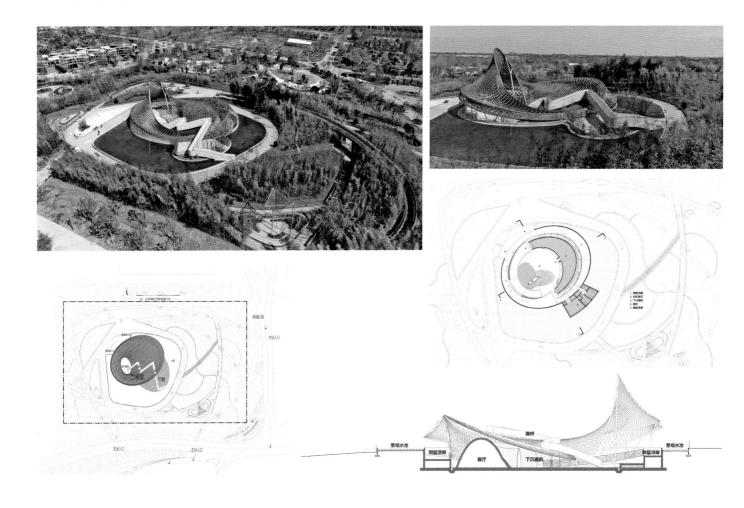

项目实例34——普天上海工业园智能生态科研楼

项目建设目标为集成优化可持续性绿色建筑设计策略；探索在冬冷夏热气候区通过合理的空间组织和构造设计，以零能耗或少能耗的方式，来实现对室内外环境舒适度的调节。建筑空间结构与形式风格设计遵循简洁、高效、节约的主旨，体现生态建筑的特性与技术美的形式特征，结合对自然与文化的人文关切。整栋建筑的技术设备采用高整合度的智能系统控制，利于展开建筑环境智能控制系统的研发与产业化实验，创建冬冷夏热地区智能型高舒适度低能耗建筑的范例。

总建筑面积	4 369 ㎡
建筑设计单位	东南大学建筑学院东南大学建筑设计研究院有限公司
气候分区	夏热冬冷地区
功能类型	办公楼
功能类型	组合平面、厅堂组织、中庭、遮阳

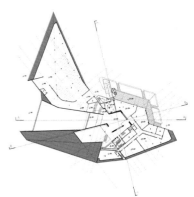

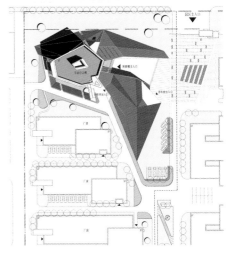

项目实例35——丹徒高新园信息中心

结合地域气候和场地特点，综合采用如下主要设计策略：（1）利用场地高差及河流等地形条件，塑造海绵场地环境。结合功能分区，把公共服务与展示空间置于城市道路标高以下，与滨河绿地整体设计，打造具有雨水收集和利用功能的公共环境。（2）优先采用被动式节能措施：低体形系数、支持自然通风和采光的建筑空间组织、保温墙体和遮阳构件组成的外维护结构、植草屋面和蓄水屋面。（3）有选择地运用主动式节能措施：地源热泵系统、热湿分离的全热回收空调系统、向阳面的光伏发电系统。

总建筑面积	6 789 ㎡
建筑设计单位	东南大学建筑设计研究院有限公司
气候分区	夏热冬冷地区
功能类型	办公楼
绿建特色	矩形平面、厅堂组织、气候调节空间、外遮阳

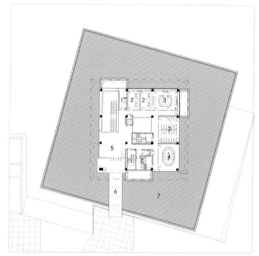

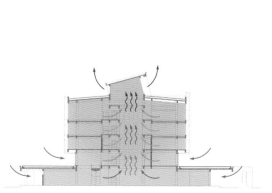
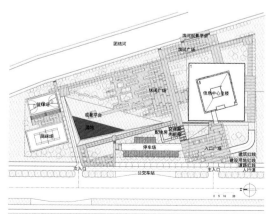

项目实例36——渭南职业技术学院图书馆

该项目的气候适应性系统设计主要包括:(1)采用图书馆与学术报告厅、艺术馆、校史馆、医史馆、会议中心高效复合的功能设置模式。(2)采用"皿"字形平面形态,通过大开间、小进深的布局和两个绿化庭院的设置,使阅览室等主要功能用房白天基本不使用人工照明,有利于形成夏季"穿堂风"。(3)中庭屋面不设大面积玻璃采光顶,采用锯齿形天窗加排风扇,使中庭避免了眩光和温室效应。(4)剖面设计利用中庭和裙房上的多组单坡屋顶采光天窗组织气流,形成贯通各楼层的"烟囱效应"自然通风系统,夏季有效降温。(5)采用廉价、高效、耐久的"夹壁墙"外墙构造,形成热惰性良好的保温隔热体系。(6)节能与造型设计结合,竖向遮阳构件采用偏转组合的手法,形成完整且具有设计感的建筑立面。

总建筑面积	28 000 ㎡
建筑设计单位	中国建筑西北设计研究院有限公司
气候分区	夏热冬冷地区
功能类型	图书馆
绿建特色	矩形平面、内院组织、中庭、内院、外遮阳

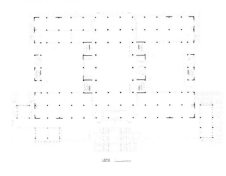

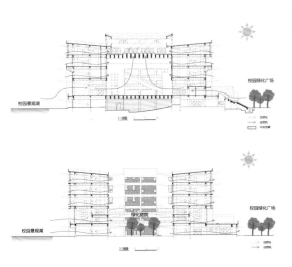
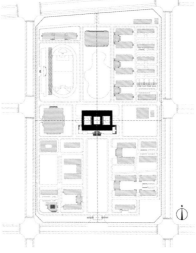
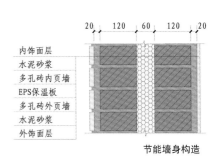

节能墙身构造

项目实例 37——海南生态智慧新城数字市政厅

项目结合建筑—景观一体的设计思路，将景观体系布置成完全对公众开放的公园式景观体系。建筑空间结合能源策略的调整，即局部开放的室外、半室外区域没有人工空调系统介入，局部封闭的室内区域采用了空调系统，从空调使用总量上，得到了极大的消减；建筑结合遮阳系统、巷道—庭院系统以及天光系统，最大限度地将自然光和通风引入建筑，延长过渡季不使用空调的时间。此外，建筑立面利用陶板本身构造工法特点，学习海南传统民居火山岩砌筑的方法，构造了独特的遮阳体系。

总建筑面积	11 198 ㎡
建筑设计单位	清华大学建筑学院 北京清华同衡规划设计研究院有限公司
气候分区	夏热冬暖地区
功能类型	办公楼
绿建特色	坡地、厅堂组织、中庭、外遮阳

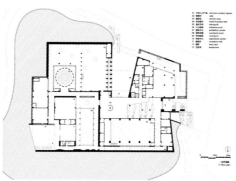

6 绿色公共建筑集成化设计的过程及协同要素

　　气候适应型绿色公共建筑设计超越了传统绿色建筑性能化设计和能效提升的有限目标，触及建筑设计的方方面面，其对设计流程及组织要素无疑提出了以建筑师为核心的新的集成和协同要求。这种集成性不再是各设计要素及专业分工的简单拼合，而是系统地体现在对气候适应型建筑空间形态的层级性构造的把握，体现在"信息获取—设计构想—性能评估—设计优化"的迅速反馈与交互上，体现在多专业工种从线性传递流程转向全流程的密集协同上。集成化设计对各设计参与方的视野、知识、技能和组织机制提出了新要求，并依赖协同介质及平台的创建和升级。

6.1　绿色集成设计过程的演变

6.1.1　基于二维协同的设计过程

　　建筑设计的原始方式表现为使用者与工匠合作的二元组织结构。随着专业建筑师的出现以及专业分工的细化，建筑设计的组织方式也在逐渐演变。工业化生产的大规模建造需求，将建筑设计工作不断推向了集体协作的高效率模式。20世纪末以来，在计算机辅助设计工具技术的推动下，基于二维绘图工具的多专业协同过程已成为大中型建筑设计机构的主流作业模式。

　　基于二维协同的设计过程是以线性流程展开，各专业工种以建筑专业设计的阶段性成果为基础，使用二维绘图软件、工具，经过互提条件、条件反馈，最终形成设计成果的过程。多专业协同工作一般从初步设计阶段开始，延续到施工图设计阶段结束（图 6-1）。在这一工作流程中，建筑的性能设计大致经历了依靠经验积累提出形态设计构想、性能验算、调整与深化设计、规范标准复核等过程。

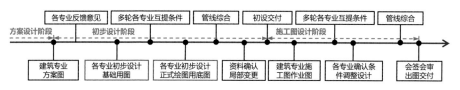

图 6-1　基于二维协同的设计过程

6.1.2　基于模拟分析的设计优化过程

目前，以绿色建筑评价认定为目标的绿色建筑设计实践，多采用基于模拟分析的设计优化过程。基于模拟分析的设计成果迭代优化是实现绿色评价指标的关键环节。建筑设计过程中以设计模型为载体，在综合分析项目设计条件的基础上，开展设计创造，同时对性能相关的设计参数进行模拟分析并迭代优化，通过循环上升的设计成果和数据反馈，逐步深入优化和提升设计方案（图 6-2）。

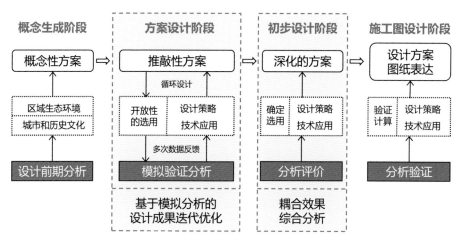

图 6-2　基于模拟分析的设计优化过程

在概念设计阶段，设计团队通过现场踏勘、资料收集和数据分析，对项目基地的区域生态环境、城市和历史文化进行充分的设计前期分析，提出设计概念，并转化为空间形态，确立概念模型。针对概念模型进行规划布局、建筑形体、空间形态的合理性评价。

在方案设计阶段，设计团队通过对空间、结构、围护等层面设计策略和技术应用的适应性选择，深化建筑方案，形成推敲模型，并针对光、风、热环境等技术措施的效果进行模拟分析，验证其适用性，进而依据分析结果进行多轮方案调整。

在初步设计阶段，设计团队完成建筑设计调整、机电技术策略优化，并对最终确定的设计策略和技术应用的耦合效果进行可行性分析评价。

在施工图设计阶段，设计团队通过各专业协同工作，完成全专业的绿色设计成果表达，并进行建筑能耗验证计算，检验设计目标完成度。

在对经验判断进行量化分析评估的要求驱动下，基于模拟分析的设计成果不仅限于设计图纸，还包括设计过程中支持多专业协同工作、可传递的设计模型，以及设计策略和技术应用的相关性能模拟、验算报告。

6.1.3　设计工具的发展推动设计流程的演变

目前，随着计算机模拟技术的进步、算法的优化和算力的提升，即时对建筑设计方案进行光、热、风、能耗、地表水汇集等方面模拟的时间和人力成本虽不尽人意，但正在逐渐趋近可接受的水平。同时，模拟验证分析工具在种类、问题针对性、数据可靠性等方面都取得了较大的发展。美国能源部能源效率和可再生能源办公室公布了 392 种建筑能源设计和分析软件[1]。当前国内市场上模拟技术软件平台和工具很多，涵盖了绿色建筑性能的诸多方面（表 6-1）。

1　马薇，张宏伟. 美国绿色建筑理论与实践 [M]. 北京：中国建筑工业出版社，2012.

表 6-1　模拟技术软件平台和工具

软件名称		主要功能
Autodesk Ecotect Analysis		可持续设计及分析：光照分析、能源分析、声学分析等
Autodesk Simulation CFD		传热和流体流动分析
BSAT，Sunshine		遮阳与日照模拟
CFX		CFD 软件（计算流体力学）
CIBSE		能源分析
COMIST		自然通风模拟
CONTAMW		多区域的室内空气品质和通风计算分析
DAYSIM		全年动态天然采光模拟
Designbuild		能耗模拟
DeST-h		建筑热环境及能耗模拟
DOE-2		建筑热环境及能耗模拟
EnergyPlus		能耗模拟、太阳辐射模拟、反射声学模拟
Fluent		流体动力学模拟
Green Building Studio		日照时长计算、估算水耗量、能源消耗
HASP		建筑热环境及能耗模拟
HVACSIM+		空调系统与控制模拟
HY-EP		动态能耗计算
IES Suite	ApacheCalcite	热获得和损失分析
	ApacheLoads	冷热负荷分析
	ApacheSim	动态热量模拟
	ApacheHVAC	暖通空调布置模拟
	SunCast	建筑的日照分析
	MacroFlo	自然通风和混合模式分析
	MircoFlo	内部流体动力学分析
	Deft	对多个方案从建筑面积、投资、运行费用、能量消耗、环境影响等各个方面对多个方案进行比选
	CostPlan	人均能耗分析
	LifeCycle	全生命期运行费用分析
	Simulex	人员疏散模拟
	Lisi	电梯模拟
Phoenics		计算流体、计算传热
Pkpm-GBS		绿色建筑标准评价
Radiance		光照模拟

软件名称	主要功能
RETScreen	清洁能源管理：能量模型、太阳能资源和系统负荷计算、成本分析等
SPOTE	建筑室外微气候模拟
STEACH–3	气流组织计算、空气流动模拟
STAR–CD	CFD 软件（计算流体力学）
TRNSYS	空调系统与控制模拟
VELUX Daylight Visualizer 2	采光可视化分析
VENTPlus	通风计算模拟
绿建之窗	绿色建筑标准评价
绿建斯维尔	绿色建筑设计和评价

近年来，人工智能、数据科学、机器学习等计算机科学快速发展，推动了建筑设计辅助工具的多样化发展及软硬件的优化、升级。同时，综合技术系统平台的出现，为整合基础数据、优化设计过程、保障数据传输、提高专业协同效率、形成经验数据库等方面提供了有效的解决方案。

6.2 绿色集成设计的过程

6.2.1 基于建筑全寿命周期的设计

联合国 2030 年可持续发展目标中可持续的城市和社区、气候行动等目标，提出减少资源和能源消耗、控制二氧化碳排放等基本措施[2]。建筑活动的初衷在于适应和调节自然环境，方便舒适地进行人类活动，并在人的特定需求与地理气候之间达到协调[3]。基于建筑全寿命周期的绿色建筑集成设计为处理人、建筑与自然的协调关系提供了新的思路：从建筑策划伊始即开始关注建筑对自然环境可能造成的影响，并在建筑设计阶段针对建造施工、运维管理、拆除回收等环节制定贯穿始终、切实可行的技术策

---

2 联合国.变革我们的世界：2030 年可持续发展议程 [R/OL]. (2015–09–25)[2021–02–01]. https://www.un.org/zh/documents/treaty/files/A–RES–70–1.shtml.

3 勃罗德彭特.建筑设计与人文科学 [M].张韦，译.北京：中国建筑工业出版社，1990.

略和保障措施，确保建筑活动满足使用者的需求，同时减少资源和能源消耗、减少温室气体排放，使建筑活动对自然环境的影响降至最低。

减少资源和能源消耗的关键策略之一就是遵循气候适应机制，这是建筑主动适应地域的气候特点。地域气候特征和使用舒适度需求的差异带来建筑设计策略的地域性差异，在不同气候区的应用侧重点不同，但背后的分析方法和设计逻辑是一致的，即基于场地自然条件挖掘、地域文脉传承、使用者空间感知优化等设计目标，在空间形态设计、围护结构设计、设备系统设计等方面适应地域气候，实现建筑可持续发展。

绿色集成设计过程中，各个阶段能否始终以建筑全寿命周期的绿色建筑指标为要求，形成有机结合是整个项目的关键。在绿色建筑设计的不同阶段，需系统协同完成诸多重点工作。项目策划阶段，重点关注项目目标，探讨项目的技术和经济可行性以及对自然环境的影响；建筑设计阶段，落实方案设计、初步设计、施工图设计等成果是否满足基于全寿命周期的绿色建筑相关指标要求，并考虑施工、运维、拆除等阶段的技术、工艺要求，制定相应的技术保障措施。

基于建筑全寿命周期的绿色集成化设计强调多领域、多专业的集成优化。在项目策划、建筑设计、建筑评估等环节，通过各相关专业协同配合，充分考虑项目基础条件，逐步落实建筑全寿命周期的设计指标，形成相应技术方案。这一过程中涉及造价、环境评估、地质勘探、规划、建筑、结构、给排水、电气、暖通、智能化等诸多专业之间的信息交流与协作。

6.2.2　绿色集成化设计流程

绿色集成化设计流程可以概括为：项目设计团队在设计协同技术平台统筹控制下，调用设计分析工具，基于绿色建筑气候适应机理，以空间形态为核心，从宏观到微观逐级分析，解决基于微气候调节的场地总体形态布局、基于气候适应性的建筑空间形态组织、单一空间的气候优化、外围护结构的性能适应性等层面的设计问题，经各专业设计团队协同、验证后形成具有示范性的气候适应型绿色建筑设计模式（图6-3）。

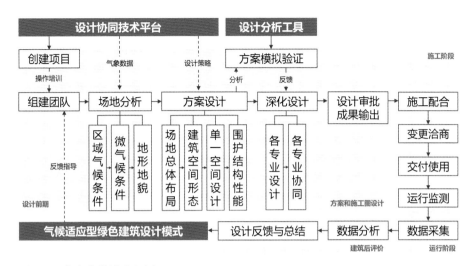

图 6-3　集成化设计流程图

6.2.3　关键节点控制

关键控制节点是设计过程中各专业协同工作的重点环节，其对设计深化过程的影响不容忽视。根据设计深度的不同，各阶段控制节点工作内容围绕地域气候适应性设计策略、技术应用的筛选与验证进行，呈现由宏观到微观、由目标到参数层层深入的过程特征。

概念和方案设计阶段，来自项目任务书、拟建场地规划建设条件、气象气候等的设计信息复杂多样，设计团队经由感性创作和理性分析，确定绿色建筑设计方案。这一过程中，各专业协调完成设计条件分析、建筑群与场地环境设计、建筑单体空间组织以及空间单元设计。初步设计和施工图设计阶段，在选定的设计策略和技术应用基础上，针对项目实际设计情况开展相关参数体系设计，关键控制节点包括围护结构设计、绿色建材选用、设备选型等（表 6-2）。

表 6-2　关键性控制节点

阶段	控制节点	各专业工作内容				
		建筑	结构	设备	景观	室内
概念设计和方案设计	设计条件分析	建筑选址的适用性分析	结构适用性分析	区域气候条件分析	区域景观资源分析	使用者行为特征分析
	建筑群与场地环境设计	地形利用与地貌重塑	建筑地基选型	场地微环境分析	景观、水体利用与塑造	—
		建筑群的方位、形体和空间设计	建筑主体结构选型	室外风、光、热环境模拟	景观布局与建筑群的协调关系	—
	建筑单体的空间组织	空间形态组织	结构可行性论证	设备系统选型	景观绿化配置与空间关系	室内风格与装饰选择
		功能空间分时利用策略	—	设备支持与策略优化	景观绿化支持与策略优化	室内灵活分割
	单一空间设计	单一空间的耗能定位	结构设计的空间表达	设备差异化设计与模拟分析	空间内外的景观选型	室内装修建材选用
		各类耗能空间的绿色设计（采光、通风、遮阳等）	结构设计协调与支持	室内风、光、热环境模拟	景观设计对空间的微气候调节	室内设计与空间策略协调
		室内空间分割	结构承载力验算	设备空间尺寸协调配合	景观与空间分割的集成	家具与空间围护、分割的集成
初步设计与施工图设计		空间集成设计	结构与使用空间、设备空间集成	设备空间与结构空间集成	景观与贡献空间集成	
	围护结构设计	外围护介质的适应性设计	结构选型支持	效果验算与模拟分析	景观与外围护结构集成	室内装饰与外围护介质集成
		围护结构构造设计	热桥节点的结构配合	热工性能及建筑能耗模拟计算		室内装修设计
	绿色建材选用	建筑围护结构材料选用	结构建材选用	设备系统建材选用	景观建材选用	室内装修建材选用、室内污染物控制与预测
	设备选型	空间尺寸配合	结构尺寸配合	设备系统设计与模拟验证	景观设备选型	室内环境检测设备与室内装饰集成设计

6.2.4 气候适应型绿色集成设计的新特征

1）目标导向的转变

传统的绿色建筑设计流程多以达到某项绿色建筑评价标准的指标体系要求作为绿色建筑设计的最终目标。气候适应型绿色公共建筑集成设计方法旨在在符合现有绿色建筑评价标准的基础上，积极探讨并提出更加系统的设计原则和目标导向。在建筑设计过程中，按建筑形态建构的设计发展逻辑，分层级地探讨设计策略在具体地域气候条件下是否响应气候条件并达成绿色性能，是更为科学且行之有效的目标导向。

2）协同平台的升级

多主体、全专业绿色公共建筑设计协同平台搭载项目管理模块、地域气候适应性设计技术体系数据库、辅助设计和分析工具、气象参数及知识库等功能模块。借助协同技术平台的升级推动设计流程的转化，新的协同平台建设主要体现在以下几点：

· 对参与主体和专业进行项目流程和数据管理；

· 便捷查询和调用气象参数；

· 通过建筑基本形态设计与决策辅助设计工具，在回应气候参数的基础上，对建筑空间形态的生成和优化进行快速交互；

· 根据气候特点匹配和选择适应性设计技术；

· 使用分析工具，快速设置边界条件、划分网格，提供设计优化建议；

· 设计成果存入数据库。

3）设计内容的系统深化

气候适应型绿色公共建筑集成设计方法提出遵循系统规律，按照"建筑群与场地环境—建筑单体的空间组织—空间单元—围护介质和室内分隔"的建筑空间形态基本层级，开展建筑设计及分析工作，使气候性能从宏观到微观尺度上的层级特征与人的气候感知进程相呼应。

在建筑空间形态组织过程中，关注普通性能空间、低性能空间、高性能空间、无耗能空间的气候适应差异性设计理念，从量—形—性—质—时五个方面统筹设计，在保证空间品质的前提下，尽可能降低建筑的能源消耗。

4）利于反哺设计流程

在集成化设计流程中，明确设计优化、模拟验证、数据实测、反馈优化等工作流程，有助于促进设计成果转化为气候适应型绿色建筑设计模式，形成设计导则，为指导新的项目实践提供理论和实践经验支持。

6.3　绿色集成设计的多专业协作

6.3.1　建立多专业协作的集成化组织结构

首先，多专业协作的集成化组织结构是针对服务于特定建筑项目设计团队的人员组织结构，而非设计企业的行政组织结构。组织结构是一个团队的载体和支撑。有效的绿色建筑项目设计的首要条件是建立分工明确、责权清晰、流程顺畅且能协作配合的团队组织结构。与其他管理活动一样，集成管理的实施为项目设计管理的运作提供组织支撑和组织保障[4]。

多专业协作的集成化组织结构并不是对传统组织结构的颠覆性改变，而是更强调建筑师的主导作用、多专业协作流程、内容及效率等要素优化而形成的适用于气候适应型绿色公共建筑设计的组织结构。其含义涉及多个层面，包括设计团队架构与团队角色的集成与整合、设计流程与设计内容的集成与整合。

建立多专业协作的集成化组织结构，需遵循项目目标性、专业分工与协作统一、精简高效等基本原则。项目目标性原则是建立组织结构应遵循的客观规律，其强调以项目目标为根本出发点，依据分项目标设置岗位、分解组织层次、明确人员权责。专业分工与协作统一原则强调专业分工与协作并重，分工明确各专业设计目标、设计任务和设计方法，协作明确各专业、各层级协调关系和配合方法。规范化和程序化的协作流程是实现这一原则的重要保障。精简高效原则强调组织结构的运行效率，绿色建筑集成化组织结构应在保证必要的职责履行的前提下尽可能精简组织结构。

4　俞洪良，毛义华. 工程项目管理 [M]. 杭州：浙江大学出版社，2014.

集成化组织结构的团队构成，在组织结构层面应包含项目经理、设计主持、工种负责、专业工程师、气候适应性分析、校对、审核、审定人等。在专业技术层面应包括总图、建筑、结构、给排水、暖通、电气、景观、室内、智能化、经济等（图6-4）。专业技术层面具有开放性，可根据项目实际需求、软硬件工具情况增减。

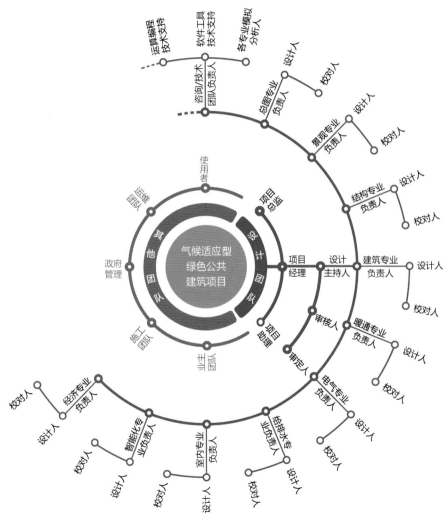

图6-4　多专业协作的集成化组织结构

多专业协作的集成化组织结构的组织特点体现在以下几点：

（1）管理层次等级合理

从最高管理者到底层操作者的等级层次的数量是衡量权力结构、人员分工合理性的重要方面。管理层次合理有利于信息真实高效的传递，多专业协作的集成化组织结构的管理层次控制在三层，核心管理层包括项目总监、项目经理、设计主持人；专业工作层为各专业负责人；最底层为设计人、校对人及技术支持人员。

（2）管理跨度适度

管理者管理下属人的数量决定了处理协同工作关系的难度。法国管理顾问格兰丘纳斯（V. A. Graicunas）提出的工作量计算模型，显示管理者的协同工作量呈指数增长 [5]。明确一名专业负责人，控制专业设计人员数量，形成适度的管理跨度，可保证组织结构内部的有效管理。

（3）管理职责明确

多专业协作的集成化组织结构中，建筑师、结构和设备工程师、性能咨询 / 技术团队的职责明确。设计主持人负责统筹设计团队的设计工作，专业负责人负责本专业技术、质量把控及团队内部、专业团队间的协调工作。

6.3.2　建筑师的核心作用

建筑师的职责伴随服务需求和技术变革不断发展。早期建筑师兼顾设计美学、结构设计、工程建造等多方面工作。伴随建筑设计问题的日益复杂化，结构工程、设备工程等专业设计逐渐与建筑设计分离，建筑工程师与建筑设计师的社会分工逐步确定。《中华人民共和国注册建筑师条例》将我国建筑师的主要职业实践限定在建筑设计环节，业务范围从方案设计开始，到施工图交底结束，包括成本控制、材料设备选用等环节。近年来，我国在民用建筑工程中探索建筑师负责制，逐步确立建筑师在建筑工程中

5　通过计算一个管理者所直接涉及的工作关系数来计算他所承担的工作量的模型：$C=N(2^{N-1}+N-1)$ 式中，C 表示可能存在的工作关系数，N 表示管理跨度。

的核心地位。

美国建筑师注册局全国委员会（National Council of Architectural Registration）对建筑师的职责界定为"创作及美化建筑物的外形及其结构，但建筑设计远超于外形，建筑必须满足功能、安全、经济及符合其使用者的特定要求。而最重要的是，建筑必须为社会和人民的健康、安全及福利而建"[6]。

建筑师的职责和能力决定了其在地域气候适应型绿色公共建筑设计中的核心作用。建筑设计灵感源自对基地现场特有的建筑与环境呼应节奏的掌握，建筑师具备将对场域的感受转化成形态的能力，并具备在感受尚未转化成形态前的克制力[7]。建筑师应从建筑的可行性研究开始到建设完成，全程参与，确保设计创意的落地及绿色设计目标的实现，其主要任务体现在以下几方面：

（1）与业主和整个设计团队共同确认项目目标；

（2）编制科学合理的项目设计任务书；

（3）组织各相关团队完成项目的前期分析，包括项目所在地区的政府机构有关绿色建筑的政策和法规、项目所在地的场地和气候、项目使用者的需求等；

（4）场地规划设计和建筑形体、空间设计；

（5）与各专业的技术团队合作，进行设计策略的目标验证，包括规划布局、空间设计、材料选择、设备系统选用等环节；

（6）与施工队伍合作，完成施工图交底并参与施工配合，指导和监督项目施工过程，确保项目建造质量和水平。

建筑师自设计初始阶段开始，遵循从宏观到微观的建筑空间形态层级，把握性能与空间的关系，生成响应地域气候的理想设计方案，从源头控制绿色建筑设计的有效性、合理性、科学性和逻辑性。北京延庆世园会中国馆项目设计过程中，主持建筑师对项目设计工作总体负责，并全面协调施工配合工作。建筑师先后完成建筑群与场地环境设计、建筑单体空间组织、

6　庄惟敏、张维、黄辰晞.国际建协建筑师职业实践政策推荐导则——一部全球建筑师的职业主义教科书[M].北京：中国建筑工业出版社，2010.

7　隈研吾.大／小展[Z].北京：利星行中心，2018.7.14–2018.8.31.

空间单元设计、围护结构设计。哈尔滨华润万象汇项目建筑师从严寒气候的场地气候适应性设计、建筑形体生成、地下空间利用、多层级气候缓冲空间构建、建筑界面优化等方面开展气候适应性设计工作。

6.3.3 建筑、结构、设备的团队协同

1）结构专业的设计内容

结构工程师在掌握项目所在地的地质和水文条件的基础上，依据建筑设计方案确定结构方案和地基基础方案，开展结构方案比选、结构选型及布置、结构构件设计、关键构件的性能设计、特殊构件的设计、连接节点设计、基础选型及布置、基础构件的设计、地基处理方案及方法设计等工作。

前期策划阶段，结构工程师参与基地调研，获取基础资料和数据信息。概念设计和方案设计阶段，结构工程师构思满足建筑设计要求的解决方案，为建筑师提供结构可实施性、合理性分析，并提出合理化建议。初步设计阶段，确定结构类型、结构形式、结构布置、构件截面、关键部位的结构构造以及结构与设备空间的集成。施工图设计阶段，细化各项设计工作，满足建筑工程建造、安装所需的建筑材料设备的采购、结构构件施工建造的需求及安装验收要求。

2）设备专业的设计内容

设备工程师参与前期调研，收集气候、地形、规划、市政条件等设计资料。方案设计阶段，水专业依据建筑与景观方案，确定给水、排水和消防等系统和设施类别及方案；暖通专业依据建筑空间耗能定位，提出建筑设计室内温湿度标准、暖通空调设备配置标准，提出拟采用冷热源和暖通空调系统形式，估算建筑采暖通风与空调系统冷热负荷；电气专业提出电气系统设置及建设标准、主要机房设置位置。

初步设计阶段，水专业进行建筑室内外给排水设计，开展雨水、消防、中水系统设计；暖通专业进行采暖空调冷热负荷估算、确定采暖通风空调系统分区、确定主要设备机房和主要管道井，提交初步设计说明、主要设备表和设计图纸；电专业确定机房、配电间设置，完成电力和智

能化系统设计。各专业在设计深化过程中进行相关模拟计算，并反馈给建筑专业。

施工图设计阶段，水专业详细表达给排水相关系统及系统设置；暖通专业进行采暖空调冷热负荷详细计算、水力计算，进行详细的管道布置、末端设备布置；电专业详细准确地表达建筑内的变、配、发电系统设计，照明系统设计，信息化系统设计，能源管理系统设计。

3）建筑、结构、设备的专业协同

前期策划过程中，建筑、结构、设备专业共同参与前期调研和场地分析，并形成策划方案。建筑设计过程中，结构、设备等专业工程师依据项目目标、设计任务书要求，针对建筑设计方案，开展专业设计工作，通过相关专业性能计算分析，验证和反馈绿色设计技术可行性，推动设计优化过程。团队协同包括：参与专业间工作协调会、接受其他专业设计资料、反馈意见给相关专业、参与专业间核对条件等工作。

各专业设计团队介入设计过程的时间对绿色建筑设计效果具有重要影响，结构、设备、景观等专业的早期支持，对场地环境、建筑空间形态、单一空间等气候适应性绿色设计策略的选择和落实具有重要意义。

通过建筑设计策略与各专业工作相关性分析，可以看出北京延庆世园会中国馆项目设计过程中，结构和景观专业均较早介入绿色建筑设计过程（图6-5、图6-6）。景观专业在建筑群与场地环境方面与建筑专业高度配合；

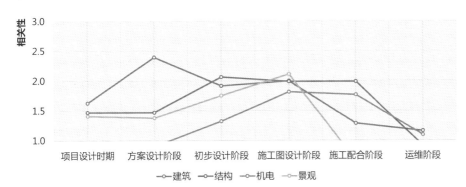

图6-5 北京延庆世园会中国馆项目各阶段绿色建筑设计策略与各专业的相关性分析

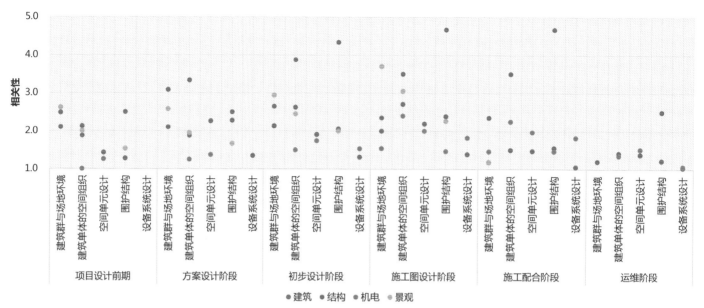

图 6-6 北京延庆世园会中国馆项目各阶段各专业配合内容及节点分析

结构专业主要在初步设计、施工图设计阶段与建筑专业在建筑形体、空间组织、围护结构等方面密切配合，同时结构专业在围护结构构造做法方面与施工单位密切配合；设备专业主要在初步设计阶段介入，在节能设计、设备系统设计方面开展工作，并在施工配合、运维阶段发挥积极的作用。

6.3.4　新技术要素的引入

20 世纪初，一幢普通办公楼，仅有照明与排水两个系统，而当代建筑内设备系统的数量大大增加。系统的多样化和复杂化导致设备成本所占比例大幅增加，复杂性有可能颠覆起初的设计意向[8]，准确的预估建筑设计效果逐渐成为新的项目设计需求。

数字化设计技术的发展为实现设计理性优化与择优判断提供了新的技术及工具，推动设计从感性判断向量化模拟，进而实现基于运算技术的正

8　亚历山大 . 形式综合论 [M]. 王蔚 , 曾引 , 译 . 武汉 : 华中科技大学出版社，2010.

向生成设计的发展。数据采集团队、数据分析团队、性能模拟分析团队、协同平台维护等新技术团队逐渐被整合到设计团队的系统构成之中，其工作内容是在统一的协同体系下，量化设计方案指标及运行数据，使建筑项目在全寿命周期内满足气候适应型绿色建筑的各项要求。哈尔滨华润欢乐颂项目设计过程中，模拟分析团队对建筑室内外风环境、室内采光环境、建筑空间能耗进行了反复的模拟计算，分析结果为建筑、结构、设备专业的决策提供数据依据。数据采集和分析团队在建筑施工前后开展环境数据采集工作，长期的监测结果为设计团队提供设计验证反馈，同时为运维团队提供系统运行优化的数据依据。

从绿色建筑集成化设计所依赖的协同介质看，目前通行的二维图纸介质正在快速地迈向以三维信息模型为基本载体的新介质；从集成设计的过程看，"信息获取—设计构想—性能评估—设计优化"的流程正在转向基于运算技术的一体化正向生成设计新流程。

7 建筑运算技术在气候适应型建筑空间形态设计中的运用

7.1 建筑空间形态设计中的生成设计

7.1.1 空间形态设计中计算机辅助工具使用的现状及问题

　　气候适应型建筑空间形态设计需要对场地气候条件及功能需求等诸多要素加以平衡，具有极强的综合性和复杂性，须在建筑师主持下进行多专业密切配合。建筑空间形态设计实践的一般流程可大致分为以下几个步骤：明确设计要素、空间形态初步方案设计、分析及验证、设计方案调整。目前，计算机辅助工具的介入，多限于设计方案的分析及验证阶段，通过模拟计算对既有方案做出相对客观的量化评价（图7-1）。作为科学的评价工具，相关计算机辅助软件开发数量较多，行业应用较为普遍。由于绿色建筑空间形态设计问题的综合性和复杂性，在计算机辅助工具尚未介入正向设计的情况下，大量烦琐的设计及调整工作仍受制于设计者的主观经验，其客

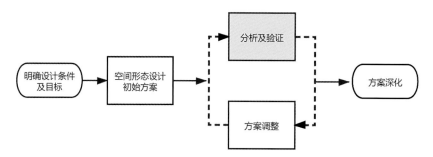

图7-1　建筑空间形态设计中计算机辅助工具所参与的阶段

观性、科学性及设计效率亟待提升。

对建筑空间形态设计产生影响的气候环境要素，不仅包括所在城市气候区划类型，还包括设计场地周边环境的微气候条件；而对于不同功能的建筑，以及建筑内不同的功能分区而言，还需结合其对气候性能的不同需求加以统筹，进一步增加了设计问题的复杂性。从设计范围看，空间形态设计内容涵盖了从建筑群体布局、建筑单体的功能空间组织以及空间单元设计等层级和阶段。现阶段设计实践中，限于性能及能效分析软件的操作及运行效率，设计多聚焦于特定的要素及尺度层级，使空间形态设计分割为若干独立的设计阶段，缺乏综合连续的关联。如何将诸多设计要素加以综合，使其贯穿各设计阶段并互相关联，形成连续完整的设计工作流程，提升设计的科学性和工作效率，是公共建筑空间形态设计中需要解决的重要问题。

在目前多数设计实践中，影响场地微气候的各项要素，往往是在对已有的初步设计方案进行分析和验证时才予以考虑，并通过对既有设计方案的调整加以应对。设计更多依赖于建筑师的既有经验，场地微气候的各具体参数与空间形态方案间显然需要建立更加科学而直接的关联。

对设计方案进行性能量化分析评价，是目前计算机辅助工具主要的应用领域，相关软件及各类插件开发使用较为普遍。这类软件多通过对建筑及其环境进行建模，通过相关量化算法，对建筑所在环境的适应情况进行计算。尽管软件本身算法较为科学，但难以避免耗费时间长、参数设置繁琐、对计算机性能要求较高等问题，使得此类软件在设计实践中的运用有限。对建筑及其环境的精确模拟，其前提是对建筑及环境建立准确的数理模型，对模拟可能产生影响的各项参数，要在数理模型中逐一设置。不当的参数设置往往导致计算结果与实际情况大相径庭。此过程需要相关的操作人员具备较高的环境与技术专业知识，多由环境技术工程师负责，建筑师在过程中对设计方案的把控和主导能力相对较弱。计算结果对方案的进一步调整难以产生直接作用，还需要建筑师不断的尝试与试错，设计与模拟之间存在明显空隙。此外，这种模拟评价占用大量计算时间，在有限的设计期限内，对方案进行分析调整的轮次极少，设计结果难以有效突破。各性能评价要素，如光、风、热等，往往都由不同的计算软件和专业工程师进行建模计算，这些软件对于设计媒介的兼容性又不完全一致。各设计要素间的相互关联，以及各专业人员的协同，都对设计方案的推进提出更高的要求，进一步增加了建筑师对整体空间形态进行把控的难度。

建筑空间形态设计一般遵循"创建—评价—优化"的工作流程，初步方案通过模拟软件进行评价，然后由设计师根据评价结果对方案进行调整并再次计算，形成循环连续的工作机制。由于计算分析得出的参数值很难直接产生空间形态调整的理想方案，设计师需要大量反复试错，带来大量重复性工作。

计算机作为强有力的辅助工具，除进行特定的计算分析外，如果能将一些模式化的人工操作转化为计算机程序，使各设计环节参数能互相作用并反馈，形成连续的自动化工作流程，势必极大提高设计工作效率。计算机辅助工具开发应当将整个设计流程放在同一框架下进行，使尽可能多的人工操作程序化，建筑信息参数化，使建筑数据在各环节形成完整的工作闭环，为建筑师提供全流程设计工具，而不只是评价工具。对建筑师而言，要在设计实践中培养程序思维，总结设计过程的一般规律，明确设计方案相对客观的量化评价方式，探索设计过程的程序化。建筑师更多进行设计规则总结及不同设计要素的权衡，计算机则发挥其优势进行精确计算和快速的程序化操作。人机高度协作的自动化循环工作流程是未来建筑空间形态辅助设计工具发展的必然趋势。

7.1.2 计算机辅助生成设计方法概述

建筑设计一直被视作一种复杂的综合性问题，其设计过程的本质是对功能、空间、形式等设计要素的综合平衡。复杂适应性系统（CAS）是描述建筑设计问题的适宜方式[1]。建筑设计问题的解决方案，往往不能通过简单的公式计算直接求得。长期以来，建筑师一向作为设计行为的主体，通过对设计要素的主观取舍提出可行策略。随着科学技术的不断发展，建筑师的工具由笔尺拓展到了计算机辅助软件，设计媒介由二维图纸延伸至

1　李飚, 韩冬青. 建筑生成设计的技术理解及其前景 [J]. 建筑学报, 2011(6): 96–100.

三维信息模型；对于设计的决策过程，仍需依靠设计人员在其实践经验基础上进行主观权衡。然而复杂的系统性问题并不为建筑设计领域所独有，各行各业的实际生产过程中都普遍会遇到类似的综合决策问题，其中不乏大量运用数理模型及计算机运算技术进行优化决策的成功案例，如工业生产中原材料下料方案优化、最短路径规划等问题。其相关优化算法以及计算辅助工具已相对成熟，并已取得良好的效果，对建筑设计行业具有极高的参考价值。

利用计算机强大的运算能力对复杂系统问题进行模拟，为建筑设计提供了新思路。建筑生成设计即是这种新的设计方法，它从设计初期开始介入，通过对设计问题的分解和提炼，将设计规则转化为计算机数理模型，通过强大的计算能力对设计过程进行模拟，成为设计决策的有力工具。在生成设计的方法下，人机协作配合，充分发挥各自优势。计算机只能简单机械地按照人的指令执行既定流程，但遇到设计要素关系复杂、存在多种潜在可能性的设计问题时，计算机强大的存储及运算能力使得诸多信息综合下的方案比较及优化决策成为可能。与之相对，人的思维则更加直观而灵活，可以在具体的设计过程中摆脱烦琐的细节束缚，提出框架性的设计模型构思。然而在面对动态演化的设计过程中，人的思维则不易对实时变化的各项细节及其相互影响机制即时掌控。根据人类思维对设计要素筛选提炼，对设计规则归纳总结，建立计算机数理模型的总体框架，将人的直觉思维及推理过程转化为相应的程序功能模块，最终由计算机按照流程进行快速运算，实现预设的目标。生成设计方法使计算机不再局限于方案的绘制、分析与表现，而更多作为正向设计工具深度参与设计决策，对人的思维进行拓展补充。

在建筑生成设计过程中，参数化的信息数据作为设计的载体，贯穿从概念方案到数控设备加工输出的各个阶段，形成完整的"数字链"流程。各设计阶段作为功能相对独立的程序模块，需要建筑师将具体的设计问题抽象简化为数理模型，将输入条件和输出成果用明确的量化数据进行描述，并通过这些数据与其他各程序模块紧密相连。对"数字链"流程中任意模块的参数进行改动，整个流程的各个环节即随之更新，实现整体结果的实时反馈。生成设计将具体的设计规则转化为程序系统，建立设计条件和生成结果间的直接联系，通过运算解决因条件变化造成的大量重复性工作，极大提升设计效率。

　　建筑生成设计的方法重点在于对建筑问题的规则提炼及程序转化，其转译过程对设计成果产生直接影响。生成设计方法的出现是多学科知识交叉的产物。设计问题的程序转化，不但需要设计师拥有扎实的建筑学功底，还需要对微积分、线性代数等数学知识以及计算机编程都能熟练掌握并灵活运用。同样的设计问题，如采用不同的数理模型及编程思路，其运算效率及生成结果也会存在一定差异。例如对建筑功能排布问题来说，各功能分区间的连接关系既可以用传统设计方法中常用的图模型来表示，也可以用数学矩阵加以表达。前者更加直观，易于设计人员在运算过程中对设计即时把控；而后者在特定的场景中具有更加突出的运算效率，可用于解决医院、商场等功能流线关系较为复杂的建筑布局生成（图7-2）。

　　自计算机生成设计方法出现以来，国内外对于利用计算机解决建筑设计问题的尝试从未间断。然而由于建筑设计问题本身的复杂性，现阶段的生成设计探索大多针对诸如复杂空间流线排布等特定的设计问题，尚无面向建筑设计全阶段的普适化解决方案。其中，以建筑空间形态为核心的生成设计应用探索也在不断推进。以建筑空间布局为主要对象的相关研究，开始逐渐将建筑功能及环境因素作为生成规则制定的重要依据，例如功能

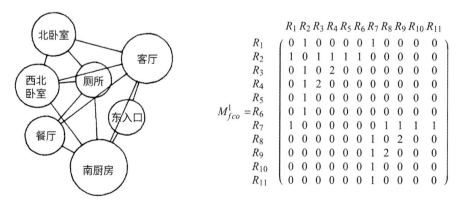

图7-2　左：典型住宅的功能关系图　右：一个有11个房间的建筑功能连接矩阵。将房间 R_1 到 R_{11} 之间两两连接的关系抽象为不相连、通过门洞相连和完全开敞三种，分别通过0、1、2表示，任意两个房间的连接关系可由查询矩阵中对应数值得到，便于复杂连接关系的记录与检索。

拓扑关系、日照需求及功能流线需求等[2]（图7-3）。东南大学李飚、钱敬平以细胞自动机作为数理模型，对建筑空间布局设计中的采光、交通流线在三维空间内进行考虑[3]（图7-4）。通过引入多智能体模型，建筑单元在各项规则限定下的自组织与优化，使建筑空间布局生成结果更加成熟[4]。

与此同时，生成设计方法在绿色建筑设计的应用探索也逐渐展开。韩昀松通过 Grasshopper 参数化建模软件及相关分析插件，对日照和风环境影响下的建筑体量布局及曲面生成进行尝试[5]。其后又针对我国严寒地区的办公建筑，建立建筑能耗与光热性能预测神经网络模型，对建筑形态与性

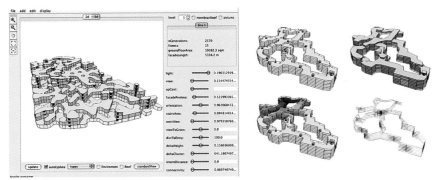

图 7-3　以功能关系及采光等设计要素为依据的形体生成实验

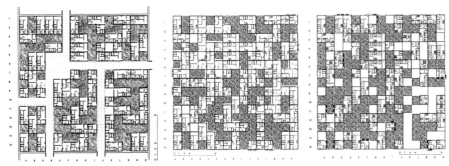

图 7-4　基于细胞自动机的建筑生成实验

2　Dillenburger B, Braach M, Hovestadt L. Building design as an individual compromise between qualities and costs: A general approach for automated building generation under permanent cost and quality control[J]. Joining Languages, Cultures And Visions: CAAD Futures, 2009.

3　李飚, 钱敬平. "细胞自动机" 建筑设计生成方法研究——以 "Cube1001" 生成工具为例 [J]. 新建筑, 2009 (3): 103–108.

4　李飚. 建筑生成设计 [M]. 南京：东南大学出版社, 2012.

5　韩昀松. 基于日照与风环境影响的建筑形态生成方法研究 [D]. 哈尔滨：哈尔滨工业大学, 2013.

能的映射关系及多目标建筑形态优化展开探索[6]。路易莎（Luisa Caldas）基于遗传算法和建筑能耗分析软件，对特定空间模式限定下的小型单体建筑形态生成进行尝试，并通过建立相关的建筑构造与细部设计做法数据库，提出建筑的门窗开口设计的气候适应性策略，为单体建筑的节能设计提供较为完善的决策参考，初步建立循环交互的动态设计过程（图7-5）。然而，由于相关研究中建筑形态生成阶段多基于对典型建筑体量的变形和修改，建筑形体虽对气候要素有一定回应，却多呈现较为单一的空间特征。建筑功能流线等设计要素对建筑空间形态的影响仍未得到充分的考虑[7]。针对我国城市空间及地域气候特征的绿色公共建筑形体设计问题的生成设计系统需要新的研究和研发。

7.1.3 生成设计在气候适应型建筑空间形态设计中的潜力与优势

将生成设计方法运用于气候适应型建筑空间形态设计中，具有一定的研究基础和较多的结合点，可作为空间形态设计辅助工具，大幅提升设计效率及科学性。对于气候适应型建筑空间形态设计，尽管其涉及要素较多、

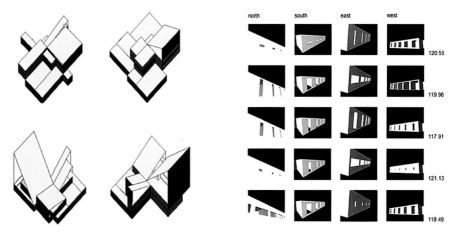

图 7-5　节能为导向的单体建筑的形态及建筑洞口优化

6　韩昀松 . 严寒地区办公建筑形态数字化节能设计研究 [D]. 哈尔滨工业大学 , 2016.

7　Caldas L. Generation of energy-efficient architecture solutions applying GENE_ARCH: An evolution-based generative design system[J]. Advanced Engineering Informatics, 2008, 22(1): 59-70.

要素关联复杂，但相对于以空间感知、精神象征等为主的设计师主观思维主导的设计场景而言，空间形态设计中诸如光照时长、平均风速等易于通过数据进行量化描述的设计要素较多，相关指标及设计规则相对明确，为设计信息数字化、设计规则程序化提供了良好的条件。与此同时，近年来国内外建筑生成设计领域已积累了大量经验及成功案例；生成设计所涉及的常用算法，也普遍借鉴于计算机、数学、工业制造等领域经大量实例验证的成熟技术。这些丰富的技术及理论积累，为生成设计在建筑空间形态设计中的应用打下了坚实的基础。

现有的建筑性能及能耗模拟分析软件，多基于有限元算法和相关理论公式量化计算，其运算过程往往占用大量时间并且受到计算机硬件性能的极大限制，也成为现阶段气候适应型建筑空间形态自动生成及优化的主要桎梏之一。然而随着深度学习等计算机基础科学的发展和应用，基于大数据和统计学的建筑性能分析方式将建立起建筑形体与性能数据的直接映射关系，从原理上减少对计算机硬件资源的占用和依赖，使分析评价效率得到本质性的提升。原本占用几天时间的一轮方案推敲及验证将有可能在几分钟内完成，甚至可以完全由计算机自动进行数以万计潜在方案的分析及筛选。相对于传统设计方法，生成设计在气候适应型建筑空间形态设计中，具有以下优势：

1）提升设计效率

设计效率的提升是生成设计方法在气候适应型建筑空间形态设计中的主要优势。生成设计方法遵循"数字链"的设计思路。通过对设计问题的抽象提炼，设计流程按照问题原型分为若干相对独立的程序模块，并通过量化的数据进行串联。对流程中任意一环的设计规则及参数进行修改，整体设计即随之更新，利用计算机强大的运算存储能力替代人工，解决方案推敲过程中产生的大量机械重复操作。尽管建立完整适用的生成设计流程需要消耗一定的时间精力进行学习和积累，但长期而言，在面对大量同类型的设计问题时，设计效率将得到前所未有的巨大提升。

2）突破经验思维局限

在传统的设计方法中，气候适应型建筑空间形态设计多按照宏观的气候区划进行分类。前期设计方案往往是在该气候区典型空间模式基础上，进行相应的变形性运用。设计方案在构思阶段基本已经较为清晰明确，后续修改及深化工作更多是在相关气候要素具体计算结果的基础上进行局部微调，设计过程对既有经验及其科学性要求较高。与此同时，当设计场地局部微气候较为复杂或与所在气候区划典型特征存在较大出入时，利用典型空间模式类比的设计方法产生合理方案就存在较高难度。而生成设计方法源于对设计规则的抽象提取，方案推演过程通过数据形式客观紧密地互相联结，生成结果与预设规则、参数直接相关，易于突破经验案例的限制产生合理的新方案。与此同时，通过对不同程序模块和输入参数的选取和修改，生成设计流程可以方便地应用于不同气候条件和尺度的空间形态设计中。在面对场地微气候独特或缺乏应对气候特性的设计模式时，更能保证设计结果的合理性。

3）系统性整合拓展既有经验

生成设计方法并不是对长期积累的设计经验的否定与遗弃。相反，生成设计促使设计人员通过编写计算机程序的方式，对既有经验进行归纳和总结，思考个体案例背后的潜在规则，避免设计停留在针对表面形式的选择和拼贴。设计师既有的丰富实践经验，是生成设计可靠性的必要保证，也是判断生成结果、调整设计策略的重要依据。脱离了实践经验的生成设计，其生成要素及评价方式往往只存在于理想模型，无论怎样精巧高效的自动优化，其生成结果的参考价值并不能保证，甚至与实际情况截然相反。生成设计作为对既有设计经验的总结和拓展，可以帮助设计师更加深入地认知设计，使设计成果可以更加科学而高效地得到积累。

4）研究成果易于积累复用

生成设计将设计问题转化为一系列独立程序模块的组合，每一模块都源于对相应设计原型的抽象建模，如空间形态设计中的功能关系、采光、风环境等。这些设计原型作为生成设计的研究基础，常常可以拓展到各类形式和内容迥异的设计场景中。一套设计完备的采光程序包，既可以用于居住区规划中的日照计算及平面排布，也可用于各功能空间采光需求不同的建筑形体生成，抑或作为调节室内采光的建筑立面设计的重要依据等。看似不同的设计问题，可能源于同样的设计原型。通过生成设计方法不断进行设计原型的积累，其成果可以在诸多实践中反复使用，极大提升设计效率，使建筑师更加专注于设计的整体把控。

7.2 基于"评价—优化"流程的建筑空间形态生成设计

7.2.1 基于"评价—优化"流程的生成设计路径

气候适应型建筑空间形态生成设计，其工作方式一般遵循"评价—优化"的工作流程。设计过程中不断对方案进行综合评价，并根据评价结果进行方案调整，而后再评价、调整，形成循环往复的操作流程，实现方案的不断优化。流畅性及科学性是这一工作流程的两大重点。若方案综合评价计算相对准确客观，但计算建模准备、参数调试以及执行精密计算耗时较多，后续调整工作烦琐、占用大量时间精力，整体方案循环优化流程则难以流畅进行，设计期限内实质性的方案推敲及优化就十分有限；若评价模型及参数设置不合理，或得到评价结果后不能对方案做出有效的调整反馈，仅依靠主观经验判断不断试错，设计效率及质量依然无法得到保证。生成设计方法为应对这两个问题提供了可行的优化策略，将"评价—优化"设计流程中人工和计算机的各项工作内容重新梳理，使人和计算机充分扬长避短。设计人员专注于设计规则、设计参数的科学合理性，而计算机依靠其强大的运算存储能力，进行高效的计算、试错、寻优、批量建模等程序化操作，保证方案推敲的循环流程更加科学、高效地运转（图7-6）。

描述建筑空间形态的数字信息模型、基于信息模型的空间形态综合评价系统、空间形态优化算法，是形成"评价—优化"生成设计流程的三大要点。传统的设计模式中，设计信息多以二维图纸及三维模型的方式呈现，尽管 BIM 参数化信息模型为记录更多设计信息提供了可能，但具体设计规则及参数更多需要靠设计师通过抽象思维建立起相互的联系。对于生成设计而言，就需要建筑师把这些设计要素、规则及其相互联系抽象提取，通过计算机数据结构的组织，转化为由程序自由取用的设计资料，形成描述空间形态设计问题的数字信息模型。在此基础上对于设计模型进行评价，需结合风、光、热、湿以及建筑使用功能等各设计要素的目标需求，形成与参数化信息模型对应的综合评价系统。除了空间形态设计中常用的量化

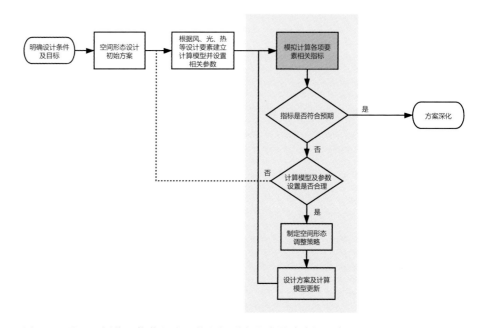

图 7-6　基于"评价—优化"流程的空间形态生成设计路径示意

指标，对于一些比较依赖于建筑师主观判断的评价要素，如使用功能的便利性，室内空间的可达性等，则需要依靠设计师抽象转化为可以进行客观量化评价的等价或近似问题；空间形态优化算法对设计优化效率及最终成果产生直接的影响，同时也与空间形态信息模型的建立方式息息相关。对优化规则的判断和调整，是设计师在基于"评价—优化"流程的空间形态生成设计中进行方案推敲的工作重点。

7.2.2　建筑空间形态的数字信息模型

建筑设计问题因其复杂性长期以来被看作是"病态结构问题"（Ill-Structured Problem），其问题空间与解空间均难以明确界定，无法直接通过计算求解。因而通过计算机生成设计解决建筑形体设计问题时，首先需要将设计内容转化为以计算机程序语言为媒介的数理模型。不同于传统建筑设计语境下的建筑实体模型，计算机数理模型更加强调对特定设计问题的抽象描述，是对设计过程的提炼和记录，在描述空间特征的同时关注最优结果的搜索途径。其建立方式关系到具体优化算法的选择，因而对生成设计结果产生直接的影响。根据设计目标及选用优化算法的差异，建筑空间形体的数理模型建立方式往往各不相同，常见的数理模型可大致归纳为连续模型和网格模型两种主要类型。

1）连续模型

连续模型中，用于表达建筑信息的变量多为可以连续变化的实数。常见的参数化模型即为连续模型的一种，其建筑空间组合关系由一系列具体数值表述，如通过各个房间的顶点坐标及长宽描述建筑空间的整体布局。通过坐标及长宽参数数值的不断变化，使建筑空间模型实现连续的更新。连续模型通过改变参数组合，往往可以生成丰富的可行结果，因而在建筑生成设计中得到广泛的关注。在东南大学建筑运算与运用研究所的"赋值际村"生成设计实验中，经过剖分的不同地块上的建筑单体依照徽州民居建筑设计的规则系统依次生成，建筑各部分空间形体及结构构件均由连续的参数进行描述，使得建筑形体及结构可以随地块形状连续变化，快速产生适宜场地的民居单体设计[8]（图7-7）。华好基于多智能体算法，将不同

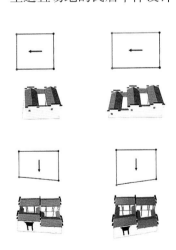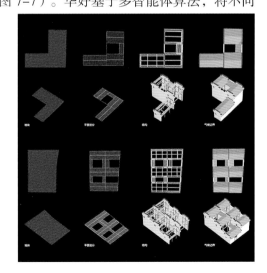

图 7-7　连续模型下的民居单体生成

8　郭梓峰.功能拓扑关系限定下的建筑生成方法研究 [D]. 南京 : 东南大学 , 2017.

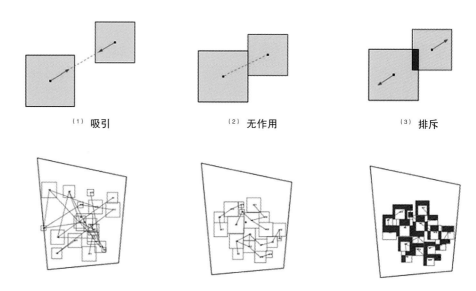

| （1）吸引 | （2）无作用 | （3）排斥 |

图 7-8　基于多智能体算法的建筑平面布局生成

矩形房间通过其各自中心点及长宽尺寸进行描述，组成相互作用的智能体系统。依据预先定义的房间联通关系进行智能体间相互吸引排斥等操作，描述房间的各项参数在此过程中连续变化并最终趋于稳定，形成符合预定功能关系的建筑平面布局[9]（图 7-8）。

　　2）网格模型

　　区别于连续模型连续变化的设计过程，网格模型通过模数的引入将设计状态严格约束在固定范围内，便于减少最优可行解的搜索范围。其参数取值受模数限制，呈现离散分布的特征。网格模型通过调整其模数的大小尺度，可以对模型精度及运算效率进行控制，便于快速高效地检索最优可行方案，因而在建筑生成设计探索中被普遍采用。

　　卡莫尔（Kamol）在其建筑平面布局生成实验中，通过固定模数的网格对矩形房间尺寸进行限定，以房间的定位点网格坐标和长宽网格数建立矩形平面房间的数理模型，利用整数规划算法计算规则限定下的建筑平面布局生成最优解[10]（图 7-9、图 7-10）。

9　Hua H, Jia T. Floating Bubbles: An agent-based system for layout planning [C]. Proceedings of the 15th CAADRIA Conference, 2010.

10　Kamol K, Krung S. Optimizing architectural layout design via mixed integer programming[C]. CAAD Design Futures 2005, 175-184.

将二维网格拓展至三维，则可应用于建筑形体生成设计中。郭梓峰基于三维正交网格模型，根据预先定义的建筑功能拓扑关系设置多智能体模型，在维持预设功能关系的同时进行三维空间的房间布局优化，直接生成三维建筑空间模型，提升了优化效率（图7-11）。

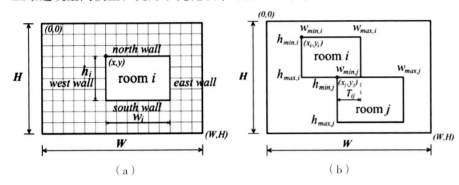

（a）　　　　　　　　　　　（b）

图7-9　网格限定下的矩形房间参数设置

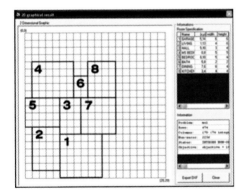 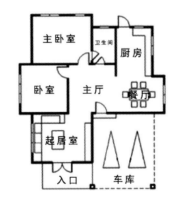

图7-10　网格限定下的建筑单体平面布局生成

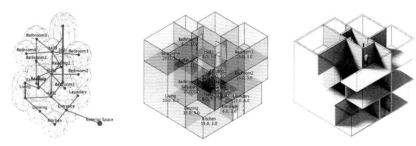

图7-11　基于三维网格和预设功能关系的建筑生成

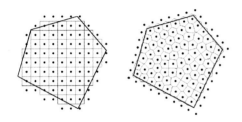

图7-12 不规则场地中的正交网格与Voronoi
剖分网格

除常用的正交体系网格之外，非正交体系网格也普遍应用于建筑生成设计过程中，以满足更加灵活的形式需求。非正交网格由多边形网格单元构成（如Voronoi剖分），常用于复杂地形及边界形状不规则的设计问题中（图7-12）。不同于正交网格可以通过行列次序及模数记录单元空间位置信息，非正交网格大多通过统一的数据结构对其单元信息进行记录和搜索。如常用的半边数据结构，通过记录网格中点、边、多边形单元的相互引用信息，实现对网格单元空间关系的快速检索。

通过调整模数的精细程度，网格系统可用于解决不同尺度的生成设计问题。不同于建筑学及城市规划中常用的网格系统，计算机网格模型模数并不受严格的尺度限制，因而相同的网格模型及生成算法可以用于诸如城市设计、建筑形体设计、建筑单体平面布局等不同尺度的设计场景中。

7.2.3 基于数字信息模型的建筑空间形态评价系统

对基于"评价—优化"设计路径的空间形态生成设计而言，良好的生成结果往往建立在大量循环迭代基础之上。迭代效率的高低，是决定能否在合理时间内有效优化方案的关键因素。然而建筑空间形态设计具有典型的综合性和复杂性，需统筹考虑采光、通风等气候环境要素以及建筑功能分区、流线关系等使用需求。完善的评价系统须尽可能全面地将这些可能对建筑空间生态产生影响的设计要素纳入讨论范围内，并按照其重要程度加以权衡。传统的建筑性能量化分析辅助设计软件（如 Ecotect、Fluent 等）多专注于对某一设计要素的精确计算，单次计算时间往往在几分钟甚至一个小时以上，使得通过循环迭代优化方案十分困难。对于风、光、热等不同设计要素的计算评价，多由不同专业分析软件进行，软件之间协同性尚有不足，增大了空间形态设计的难度。

相对于建筑环境模拟分析软件而言，基于建筑师经验总结的一系列设计规则往往在空间形态推敲阶段起到更加重要的作用。例如在住区、产业园等建筑组团总平面布局设计场景中，建筑师往往倾向于依托其设计经验，通过控制建筑最小间距和建筑高度的比值，确保设计方案满足采光及日照需求。模拟软件精确量化计算得到的结果，更多作为设计评价的补充及验证。事实上，大量类似的经建筑师提炼转化得到的评价方式，在空间形态设计实践中起到了至关重要的作用。通过对方案的粗略预估，及时筛除较为明显的设计不合理之处，从源头上减少无意义计算的产生，一定程度上为设计效率提供了有力保证。而空间形态生成设计恰好可以成为一个契机，通过数字化、程序化的方式，促使建筑师对这些经验总结的设计规则加以提炼整合，形成更加客观、高效的空间形态评价工具。对于空间形态设计中风、光等计算相对复杂的设计要素，以及功能使用便捷性等不易通过数学公式计算表述的评价内容，在大量设计实践总结的基础上，等效或近似转化为更加易于量化的参数指标，将部分精确定量的计算改为定性比较，建筑师主观评价替换为经验规则指导下的程序判断指令，空间形态设计评价效率及客观性将得到充分保证，更加易于形成多要素综合影响下的建筑空间形态自动优化系统。

对现有模拟软件算法进行整合，以及根据实践经验将要素评价提炼转化为更加易于描述的近似问题，是当下空间形态生成设计探索中较为常用的两种评价方式。在建筑自然采光评价实验中，以建筑形体网格模型任意单元中心点设置半径为 1 的半球，并将其按照一定的经纬数量划分为若干区域。依次遍历网格模型中所有高度不低于当前被评价单元的网格单元，连接两单元中心点，并对其所穿过的半球区域进行标记：所遍历单元与被评价单元相邻时，将该区域标记为遮挡区域，反之则标记为反射区域，没有被标记的区域即为直射区域。对于已经标记的区域，则按照遮挡、反射、直射优先级依次降低的顺序，确定原有标记是否被覆盖。完成遍历后，分别统计直射及反射区域立体角的总和，并将反射区域数值乘以相应的反射系数。通过计算两区域所占球面比例，近似描述该网格单元的自然采光情况[11]（图 7-13）。

迪诺（Dino）的建筑形体生成实验中，建筑模型被控制在具有固定单元模数的正交网格系统内。待评价方案中指定房间之间的相邻情况，通过统计两房间相连接网格单元边数量并建立相关公式进行描述，最终返回一

11 李鸿渐. 多要素限定的绿色公共建筑空间形态生成模式初探 [D]. 南京：东南大学, 2019.

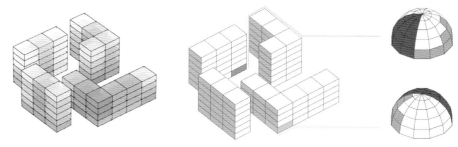

图 7-13 通过标记半球网格对自然采光的近似评价

个 0~1 之间的小数作为其相邻情况的评价得分：当该数值越接近 1 时，表明两房间相邻面越多；若数值为 0 则说明当前方案中选定的两房间并不相邻。对于需要互相远离布置的房间，同样通过统计连接两房间最短的网格边数并建立相应公式求得：评价数值越接近 1 时，两房间相距越远[12]（图7-14）。

7.2.4 空间形态设计中的常用生成算法

建筑生成设计过程中相关生成算法的选择，是进行方案生成及优化的工作前提，对优化效率及数理模型建立思路起到决定性的作用。针对不同的设计场景及优化目标，生成算法的选择策略各不相同，并无严格的固定

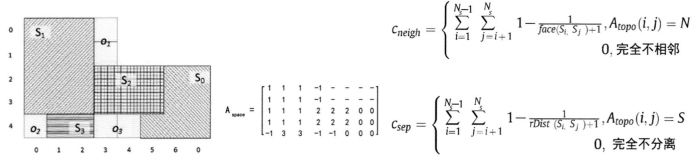

$$A_{space} = \begin{bmatrix} 1 & 1 & 1 & -1 & -1 & -1 & -1 \\ 1 & 1 & 1 & -1 & -1 & -1 & -1 \\ 1 & 1 & 1 & 2 & 2 & 2 & 0 & 0 \\ 1 & 1 & 1 & 2 & 2 & 2 & 0 & 0 \\ -1 & 3 & 3 & -1 & -1 & 0 & 0 & 0 \end{bmatrix}$$

$$c_{neigh} = \begin{cases} \sum_{i=1}^{N_S-1} \sum_{j=i+1}^{N_s} 1 - \frac{1}{face(S_i, S_j)+1}, & A_{topo}(i,j) = N \\ 0, \text{完全不相邻} \end{cases}$$

$$c_{sep} = \begin{cases} \sum_{i=1}^{N_S-1} \sum_{j=i+1}^{N_s} 1 - \frac{1}{rDist(S_i, S_j)+1}, & A_{topo}(i,j) = S \\ 0, \text{完全不分离} \end{cases}$$

图 7-14 借助网格模型评价房间相邻及远离状态

---

12 Dino I G. An evolutionary approach for 3D architectural space layout design exploration[J]. Automation in Construction, 2016(69): 131–150.

法则。常用的形体生成及优化算法包括规则系统、多智能体算法、数学规划以及进化算法等，根据设计问题的不同而各有其优劣。

1）规则系统

规则系统生成设计算法类似于建筑及城市设计中的设计导则，设计规则以程序逻辑运算的形式对生成方案加以控制，并根据具体的设计场景选取适应的生成操作。在"赋值际村"生成设计实验中，依据徽派建筑空间关系及尺度模数建立规则系统，可以在不同边界形状的场地中生成较为合理的徽派建筑空间及结构方案[13]。由于该算法下的生成规则相对明确，方案生成过程对计算机运算资源的占用较少，具有较高的生成效率，常用于游戏及电影虚拟场景中的批量建模。如穆勒（Müller）根据形式语法规则生成建筑体量的基本几何形体组合，并依据规则添加门窗等建筑细节，在短时间内完成建筑场景的批量建模[14]（图7-15）。

2）多智能体

多智能体算法中，建筑形体各部分组成要素形成相互博弈的智能体系统，通过智能体之间的自组织优化使建筑形体布局逐渐趋于合理。张佳石在某中小学校园布局生成实验中，通过场地与建筑等智能体位置及方向的自组织调整，实现自下而上的整体空间布局设计。该算法通过定义智能体之间的互动规则，可以产生较为丰富的生成结果。然而由于其自组织初始

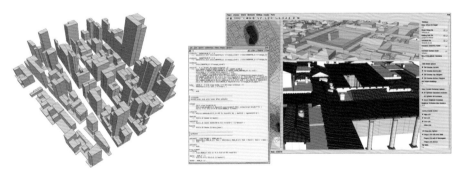

图7-15　基于规则系统的建筑形体生成

13　李飚，郭梓峰，季云竹．生成设计思维模型与实现——以"赋值际村"为例[J]．建筑学报，2015(5): 94–98.

14　Muller P, Wonka P, Haegler S, et al. Procedural modeling of buildings[J]. ACM Transactions on Graphics, 2006, 25(3): 614–623.

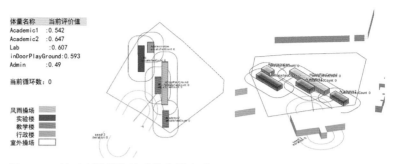

图 7-16　基于多智能体的建筑布局生成

化及运算过程具有一定的随机性，设计过程中往往需要采取一定的突变及调整措施避免形体布局陷入局部优化中[15]（图 7-16）。

3）数学规划

数学规划算法是指通过建筑模型的数学建模，将建筑优化问题转化为求函数极值的优化算法。根据参数类型的不同可以分为整数规划、线性规划及二次规划等若干类型。华好等学者基于整数规划原理，将日照需求限定下的建筑布局问题转化为固定区域内的模板填充问题，继而建立不等式限定下的组合函数优化求解，得到满足日照需求的高效排布方案[16]（图 7-17、图 7-18）。张佳石在学校建筑单体功能平面排布时也基于整数学规划算法。

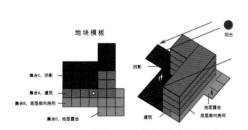

图 7-17　日照条件下的建筑排布转化为固定模板平面填充

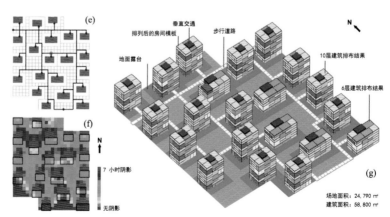

图 7-18　日照条件下的平面布局及路网生成

15　张佳石. 基于多智能体系统与整数规划算法的建筑形体与空间生成探索——以中小学建筑为例 [D]. 南京：东南大学，2018.

16　Hua H, Hovestadt L, Tang P, et al. Integer programming for urban design [J]. European Journal of Operational Research, 2019, 274(3): 1125–1137.

4）进化算法

进化算法属于启发式算法的一种，通过对自然界物种优胜劣汰的进化现象的抽象模拟，寻求设计问题的最优解。进化算法常用于解决 NP-hard（非确定性多项式）问题。此类问题往往不能通过按部就班的直接计算求解，而需根据经验不断尝试并调整搜索策略，在可控的时间内向较优的方向不断趋近，得到较为合理的可行方案。进化算法根据不同的搜索策略，可分为随机搜索、简单进化算法、模拟退火算法、遗传算法等子类型。随机搜索法通过随机生成可行解并择优保留实现结果优化；简单进化算法从初始解出发并随机改变，通过舍弃所有劣于当前状态的结果而趋于较优解；模拟退火算法则通过对固体退火原理模拟，一定概率保留优化过程中适应度较低的方案，提高了全局最优解的搜索能力。与自然界生物进化类似，遗传算法通过种群（Population）代表潜在可能解的集合，一个种群则由具有不同特征及遗传信息的个体组成。染色体（Chromosome）作为遗传信息的主要载体，由一系列不同的基因（Gene）排列组合而成，决定了个体外部形体的具体特征表现。在建筑生成设计中，个体特征的外部表现即为具体的建筑设计方案。对于每代种群中的个体，通过适应度（Fitness）评价选择较为优良的个体，并通过其交叉（Crossover）及变异（Mutation）产生代表新解集的下一代个体（图 7-19）。类似于自然界优胜劣汰的生物进化机制，种群在其逐代演化过程中不断淘汰适应度较低的个体，并将高适应度个体的优良特征遗传给下一代，使其整体适应度逐代提升。将满足优化目标的末代种群最优个体基因解码为具体的外部表现特征，即可以得到优化问题的近似最优解。

寻求全局范围内的最优可行方案，避免陷入局部最优解，是建筑生成设计优化算法的重点所在。遗传算法借鉴生物进化基因遗传变异过程，通过模拟自然选择下的生物种群繁衍搜索最优解。优化过程中对种群基因进行交叉、变异的操作产生新的子代，在参数设置合理的情况下，可以一定程度上避免局部优化的限制。与此同时，对遗传算法种群规模进行调整，可以生成一系列较为合理的可行方案，因而广泛应用于建筑生成设计的优化过程中。

利用遗传算法进行建筑生成设计，其核心在将建筑空间形体信息转

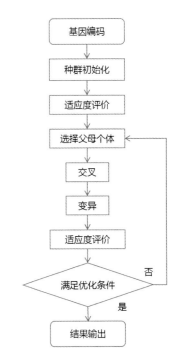

图 7-19　遗传算法流程示意图

化为由简单参数组合而成的"基因编码"。其编码方式对生成结果及优化效率产生直接的影响，因而历来是相关生成设计的研究热点。罗森曼（Rosenman）将房间边界的闭合走向顺序以 W,E,S,N 四个方向编码为对应的字符串，并通过字符串记录与该房间相邻房间的类型序号，以及相邻位置的边界标号，对房间形状及其连接关系加以描述。通过固定元素随机产生的字符串形成初始种群，将字符串解析为网格模型并根据设计规则进行适应度评价，不断迭代实现建筑平面布局生成及优化[17]（图 7-20、图 7-21）。

米兰达（Miranda）的 ArchiKluge 生成实验则将基因编码拓展到三维建筑形体。在此实验中建筑形体限制在 4×4×4 的三维网格内，通过 64 位的二进制编码串记录三维网格单元的被占据情况。编码串中的每一位对应三维网格的一个单元，若单元被建筑实体占据则编码数值为 1，反之则为 0（图 7-22）。然而在此编码方法中，随着网格数量的增加，染色体基因数量急剧上升，最优解搜索过程将消耗大量时间，优化效率相对较低[18]。

迪诺（Dino）在预设建筑体量内的空间布局生成实验中提出了另一种编码思路。该方法中，建筑空间形体基于三维正交网格体系，每种空间布局方案所对应的染色体编码均由三个主要部分组成：第一部分通过一组实数变量记录每一建筑功能模块的中心点坐标及其长宽尺寸；其余两部分则分别通过两组数组记录不同功能模块互相重叠，或向相邻空白网格单元拓展时的优先顺序以判定网格单元的归属，从而减少了变量数量，实现优化效率的提升（图 7-23、图 7-24）。

7.2.5 空间形态生成设计示例

为进一步验证生成设计在公共建筑空间形态的气候适应性设计过程中的可行性及相关策略方案，东南大学建筑运算与应用研究所进行了相关实验。研究基于正交网格体系，根据既有设计经验及指导原则，对影响空间形态设计的自然气候及功能要素评价机制进行提炼和简化。在此基础上，

17　Rosenman M A, Science D. The generation of form using an evolutionary approach [M]. Artificial Intelligence in Design'96. Springer Netherlands, 1996.

18　Miranda P. ArchiKluge. http://armyofclerks.net/ArchiKluge/index.htm.

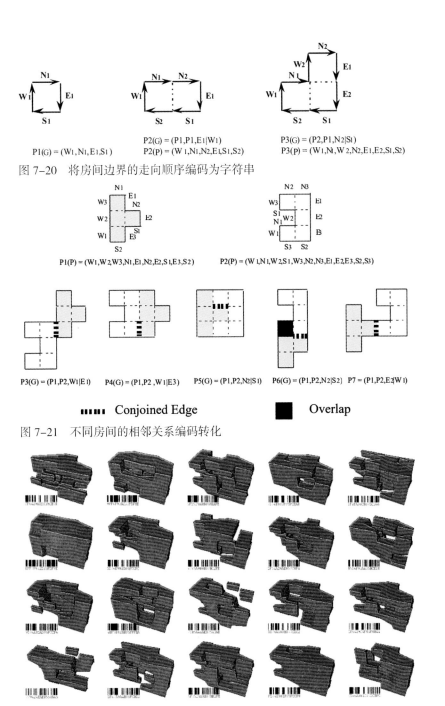

$P1(G) = (W_1, N_1, E_1, S_1)$

$P2(G) = (P1, P1, E_1|W_1)$
$P2(P) = (W_1, N_1, N_2, E_1, S_1, S_2)$

$P3(G) = (P2, P1, N_2|S_1)$
$P3(P) = (W_1, N_1, W_2, N_2, E_1, E_2, S_1, S_2)$

图 7–20　将房间边界的走向顺序编码为字符串

$P1(P) = (W_1, W_2, W_3, N_1, E_1, N_2, E_2, S_1, E_3, S_2)$

$P2(P) = (W_1, N_1, W_2, S_1, W_3, N_2, N_3, E_1, E_2, E_3, S_2, S_3)$

$P3(G) = (P1, P2, W_1|E_1)$　　$P4(G) = (P1, P2, W_1|E_3)$　　$P5(G) = (P1, P2, N_2|S_1)$　　$P6(G) = (P1, P2, N_2|S_2)$　　$P7 = (P1, P2, E_2|W_1)$

▮▮▮▮▮ **Conjoined Edge**　　　　■ **Overlap**

图 7–21　不同房间的相邻关系编码转化

图 7–22　建筑形体空间的二进制编码

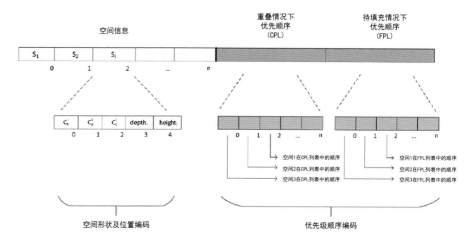

图 7-23　三维空间布局通过房间尺寸、坐标处理顺序编码

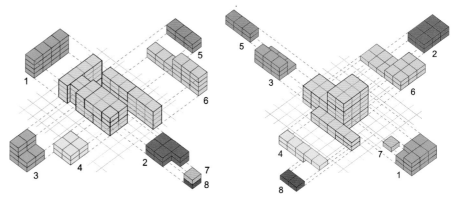

图 7-24　预设形体内的功能排布优化结果

对多要素限定的气候适应型建筑空间形态生成模式展开初步探索。

　　该实验的主要目标是简化各设计要素和设计问题模型，突出多设计要素综合影响下的建筑形体方案快速生成及优化，作为设计前期多方案比较和筛选的参照。因此，实验中的建筑空间形态模型被限定在具有一定模数的正交网格体系中，以提升运算效率。进行初始设置时，首先将设计场地及其周围环境中对形体设计产生影响的设计要素，转化为模数限定下的网格模型。根据场地退让条件及建筑高度限制，建立建筑形体生成模型的三维网格限定区域，记录区域中网格的相邻关系及边界条件，并建立相关引

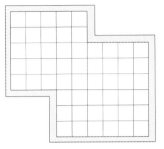 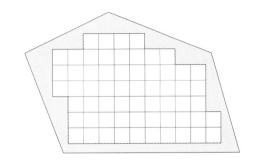

图 7-25　不同形状场地的网格划分

用的数据结构，便于后续设计中对网格信息及相邻关系的检索。对于边界条件相对复杂的场地，可适当减小网格模数，通过正交网格系统在场地内部对其边界条件进行拟合（图 7-25）。在得到初步的设计方案后，再根据场地边界情况对方案进行适当的变形和调整。

对于空间形态方案的评价，内容主要包括气候要素及建筑功能关系两部分，是影响绿色公共建筑形体设计的两个重要因素。部分评价函数引自现有国家绿色设计相关规范中的具体计算公式，对于风环境等相对复杂难以直接计算的设计要素，从其影响机制和现有的设计经验出发，通过定性而非定量的设计思路，将其转化为便于评价计算的简化数理模型，以便快速得到具有一定合理性的设计评价。最终对建筑形体方案的评价为各评价函数的加权总和。其中每个评价函数均返回一个介于 [0,1] 区间的小数，数值为 0 表示该项评价完全符合设计预期，数值为 1 表示完全不符合。通过对各评价函数权重系数的调整，可适应不同场景的设计需求。其计算公式可以表示为：

$$E=\sum_{}^{Num}(E_n \times C_n)$$

其中 E 为该空间形态设计方案的总体综合评价，Num 为参与评价的要素类型个数，E_n 为第 n 项要素的单项要素评分，C_n 为此项要素的影响权重。

研究中自然采光及采光朝向评价遵循上文提及的基于半球网格模型的近似算法。对于自然通风评价，不同于通过基于流体力学计算软件对建筑风环境进行相对精确计算的做法，研究从既有的设计经验和指导原则出发，通过应规避的风向和宜利用的风向简化建筑风环境模型，结合其各自不同的影响权重及各功能单元对自然通风的具体需求，做出符合地域气候特征的自然通风简化评价。在进行评价计算时，首先需根据设计场地的地域气候，对应规避和可利用的风向进行设置，并确定其各自影响权重。通过待评价的建筑空间形态网格模型在两个主要风向上各自的迎风面积统计，分别计算其占立面总面积的比例，返回一个 0 到 1 的评价值。研究对建筑密度、容积率、功能比例、功能连接数、可达性、形式限定等设计要素，均进行抽象简化，建立相应评价函数（图 7-26）（表 7-1）。

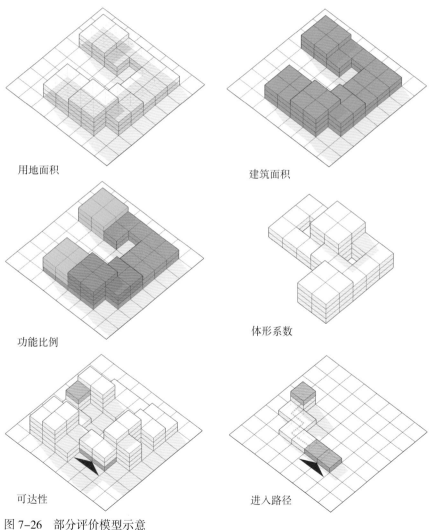

用地面积　　　　　　　　　　　建筑面积

功能比例　　　　　　　　　　　体形系数

可达性　　　　　　　　　　　　进入路径

图 7-26　部分评价模型示意

表 7-1　空间形态设计评价要素

评价内容	计算方式	说明
自然采光	$E_i = \dfrac{1}{N} \sum\limits_{n=0}^{N} \left(1 - \dfrac{k \times S_{rn} + S_{sn}}{S}\right)$	N 为建筑形体占据的网格单元总数，k 为建筑立面反射系数，S_{rn}、S_{sn} 分别为第 n 个网格单元的评价半球反射及直射区域面积，S 为评价半球总面积。
采光朝向	$E_o = \dfrac{1}{N} \sum\limits_{n=0}^{N} \left(1 - \dfrac{c_{un} \times S_{un} - c_{an} \times S_{an}}{S}\right)$	N 为建筑形体占据的网格单元总数，c_{un}、S_{un} 分别为第 n 个网格单元适宜朝向的影响权重及评价半球上该方向的总近似投影面积，c_{an}、S_{an} 对应其不宜朝向的权重及面积，S 为评价半球总面积。
自然通风	$E_{ven} = 1 - \dfrac{c_u \times S_u \times \sin\theta - c_a \times S_a \times \sin\beta}{S}$	c_u、S_u 分别为宜利用风向的影响权重及迎风面积，c_a、S_a 对应避免风向的权重及迎风面积，S 为此空间形态方案的立面总面积。
体形系数	$E_v = 1 - \min\left(\dfrac{K_t}{K_c},\ \dfrac{K_c}{K_t}\right)$	K_t 为预设的体形系数目标，K_c 为当前待评价模型的体形系数计算结果。
建筑密度	$E_d = 1 - \min\left(\dfrac{D_t}{D_c},\ \dfrac{D_c}{D_t}\right)$	D_t 为预设的建筑密度目标，D_c 为当前待评价模型的建筑密度计算结果。
容积率	$E_f = 1 - \min\left(\dfrac{F_t}{F_c},\ \dfrac{F_c}{F_t}\right)$	F_t 为预设的容积率目标，F_c 为当前待评价模型的容积率计算结果。
功能比例	$E_{fun} = \sum\limits_{n=0}^{Num} \left(1 - \min\left(\dfrac{F_{tn}}{F_{cn}},\ \dfrac{F_{cn}}{F_{tn}}\right)\right)$	Num 为参与评价的功能类型个数，F_{tn} 为第 n 项功能的预设目标比例，F_{cn} 为当前待评价模型中第 n 项功能单元实际所占比例。
功能连接数 可达性 形式限定	满足预设评价值为0，不满足为1	根据具体设计制定规则，调整预设值

研究在遗传算法基本流程的基础上，针对气候适应型建筑空间形态系列评价函数进行了相应的调整。其具体流程为根据绿色公共建筑形体生成网格模型进行遗传算法基因编码，将网格模型及其功能信息转化为简单参数组合成的染色体，并以此建立随机初始种群。之后按照一定的概率，选取种群中个体染色体进行交叉及变异操作，以产生新的个体。对种群中所有原有及新产生的个体进行染色体基因解码，将简单参数组合成的基因编码转译为建筑形体网格模型，并通过已有的绿色公共建筑形体设计系列评价函数，计算所有个体的适应度。依照适应度评价对种群个体进行选择，适应度高的个体有更大概率被选中，以形成新一代种群作为下一次进化迭代的样本。经过反复多次交叉、变异、选择的循环流程，得到最终优化种群，选择其中一个或多个个体进行染色体基因解码，即可得到一个或多个形体网格模型较优可行方案（图7-27）。

实验依据模数限定下的正交网格系统特点，尝试对建筑形体设计的基因编码参数进行提炼简化以提升优化效率。将携带建筑功能类型信息的空间网格模型转译为由简单参数组合而成的染色体基因编码，由遗传算法不断产生新的个体，解码为三维空间网格模型后，利用已有的基于网格的绿色建筑形体系列评价函数计算个体的适应度，以形成遗传算法循环迭代的优化过程。其优化和评价过程相对独立，可以分别根据生成需求进行补充和修改。场地网格的底层网格单元作为基因编码的基本单元，通过一组基因记录其空间高度方向上被占据的网格单元数量及功能。首先根据预设的建筑密度及场地底层网格单元总数，计算建筑形体占据的底层网格单元数量。对于每一个被形体占据的底层网格单元，其基因编码方式如图7-28

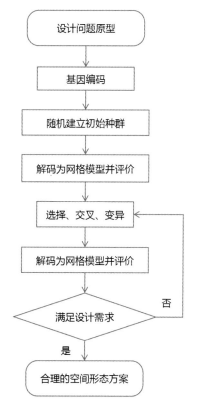

图7-27　遗传算法空间形态生成实验流程

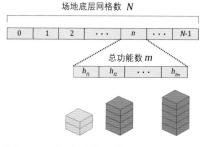
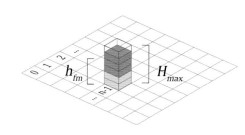

图7-28　复合功能形体生成基因编码

所示。其中第一位基因参数为 0 到场地底层单元总数区间的整数，按照序号与场地底层单元一一对应，用于记录该单元纵列的平面位置；其余参数按照预定功能排序，依次表示对应功能在该纵列占据单元的最高网格数。最终染色体编码长度可以表示为：

$$L=Nd（m+1）$$

其中 L 表示基因编码长度，N 表示场地底层网格单元总数，d 表示预设建筑密度，m 表示参与排布的总功能数。

根据设计需求确定遗传算法种群数量，并对原始种群进行初始化设置。种群中的每一个个体，其染色体基因由计算机根据相关生成规则在指定整数区间随机生成。按照种群的个体数量，逐一进行每一个个体的随机初始化。种群个体数量与最终获得较优可行解的数量相关，为确保最终生成结果的丰富性以及对全局最优方案的搜索能力，其数量不宜太少；种群规模过大则会导致优化效率大幅降低，因而需要结合具体参数设置进行多次尝试和调整。

遗传算法优化过程中，通过对初始种群中个体染色体的操作产生新的种群，实现种群的进化过程。遗传算法的操作算子主要包括交叉算子、变异算子及选择算子三种类型，作为实现对自然界物种繁殖、杂交、突变模拟的关键，构成了遗传算法强大搜索能力的核心 [19]。交叉算子模拟物种自然繁衍现象，确保新个体产生的同时染色体中对适应度有利的遗传信息可以被保留。本次研究所涉及的具体交叉操作过程为：随机选取种群中的两个个体，并随机确定其染色体上一个基因的位置作为交叉点。将两个染色体在此位置分别分割为两段，保留前半部分并对后半部分等位交换，以确保对应基因位置参数类型的一致性（图 7–29）。对本次研究中的形体网格模型，操作可解读为对两形体方案设计的局部交换，有利的形体设计可以大概率在交换过程中得到保留。变异算子则是在完成染色体交叉操作后，一定概率随机选取染色体上一位基因并在其取值范围内随机设置其具体参数，防止遗传过程中有利信息的丢失，避免过早陷入局部最优解中。选择算子按照优胜劣汰的法则，依据个体的适应度选取优质个体计入下一代。

19　李敏强，寇纪淞，林丹，等．遗传算法的基本理论与应用 [M]．北京：科学出版社，2002．

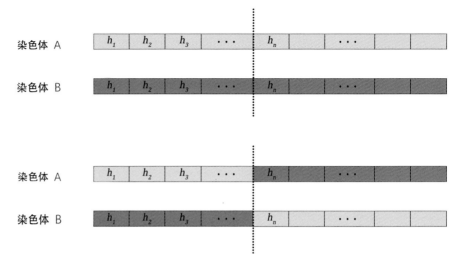

图 7-29　基因交叉示意

在本研究中，每代种群中适应度最高的个体将直接保留至下一代，以避免其优质遗传信息在染色体操作中丢失。

遗传算法优化过程中，个体按照交叉率和变异率的参数设置进行相关基因操作，其取值对遗传算法优化性能及最终结果产生直接影响。交叉率高时，更多的个体参与交叉过程，新个体产生速度较快，提升搜索效率，但交叉率过大则会导致高适应度个体结构难以保持。变异率小时新个体产生较少，而变异率高时优化过程接近单纯的随机搜索，优化效率较低。具体参数需根据优化效果及运行效率不断进行调整和测试。关于遗传算法的参数取值问题，许多学者进行了较为系统的研究，如在优化过程中根据群体的适应度分布及基因多样性对交叉率和变异率自动进行调节。当种群趋于局部最优时增大交叉率和变异率以产生更多新个体；当群体适应度较为分散时减小交叉和变异概率[20]。

建筑空间形态受不同地域气候的影响，呈现出不同的空间特征。例如，严寒地区建筑形体大多相对紧凑集中，以减少对外换热面积，降低室内热量散失；夏热冬暖地区建筑则多采用较为舒展的形体布局，以增大建筑通风面，充分利用自然通风条件。本次研究中绿色公共建筑空间形态的气候

20　马永杰, 云文霞. 遗传算法研究进展 [J]. 计算机应用研究, 2012, 29(4): 1201–1206, 1210.

适应机制，主要表现为不同评价要素的目标取值及权重设置。本次实验主要选取建筑密度、容积率、建筑体形系数三项评价要素，通过对其预期值及影响权重的调整，分别对功能及规模相近的寒冷地区、夏热冬冷地区及夏热冬暖地区公共建筑空间形态生成进行了尝试（图7-30~图7-32）。已有的设计经验和指导原则是进行设计要素预设值及影响权重设置的主要依据，通过对相关参数的不断调整尝试，使生成结果逐渐满足该气候区域建筑形体设计原则。实验通过快速生成大量符合设计需求及地域气候特征的空间形态方案，为进一步的深化调整工作提供了大量有价值的参考。

7.3 运算技术下的气候适应型建筑空间形态设计趋势及要点

计算机软件与信息技术的算法高度集成，可用于定义计算机程序在演化过程中的各种建筑设计规则，并拓展到方案生成、智能建造、成本核算等诸多方面；然而，与设计相关的应用软件的技术门槛逐步降低，简单点击便可获得前所未有的丰富结果，却致使建筑设计核心问题越发难以显现。

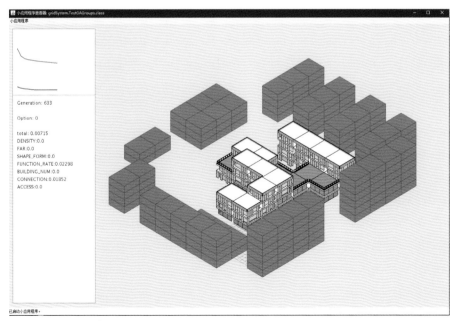

图7-30　生成程序界面

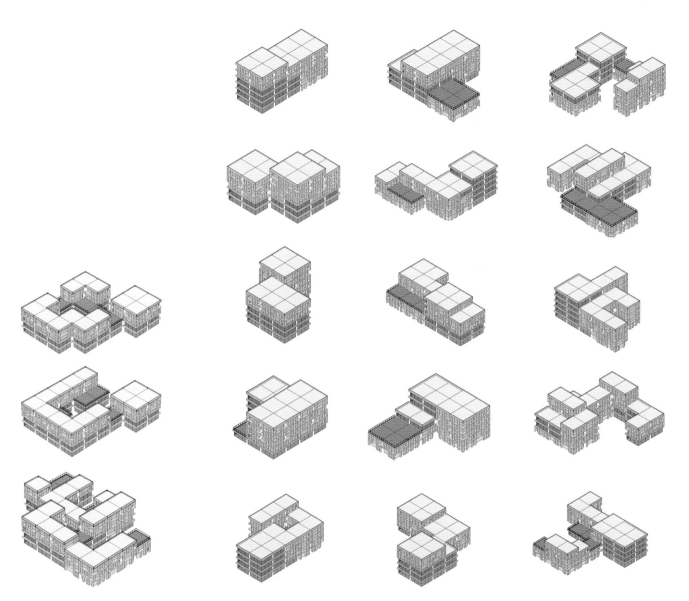

图 7-31 复合功能形体生成结果

图 7-32 不同气候区域形体生成参数调整结果
（三列从左至右依次对应寒冷地区、夏热冬冷地区、夏热冬暖地区）

究其根本，这是计算机软件与信息技术的成功，而非设计师对数字运算技术的"时代领悟"。当今建筑数字技术所展现的成果大多局限于应用软件所能够解决的问题，对数字技术如何解决建筑学基本问题则较少涉及。这种依赖应用软件的工作方式一方面展现出前所未有的绚丽成果，同时也使建筑学与基础科学严重脱节，并制约数字技术的长远发展。算法生成设计作为建筑智能建造的前端，是算法研究与建筑设计结合最紧密的关键点。生成设计的方法下，人和计算机协作配合，充分发挥各自优势。根据人类思维对设计要素筛选提炼，对设计规则归纳总结，建立计算机数理模型的总体框架，将人的直觉思维及推理过程转化为相应的程序功能模块，最终由计算机按照流程进行快速运算，实现预设的目标。算法设计参与设计方案生成，是未来设计行业发展的一大主流趋势。

目前建筑性能相关分析模拟软件的运算效率，是框桎气候适应型建筑空间形态生成设计探索及实践的主要因素之一。针对这一问题，本书所在课题研究组基于已有的生成设计经验及课题组相关设计方法论研究，通过对诸多建筑空间形态设计要素的筛选提炼及近似转化，初步印证了多要素综合限定下的建筑空间形态生成的可行性。研究根据已有的设计经验和规则建立设计要素的简化评价模型，替代精确模拟计算的评价方式，以减少单次计算量，实现大量快速迭代。此方式下设计要素对空间形态的作用机制更接近于设计师自身方案推敲的过程，从而使设计过程更为直接。计算机在规则限定下进行快速的寻优搜索，减少大量人工反复试错的过程；设计师通过规则的调整完善对方案进行掌控。设计师与设计工具配合的工作模式框架在本研究中已初步形成。

在气候适应型建筑空间形态设计领域，随着深度学习等计算机基础科学的发展和应用，基于大数据和统计学的建筑性能分析方式将建立起建筑形体与性能数据的直接映射关系，从原理上减少对计算机硬件资源的占用和依赖，使分析评价效率得到本质性的提升。为气候适应型建筑空间形态设计带来了新的机遇。莎拉（Sarah）针对建筑风环境分析，通过机器学习大量建筑风环境热力图，训练得到生成对抗网络（Generative Adversarial Networks）模型，从而实现对建筑风环境的快速预测，分析时间可由原有模拟计算的数十分钟缩短至数秒[21]（图7-33）。尽管现阶段该方法需要大量样本进行预训练，预测结果与模拟计算存在一定偏差，但其在运算速度方面具有极大的优势，对于建筑空间形态概念方案的快速推敲具有极大价值。

杜林（Duering）等通过风速热力图样本训练生成对抗网络，实现对建筑外部风环境的快速分析预测，并在此基础上引入遗传算法，在风环境以及其他评价指标（如地区可达性等）的指导下寻找空间布局的最优解，初步实现了建筑组团的体量找形与优化[22]（图7-34）。随着机器学习技术在建筑性能预测领域的不断推进与完善，原本占用几天时间的一轮方案推敲验证将有可能在几分钟内完成，甚至可以完全由计算机自动进行数以万计潜在方案的分析及筛选。空间形态的自动生成及优化将带来设计效率的极大提升。

无论是计算机算法或是其开发者自身的程序思维，其背后所隐含的针对具体问题清晰有序的逻辑结构，是运用数字运算技术解决建筑设计问题的关键所在。对致力于气候适应型建筑空间形态设计实践的建筑师而言，相比于掌握编程语言或其语法规则，更重要的是在对运算技术有所了解的基础上，建立程序思维意识：在设计过程中通过参数化、分类化、规则化设计方法，建立清晰有序的逻辑结构，将复杂的空间形态设计问题抽丝剥茧，明确对建筑空间形态可能产生影响的设计要素及其作用机制，进而归纳出不同设计场景的共性和个体特性，不断发掘设计问题的核心。在提高设计效率的同时，为日后与专业建筑算法工程师沟通交流、合作开发建筑智能化运算设计工具打下良好基础。对于高等建筑院校及具有一定研发能力的科研机构而言，则应打破现有工具平台对思维模式的局限，从数学、计算机等相关基础科学中汲取营养，从工业制造、互联网等其他行业的相似问题中吸取经验，建立起跨学科沟通的桥梁；充分发挥建筑运算技术的优势，对气候适应型建筑空间形态设计问题的逻辑结构和工作模式进行更多的框架性思考，对设计问题的算法转译建立可供参照的程序原型，为空间形态设计实践应用及拓展打下基础，持续推动绿色建筑设计的进步与发展。

21 Mokhtar S, Sojka A, Davila C C. Conditional generative adversarial networks for pedestrian wind flow approximation [C]. Proceedings of the 11th Annual Symposium on Simulation for Architecture and Urban Design (SimAUD), 2020: 25–27.

22 Duering S, Chronis A, Koenig R. Optimizing urban systems: integrated optimization of spatial configurations[C]. Proceedings of the 11th Annual Symposium on Simulation for Architecture and Urban Design (SimAUD), 2020: 509–515.

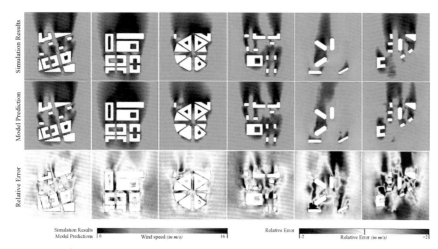

图 7-33　建筑风环境模拟软件计算结果、机器学习预测结果及二者差值

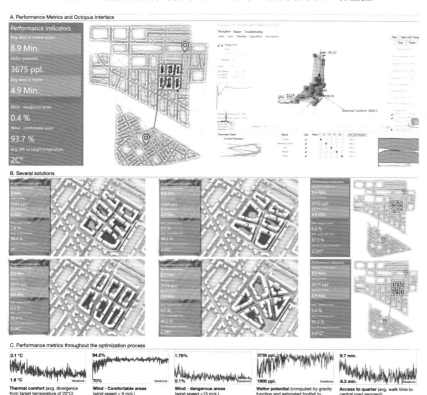

图 7-34　优化过程的结果（A.界面、B.几个生成的解、C.整个优化过程中的目标轨迹）

8 结语

气候适应性设计将建筑视为一种开放系统，通过对自然气候的利用和调节，在低能耗少排放的同时，使建筑空间成为适宜人们生活和工作的舒适且可控的气候环境。气候适应型绿色公共建筑是气候适应性设计嵌入公共建筑设计原理、内容及过程后的成果。在创建气候适应型绿色公共建筑的过程中，建筑师主导的创作设计具有先导性和全局性意义。

作为绿色公共建筑设计中最重要的基础性内容之一，气候适应性设计建立在建筑师对气候差异性和相对性的认识基础之上。不同地域的自然气候是建造活动的前提背景和条件；不同的建筑形态又改变了局域微气候和建筑内部气候的性能及品质。绿色建筑不仅是节能的，还在于为人们创造与自然和谐相处的开放性健康环境。建筑是自然气候的调节器，这种调节系统可能产生必要的建筑用能，也可能不用能。对"能效"的追逐首先应置于用能必要性的前提之下，不用能和少用能才是上策。"气候—能耗—建筑"三者相互作用的机理表明，建筑设计中各层级的空间形态设计是公共建筑实现气候适应的关键核心。

从建筑师的工程设计实践看，公共建筑的气候适应性设计从不同尺度自然气候条件的分析和评估开始，通过建筑场地总体形态布局、建筑空间关系的形态组织、单一空间的气候优化设计、建筑外围护介质及内部空间分隔设计等环节逐层深入。

建筑场地总体布局是一种全局性的上位设计，其遵循因地制宜、整体优先、双向互利的基本原则，在对地域气候及场地所在地段微气候的分析评估基础上，通过方位、密度、肌理等形态要素的布局调度，和基于生物气候机理的地形利用和地貌重塑，在总体层面实现包括风、光、热等要素在内的良好的微气候调节，为建筑单体设计奠定相对理想的微气候基础。

公共建筑空间形态组织的气候适应性设计建立在空间性能分类的基础上，高性能空间、普通性能空间、低性能空间一方面取决于空间的功能使用要求，同时也意味着不同的能耗等级。本着整体优先、利用优先、有效控制和差异处置的原则，应基于地域气候条件的差异性，按照各类空间气候性能的不同程度要求，合理驾驭高性能空间、普通性能空间、低性能空间三者之间的组织关系；优先布置与自然气候联系最为紧密的普通性能空间，充分利用融入自然的低能耗空间，合理设置调节微气候的过滤性空间。

单一空间的气候适应性设计是在空间形态组织基础上的深化设计。其中，普通性能空间则是单一空间适应性设计的重点所在，这种适应性设计可从量、形、性、质、时五方面进行把握。与气流组织和采光等密切相关的空间三维几何形状、气候调节空间和门窗洞口是单一空间气候优化设计的基本内容和方法，同时应注重与结构和设备空间的整合与集成。

外围护介质和内部空间的分隔介质对实现建筑空间的气候适应性目标具有重要的技术保障作用。建筑外围护介质对气候能量具有促进、阻隔、缓冲、扩散、回收或储存等功能，并可实现光电转化、热化转化等不同类型的能量转化。这种适应性调节有无源和有源两种驱动形式，并响应不同的地域气候及其时节变化。室内分隔介质的设计对气候能量同样具有阻隔、过滤、通导等功能，其适应性设计可有效调节室内气候。这种气候性能调节通过不同的材质和分隔方式得以实现，并可根据不同的使用行为及场景做出适应性设计。

从建筑工程设计的专业构成看，气候适应性设计的工作效率受到"设计探索—性能模拟—能耗评估"协配互动的影响，性能模拟和能耗评估工具的研发需要在工作速度及其与设计的互动性方面大力拓展；绿色设计的综合成效同时取决于建筑设计、结构设计、机电设备设计等工种的集成化程度，发挥建筑师统筹作用，强化方案创作阶段的多专业联合研讨，推动各相关专业工种协作在设计进程中的前移，建立多专业协作的集成化组织结构势在必行。

运算技术正在为绿色建筑的气候适应性设计开辟新的人机互动前景。建筑空间形态的数字信息模型、评价系统、生成算法构成了基于"评价—

优化"流程的形态生成设计的基本架构。新的运算技术有可能改变绿色建筑创作中设计探索与性能模拟的两分状态，从而转向一种预设条件和目标下，依靠计算机快速运算的一体化正向生成设计过程。

气候适应性设计不是对既有公共建筑设计原理的颠覆，而是重要深化和补充。气候适应性设计在系统方法上具有整体性和层级性，同时又因地而异、因时而异地具有针对性和动态性。气候适应性设计方法的科学运用，可有效实现建筑空间环境与自然气候的开放性调节关系，为系统有效地压缩公共建筑的耗能空间和耗能时间奠定绿色基础，促进使用者的身心健康，并推动绿色建筑美学的普及。公共建筑的绿色发展是一项正在不断开拓的事业，本书关于气候适应性设计方法的呈现仅是这一领域的阶段性成果。由于学识和时间的原因，本书对公共建筑具体类型和地域气候的针对性尚未及充分展开。另外，笔者在课题研究及设计实践中感到，目前的公共气象信息有必要在地域尺度、城市尺度的基础上，发展更为精细的城镇局域气候和逐时气候要素信息的供给。基于地域气候差异的建筑产能（太阳能、风能等）设计方法和技术、基于运算技术的气候适应型建筑形态生成设计方法及工具研发等等，都将为未来的绿色建筑设计开辟更为广阔的前景。

参考文献

[1] 林宪德 . 绿色建筑——生态・节能・减废・健康 [M]. 2 版 . 北京 : 中国建筑工业出版社 , 2011.

[2] 清华大学建筑节能研究中心 . 中国建筑节能年度发展研究报告 2014[M]. 北京 : 中国建筑工业出版社 , 2014.

[3] 江亿 . 中国建筑节能理念思辨 [M]. 北京 : 中国建筑工业出版社， 2016.

[4] 联合国 . 变革我们的世界 : 2030 年可持续发展议程 [R/OL]. (2015–09–25)[2021–02–01].https://www.un.org/zh/ documents/treaty/files/A–RES–70–1.shtml.

[5] 博卡德斯 , 布洛克 , 维纳斯坦 , 等 . 生态建筑学——可持续性建筑的知识体系 [M]. 南京 : 东南大学出版社 , 2017.

[6] Howard L. The climate of London[M]. Palala Press, 2010.

[7] Oke T R. The energetic basis of the urban heat island [J]. Quarterly Journal of the Royal Meteorlogical Society, 1982,108(455): 1–24.

[8] Oke T R. Boundary layer climates [M]. Second edition. London: Routledge, 1987.

[9] 吉沃尼 . 建筑设计和城市设计中的气候因素 [M]. 汪芳 , 阚俊杰 , 张书海 , 等译 . 北京 : 中国建筑工业出版社 , 2010.

[10] Olgyay V. Design with climate: bioclimatic approach to architectural regionalism [M]. New and expanded edition. Princeton: Princeton University Press, 2015.

[11] Bainbridge D A, Haggard K. Passive solar architecture: heating, cooling, ventilation, daylighting, and more using natural flows [M]. Vermont: Chelsea Green Publishing, 2010.

[12] Hawkes D, McDonald J, Steemers K. The selective environment: an approach to environmentally responsive architecture[M]. London: Taylor and Francis, 2001.

[13] 马薇，张宏伟 . 美国绿色建筑理论与实践 [M]. 北京 : 中国建筑工业出版社 , 2012.

[14] 庄惟敏 , 张维 , 黄辰晞 . 国际建协建筑师职业实践政策推荐导则——一部全球建筑师的职业主义教科书 [M]. 北京 : 中国建筑工业出版社 , 2010.

[15] 亚历山大 . 形式综合论 [M]. 王蔚 , 曾引 , 译 . 武汉 : 华中科技大学出版社 , 2010.

[16] 俞洪良 , 毛义华 . 工程项目管理 [M]. 杭州 : 浙江大学出版社 , 2014.

[17] Martijn A. Towards adaptive facade retrofitting for enegy neutral mixed-use buildings [D]. Delft: Delft University of Technology, 2018.

[18] 勃罗德彭特 . 建筑设计与人文科学 [M]. 张韦 , 译 . 北京 : 中国建筑工业出版社 , 1990.

[19] 欧康纳 . 被动式节能建筑 [M]. 李婵 , 译 . 沈阳 : 辽宁科学技术出版社 , 2015.

[20] 布朗 , 德凯 . 太阳辐射 · 风 · 自然光 [M]. 常志刚 , 刘毅军 , 朱宏涛 , 译 . 2 版 . 北京 : 中国建筑工业出版社 . 2008.

[21] 韩冬青 , 顾震弘 , 吴国栋 . 以空间形态为核心的公共建筑气候适应性设计方法研究 [J]. 建筑学报 , 2019(4): 78–84.

[22] 梅洪元 , 王飞 , 张玉良 . 低能耗目标下的寒地建筑形态适寒设计研究 [J]. 建筑学报 , 2013(11): 88–93.

[23] 夏昌世 . 亚热带建筑的降温问题——遮阳 · 隔热 · 通风 [J]. 建筑学报 , 1958(10): 36–39.

[24] 李飚 , 韩冬青 . 建筑生成设计的技术理解及其前景 [J]. 建筑学报 , 2011(6):96–100.

[25] 宋晔皓 , 王嘉亮 , 朱宁 . 中国本土绿色建筑被动式设计策略思考 [J]. 建筑学报 , 2013(7): 94–99.

[26] 张雪松 . 高性能建筑立面设计研究 [J]. 建筑学报 , 2009(5): 81–83.

[27] 乐民成 . 评析深圳大学演会中心的设计与构思 [J]. 建筑学报 , 1989(9): 33–37.

[28] 科里亚 . 建筑形式遵循气候 [J]. 李孝美 , 杨淑蓉 , 译 . 世界建筑 , 1982(1): 54–58.

[29] 李麟学 . 热力学建筑原型——环境调控的形式法则 [J]. 时代建筑 , 2018(3): 36–41.

[30] 朱颖心 . 热舒适的"度",多少算合适 ? [J]. 世界建筑 , 2015(7):35–37.

[31] 江亿 , 燕达 . 什么是真正的建筑节能 ? [J]. 建设科技 , 2011(11):15–23.

[32] Romano R, Aelenei L, Aelenei D, et al. What is an adaptive faade? analysis of recent terms and definitions from an international perspective[J]. Journal of Facade Design and Engineering, 2018, 6(3):65–76.

[33] Jovanovic J, Sun X Q, Stevovic S, et al. Energy-efficiency gain by combination of PV modules and Trombe wall in the low-energy building design [J]. Energy and Buildings, 2017(152): 568–576.

[34] Barozzi M, Lienhard J, Zanelli A, et al. The sustainability of adaptive envelopes: developments of Kinetic architecture [J]. Procedia Engineering, 2016(155): 275–284.

[35] Li J,Lu S, Wang W L, et al. Design and climate-responsiveness performance evaluation of an integrated envelope for modular prefabricated buildings [J]. Advances in Materials Science and Engineering, 2018: 1–14.

[36] 张军杰 . 寒冷地区住宅建筑动态适应性表皮设计研究 [J]. 新建筑 , 2018(5): 72–75.

[37] 隈研吾 . 大 / 小展 [Z]. 北京 : 利星行中心 , 2018.7.14–2018.8.31.

[38] Dillenburger B, Braach M, Hovestadt L. Building design as an individual compromise between qualities and costs: A general approach for automated building generation under permanent cost and quality control [C]. Joining Languages, Cultures And Visions: CAAD futures, 2009:458–471.

[39] 李飚 . 建筑生成设计 [M]. 南京 : 东南大学出版社 , 2012.

[40] 韩昀松 . 基于日照与风环境影响的建筑形态生成方法研究 [D]. 哈尔滨 : 哈尔滨工业大学 , 2013.

[41] 韩昀松 . 严寒地区办公建筑形态数字化节能设计研究 [D]. 哈尔滨 : 哈尔滨工业大学 , 2016.

[42] Caldas L. Generation of energy-efficient architecture solutions applying GENE_ARCH: an evolution-based generative design system [J]. Advanced Engineering Informatics, 2008, 22(1):59-70.

[43] 郭梓峰 . 功能拓扑关系限定下的建筑生成方法研究 [D]. 南京 : 东南大学 , 2017.

[44] Hua H, Jia T. Floating Bubbles: An agent-based system for layout planning [C]. Proceedings of the 15th CAADRIA Conference, 2010.

[45] Kamol K, Krung S. Optimizing architectural layout design via mixed integer programming [C]. CAAD Design Futures 2005: 175-184.

[46] 李鸿渐 . 多要素限定的绿色公共建筑空间形态生成模式初探 [D]. 南京 : 东南大学 , 2019.

[47] Dino I G. An evolutionary approach for 3D architectural space layout design exploration [J]. Automation in Construction, 2016,(69): 131-150.

[48] 李飚 , 郭梓峰 , 季云竹 . 生成设计思维模型与实现——以 "赋值际村" 为例 [J]. 建筑学报 , 2015(5): 94-98.

[49] Muller P, Wonka P, Haegler S, et al. Procedural modeling of buildings [J]. ACM Transactions on Graphics, 2006, 25(3): 614-623.

[50] 张佳石，基于多智能体系统与整数规划算法的建筑形体与空间生成探索——以中小学建筑为例 [D]. 南京 : 东南大学 , 2018.

[51] Hua H, Hovestadt L, Tang P, et al. Integer programming for urban design [J]. European Journal of Operational Research, 2019, 274(3): 1125-1137.

[52] Rosenman M A, Science D. The generation of form using an evolutionary approach [M]. Artificial Intelligence in Design'96. Springer Netherlands, 1996.

[53] Miranda P. ArchiKluge. http://armyofclerks.net/ArchiKluge/index.htm.

[54] 李敏强 , 寇纪淞 , 林丹 , 等 . 遗传算法的基本理论与应用 [M]. 北京 : 科学出版社 , 2002.

[55] 马永杰 , 云文霞 . 遗传算法研究进展 [J]. 计算机应用研究 , 2012, 29(4): 1201-1206, 1210.

[56] Mokhtar S, Sojka A, Davila C C. Conditional generative adversarial networks for pedestrian wind flow approximation [C]. Proceedings of the 11th Annual Symposium on Simulation for Architecture and Urban Design (SimAUD), 2020: 25-27.

[57] Duering S, Chronis A, Koenig R. Optimizing urban systems: integrated optimization of spatial configurations[C]. Proceedings of the 11th Annual Symposium on Simulation for Architecture and Urban Design (SimAUD), 2020: 509-515.

[58] Khan H. U. ed. Charles Correa [M]. Singapore: Concept Media Ltd., 1987.

[59] 张彤 . 绿色北欧——可持续发展的城市与建筑 [M]. 南京 : 东南大学出版社 , 2009.

[60] 赫兹伯格 . 建筑学教程：设计原理 [M]. 天津 : 天津大学出版社 , 2003.

[61] Richards I.T. R. Hamzah &Yeang: ecology of the sky[M]. Australia: The Images Publishing Group Pty Ltd, 2001.

图表来源

图 1-1　R. Buckminster Fuller, 1961.

图 1-2　https://imgday.com/2014/12/biosphere-2-arizona/.

图 1-3　顾震弘根据维克多·奥戈雅（Victor Olgyay）的相关资料绘.

图 1-4　Khan H U, ed. Charles Correa [M]. Singapore: Concept Media Ltd., 1987: 36-39.

图 1-5　https://passivehouse.com/01_passivehouseinstitute/01_passivehouseinstitute.htm.

图 1-6　顾震弘根据相关资料绘.

图 1-7　孙世浩根据李麟学. 热力学建筑原型——环境调控的形式法则 [J]. 时代建筑, 2018(3): 36-41 中伊纳吉·阿巴罗斯（Iñaki Ábalos）图示重绘.

图 1-8　https://es.wikiarquitectura.com/edificio/casa-roof-roof/.

图 1-9　http://www.qdaily.com/articles/35786.html.

图 1-10　比约·卡尔松（Björn Karlsson）绘.

图 1-11　顾震弘绘.

图 2-1~2-7　石邢绘.

图 2-8~2-11　孙世浩绘.

图 2-12　石邢绘.

图 2-13、2-14　吴国栋绘.

图 2-15　吉沃尼. 建筑设计和城市设计中的气候因素 [M]. 汪芳, 阚俊杰, 张书海, 等译. 北京：中国建筑工业出版社, 2010: 330.

图 2-16~2-20　吴国栋绘.

图 2-21　左图 https://www.archdaily.cn/cn/880642/zhong-yi-qing-hua-huan-jing-jie-neng-lou-mario-cucinella-architects. 右图吴国栋绘.

图 2-22　吴国栋绘.

图 2-23　Oke T R. Boundary layer climates [M]. Second edition. London: Routledge, 1987: 267.

图 2-24　李虎，黄文菁．应力 [M]. 北京：中国建筑工业出版社，2015: 72.

图 2-25~2-28　孙世浩绘．

图 2-29　曾穗平，田健．山地城市微气候特点与热岛效应缓解策略研究 [J]. 建筑学报，2013(S2): 106-109.

图 2-30　杨涛，魏春雨，李鑫．热带环境下的地域现代主义——弗拉基米尔·奥斯波夫和他的 3 个设计作品 [J]. 建筑学报，2016(4): 48-54.

图 2-31　孙世浩根据中国建筑设计院世园会中国馆项目图纸重绘．

图 2-32　孙世浩根据相关资料绘．

图 2-33　王正．孙权纪念馆 [J]. 建筑知识，2018(5): 76-81.

图 2-34　欧康纳．被动式节能建筑 [M]. 李婵，译．沈阳：辽宁科学技术出版社，2015.

图 2-35　徐一品根据 https://www.archdaily.cn/cn/914887/sheng-tai-zhe-xian-xue-xiao-1-plus-1-2-architects 图片改绘．

图 3-1　陈昌勇，肖大威．以岭南为起点探析国内地域建筑实践新动向 [J]. 建筑学报，2010(2): 68-73.

图 3-2　https://www.archdaily.cn/cn/757938/adjing-dian-gan-cheng-zhang-jia-gong-yu-da-lou.

图 3-3　深圳市建筑科学研究院有限公司．

图 3-4　吴国栋根据 Grasshopper 的建筑环境分析插件 Ladybug 改绘．

图 3-5　https://www.gooood.cn/substrate-factory-ayase-by-aki-hamada-architects.htm.

图 4-1　布朗，德凯．太阳辐射·风·自然光 [M]. 常志刚，刘毅军，朱宏涛，译．2 版．北京：中国建筑工业出版社，2008.

图 4-2　上图：卡塔尔大学官网 http://kindi.qu.edu.qa/offices/hr/about；下图：布朗，德凯．太阳辐射·风·自然光 [M]. 常志刚，刘毅军，朱宏涛，译．2 版．北京：中国建筑工业出版社，2008.

图 4-3　吴国栋绘．

图 4-4　视觉中国．

图 4-5　张静姝．北京首开畅颐园小区外墙大面积脱落，去年 6 月才交房 [N/OL]. 新京报，[2019-08-05]. http://house.china.com.cn/home/view/1585415.htm.

图 4-6　顾震弘摄．

图 4-7　Fordham C. Solar Design for Wellbeing and Expression: Louis Kahn's Psychiatric Hospital Addition [R]. Temple University, Philadelphia, Pennsylvania, 2018.

图 4-8　https://www.sssb.se/en/our-housing/our-areas-in-the-north/kungshamra/.

图 4-9　卢本，格拉福，柯尼格，等．设计与分析 [M]. 林尹星，薛晧东，译．天津：天津大学出版社，2003.

图 4-10　《建筑素描》中文版编辑部．建筑素描：伊东丰雄专辑 2001—2005 [M]. 宁波：宁波出版社，2006.

图 4-11　孙鹏、祁恬绘．

图 4-12   加斯特 . 路易斯 · I. 康：秩序的理念 [M]. 马琴 , 译 . 北京 : 中国建筑工业出版社 , 2007.

图 4-13   上图孙鹏绘，下图朱雷摄 .

图 4-14   顾兰雨绘 .

图 4-15   http://www.homedsgn.com/2012/01/04/cell-brick-by-atelier-tekuto.

图 4-16   Durisch T, ed. PETER ZUMTHOR 1990-1997: Buildings and Projects, Volume 2[M]. Switzerland: Scheidegger & Spiess, 2014.

图 4-17   左图乔彬摄；右图 : 博奥席耶 . 勒 · 柯布西耶全集（第 6 卷）[M]. 牛燕芳 , 程超 , 译 . 北京 : 中国建筑工业出版社 , 2005.

图 4-18   左图 : 博奥席耶 . 勒 · 柯布西耶全集（第 6 卷）[M]. 牛燕芳 , 程超 , 译 . 北京 : 中国建筑工业出版社 , 2005.；右图乔彬摄 .

图 5-1   乐民成 . 评析深圳大学演会中心的设计与构思 [J]. 建筑学报 , 1989(9): 33-37.

图 5-2   Fingas R. New Apple Campus 2 tour highlights 'breathing' concrete, glass panels, power tech & more [EB/OL]. [2016-06-11]. https://appleinsider.com/articles/16/06/11/new-apple-campus-2-tour-highlights-breathing-concrete-glass-panels-power-tech-more.

图 5-3   https://projects.bre.co.uk/envbuild/index.html.

图 5-4   BIOSKIN: A Façade System for Cooling City Heat Islands [EB/OL]. [2021-02-01]. https://www.nikken.co.jp/en/expertise/mep_engineering/bioskin_a_facade_system_for_cooling_city_heat_islands.html.

图 5-5   Jovanovic J, Sun X Q, Stevovic S, et al. Energy-efficiency gain by combination of PV modules and Trombe wall in the low-energy building design [J]. Energy and Buildings, 2017(152): 568-576.

图 5-6   Martijn A. Towards Adaptive Facade Retrofitting for Enegy Neutral Mixed-Use Buildings [D]. Delft: Delft university of Technology 2018.

图 5-7   http://www.mahlum.com/projects/thurston-elementary-school.

图 5-8   https://www.filt3rs.net/case/etfe-dynamic-solar-shading-mediatic-barcelona-553.

图 5-9   http://www.wyckaert.eu/en/projecten/bouw-en-financiering-van-een-kleuterschool.

图 5-10   https://www.designboom.com/architecture/aedas-al-bahar-towers/.

图 5-11   https://www.sohu.com/a/165979454_656460.

图 5-12   https://i.pinimg.com/originals/43/68/7c/43687c2a437dd97c709cd90f944f8635.jpg.

图 5-13   https://www.thegreenvillage.org/projects/double-face-20.

图 5-14   https://www.archdaily.com/424911/hygroskin-meteorosensitive-pavilion-achim-menges-architect-in-collaboration-with-oliver-david-krieg-and-steffen-reichert.

图 5-15   UAP + Ned Kahn to create kinetic artwork for Brisbane Airport. https://www.archdaily.com/69219/uap-ned-kahn-tocreate-kinetic-artwork-for-brisbane-airport.

图 5-16　Northwood Primary School　https://in.pinterest.com/pin/322992604506269626/.

图 5-17　李力绘 .

图 5-18　https://www.archdaily.cn/cn/774033/tu-er-qi-fa-san-bie-shu-gad?ad_medium=mobile-widget&ad_name=more-from-office-article-show.

图 5-19　https://turf.design/products/.

图 5-20　https://www.chinadesigncentre.com/works/maison-et-objet-2018-september-cong-ma-hundredicrafts.html.

图 5-21　左图：https://www.behance.net/gallery/30123293/Skyhaus；右图：https://thearchitectsdiary.com/house-around-a-central-courtyard/.

图 5-22　http://www.arch2o.com/pavilion-for-exhibition-and-sale-of-furniture-barrios-escudero/.

图 5-23　https://www.archdaily.com/187728/live-work-home-cook-fox-architects.

图 5-24　https://www.archdaily.com/926534/yue-library-beijing-fenghemuchen-space-design.

图 5-25　https://www.alainglass.net/wp-content/uploads/2019/11/39.jpg

图 5-26　https://www.archdaily.com/54544/macquarie-bank-clive-wilkinson-architects.

图 5-27　http://www.metrowall.com.

图 5-28　https://www.gauzy.com/smart-glass-everything-you-want-to-know/.

图 5-29　https://www.buildingadditions.co.uk/operable-walls/.

图 5-30　https://design-milk.com/kuf-studio-puts-a-twist-on-window-blinds/kuf-marble-multiplebig/.

图 5-31~5-38 李力绘制及拍摄 .

图 6-1~ 6-6　中国建筑设计研究院有限公司数字对象研究室绘 .

图 7-1　李鸿渐绘 .

图 7-2　左图 : Fortin G. BUBBLE: Relationship Diagrams using Iterative Vector Approximation [C].Design automation conference, 1978: 145-151. 右图 : Rodrigues E, Gaspar A R, Gomes A. An approach to the multi-level space allocation problem in architecture using a hybrid evolutionary technique [J]. Automation in Construction,2013(35): 482-498.

图 7-3　Dillenburger B, Braach M, Hovestadt L. Building design as an individual compromise between qualities and costs: A general approach for automated building generation under permanent cost and quality control [C]. Joining Languages, Cultures And Visions: CAAD Futures, 2009:458-471.

图 7-4　李飚，钱敬平 . "细胞自动机" 建筑设计生成方法研究——以 "Cube1001" 生成工具为例 [J]. 新建筑 , 2009 (3): 103-108.

图 7-5　Caldas L. Generation of energy-efficient architecture solutions applying GENE_ARCH:an evolution-based generative design system[J]. Advanced Engineering Informatics, 2008, 22(1): 59–70.

图 7-6　李鸿渐绘.

图 7-7　郭梓峰.功能拓扑关系限定下的建筑生成方法研究 [D]. 南京：东南大学 , 2017.

图 7-8　Hua H, Jia T. Floating Bubbles: An agent–based system for layout planning [C]. Proceedings of the 15th CAADRIA Conference,2010: 175–183.

图 7-9　Kamol K, Krung S. Optimizing Architectural Layout Design via Mixed Integer Programming [C], CAAD Design Futures 2005, 175 –184. CAAD Futures. Dordrecht: Springer, 2005.

7-10　Kamol K, Krung S. Optimizing Architectural Layout Design via Mixed Integer Programming, CAAD Design Futures 2005, 175 –184. CAAD Futures. Dordrecht: Springer, 2005.

图 7-11　郭梓峰.功能拓扑关系限定下的建筑生成方法研究 [D]. 南京：东南大学 ,2017.

图 7-12　Dillenburger B, Braach M, Hovestadt L. Building design as an individual compromise between qualities and costs: A general approach for automated building generation under permanent cost and quality control[C]. Joining Languages, Cultures And Visions: CAAD Futures, 2009：458–471.

图 7-13　李鸿渐.多要素限定的绿色公共建筑空间形态生成模式初探 [D]. 南京：东南大学，2019.

图 7-14　Dino I G. An evolutionary approach for 3D architectural space layout design exploration [J]. Automation in Construction, 2016(69): 131–150.

图 7-15　Muller P, Wonka P, Haegler S, et al. Procedural modeling of buildings[J]. ACM Transactions on Graphics, 2006, 25(3):614–623.

图 7-16　张佳石.基于多智能体系统与整数规划算法的建筑形体与空间生成探索——以中小学建筑为例 [D]. 南京：东南大学 , 2018.

图 7-17、7-18　Hua H, Hovestadt L, Tang P, et al. Integer programming for urban design [J]. European Journal of Operational Research, 2019, 274(3): 1125–1137.

图 7-19　李鸿渐绘.

图 7-20、7-21　Rosenman M A, Science D. The generation of form using an evolutionary approach[M]. Artificial Intelligence in Design ’96. Springer Netherlands, 1996.

图 7-22　Miranda P. ArchiKluge. http://armyofclerks.net/ArchiKluge/index.htm.

图 7-23、7-24　Dino I G. An evolutionary approach for 3D architectural space layout design exploration [J]. Automation in Construction, 2016(69): 131–150.

图 7-25~7-32　李鸿渐绘.

图 7-33　Mokhtar S, Sojka A, Davila C C. Conditional generative adversarial networks for pedestrian wind flow approximation [C].

Proceedings of the 11th annual Symposium on Simulation for Architecture and Urban Design (SimAUD), 2020: 25–27.

图 7–34　Duering S, Chronis A, Koenig R. Optimizing Urban Systems: Integrated optimization of spatial configurations[C]. Proceedings of the 11th Annual Symposium on Simulation for Architecture and Urban Design (SimAUD), 2020: 509–515.

表 2–1　石邢绘 .

表 2–2~2–10　庄惟仁绘 .

表 3–1、3–2　孙世浩绘 .

表 3–3~3–12　陈富强绘 .

表 3–13~3–19　李元根据相关资料改绘 .

表 3–20　杨经文自宅：布朗，德凯 . 太阳辐射·风·自然光：建筑设计策略 [M]. 常志刚，刘毅年，朱宏涛，译 . 2 版 . 北京：中国建筑工业出版社，2008:165；爱尼卡大楼：古佐夫斯基 . 可持续建筑的自然光运用 [M]. 汪芳，李天骄，谢亮蓉，译 . 北京：中国建筑工业出版社 ,2004:14；洪堡大学图书馆：https://www.gooood.cn/jacob-and-wilhelm-grimm-center-by-max-dudler.htm.

表 3–21　清华大学建筑设计研究院办公楼：http://www.archina.com/；哈尔滨工业大学二校区主楼：梅洪元，王飞，张玉良 . 低能耗目标下的寒地建筑形态适寒设计研究 [J]. 建筑学报 ,2013(11):88–93.

表 3–22　李元绘 .

表 3–23　平面风压图：叶青 . 绿色建筑共享——深圳建科大楼核心设计理念 [J]. 建设科技 , 2009(08): 66–70.

表 3–24~3–31　庄惟仁绘 .

表 3–32　吴国栋根据中国气象数据网 http://data.cma.cn/data/weatherBk.html 数据整理 .

表 3–33　孙曦梦、徐海琳绘 . 案例 1：https://www.gooood.cn/a-multigenerational-space-by-coco-architecture.htm；案例 2：https://www.gooood.cn/geemu-resort-china-by-fabersociety.htm；案 例 3：https://www.lixil.co.jp/lineup/gardenspace/cocoma2/feature/default.htm；案例 4：https://www.gooood.cn/musis-sacrum-by-van-dongen-koschuch.htm.

表 3–34　孙曦梦、徐海琳绘 . 案例 1：刘敦桢 . 苏州古典园林 [M]. 北京：中国建筑工业出版社，1979；案例 2：https://www.gooood.cn/oe-house-by-fake-industries-architectural-agonism-%25ef%25bc%258b-aixopluc.htm；案例 3：布朗，德凯 . 太阳辐射·风·自然光：建筑设计策略 [M]. 常志刚，刘毅年，朱宏涛，译 . 2 版 . 北京：中国建筑工业出版社，2008. 案例 4：https://www.gooood.cn/fuzhou-wusibei-thaihot-plaza.htm.

表 4–1~4–8　吕颖洁、庄惟仁绘 .

表 5–1~5–5　庄惟仁绘 .

表 5–6　李力绘 .

表 6–1、6–2　中国建筑设计研究院有限公司数字对象研究室绘 .

表 7–1　李鸿渐绘 .